JN039759

理工系のための数学入門

Introduction to Mathematics for Science and Engineering Learners

微分方程式・ラプラス変換・フーリエ解析

一色 秀夫・塩川 高雄 ● 共著

Differential Equation,
Laplace Transform
and Fourier Analysis

Ohmsha

はしがき

　本書は，理工系の学科に進んだ大学学部1，2年生がこれから専門課程の科目を学ぶうえで必要となる数学について，十分に独習できる教科書のシリーズの1巻として企画された．内容としては，理工系科目に深く関連した，微分方程式，ラプラス変換，フーリエ解析，および偏微分方程式で構成されている．いずれも基本的な応用数学として大学，高専で教えられているものである．

　本書では，例題，演習を豊富に設けて数式の展開・導出には極力飛びのないように，また内容が十分理解できるように心がけた．しかし，ここで取り上げた内容を理解するためには微分積分や線形代数を十分理解しておく必要がある．第1章では，高校で学ぶ数学の内容と理工系専門課程で学ぶ数学との接点，連続性を踏まえ，三角関数や微分積分，さらには級数展開を扱った．級数展開は，複雑な関数を簡単なわかりやすい関数の和で表すことを可能にし，これによって任意の関数も比較的容易に扱うことができるようにするものである．理工系専門課程の数学で頻出する微分方程式の特殊解の導出やフーリエ解析の根幹が，ここにあることを読み取ってほしい．

　第2章では，常微分方程式の解法を学ぶ．微分方程式は，微小な時間内における諸事象の変化，微小な部分における力やエネルギーなどの物理量の変化を，自然法則にしたがい表現したものである．例えば，電気回路の入力信号に対する応答波形は，その常微分方程式を解くことにより求めることができる．

　第3章では，ラプラス変換を学ぶ．常微分方程式は，このラプラス変換により代数計算に置き換えることができる．例えば，電気回路の過渡応答の解析では，定係数線形微分方程式を解く問題を，ラプラス変換を利用することによって代数方程式を解く問題に帰着し，系統的に解くことができるようになる．ラプラス変換は線形システムの解析法として広範囲に利用され，システム工学，自動制御工学の基礎として重要である．

　第4章では，フーリエ解析のためのフーリエ級数展開，フーリエ変換を学ぶ．フーリエ級数展開によって，任意の周期関数を三角級数の重ね合わせ，すなわち三角級数で表すことが可能である．このように，ある複雑な関数の性質

を調べるとき，微分積分が容易で，性質のよくわかっている関数の和で表すことができれば，いろいろと便利である．また，フーリエ変換は，時間軸上での変化と周波数領域での変化の因果関係を示すものであり，これによって，時間の世界と周波数の世界がつながっていることに気づくことと思う．

　第5章では，偏微分方程式を学ぶ．理工学では2階線形同次偏微分方程式の境界値問題がしばしば登場する．本書ではフーリエ解析の応用として，変数分離を用いた偏微分方程式の解法について解説する．そもそもフーリエは熱伝導の偏微分方程式を解析するとき，その解として三角関数の無限級数を用いることを考案した．これがフーリエ級数の始まりである．その後，フーリエ級数が物理現象の解析的手法として広く用いられ，多大な貢献を成したことはいうまでもない．このような背景も読み取ってほしい．

　以上のとおり，本書には，理工系の分野で遭遇する問題を扱う数学的なツールとして，微分方程式，ラプラス変換，フーリエ解析，および偏微分方程式の基礎となる内容を盛り込んだつもりである．しかし，執筆者は工学者であり，ここに書かれた数学は工学上の問題を解くことを目的としており，それゆえ，数学的厳密性を欠いているところも少なからずあると思われる．また，われわれの浅学のゆえ，独断と偏見による表現が随所に行われていることと思う．こうした点については今後，読者の方々よりの御叱正をお願いしたい．

　この本を執筆するにあたり，多くの著書を参考にさせていただいた．参考にした主な著書を文末に参考図書として掲げておく．これらの著書を執筆，翻訳された方々に感謝申し上げる．最後に出版に際し，著書の遅筆に辛抱強く対応いただき，またわがままなお願いを聞いていただいたオーム社の皆様にお礼申し上げる．

2020年10月

著　者

目　次

第 3 章　ラプラス変換

MEMO

第1章

理工系の数学の基礎

　私たちのまわりにある自然現象の多くは，その関係を数学的に方程式によって表現することができます．特に，方程式の中に単に未知数を含むだけでなく，未知の微分項を含んだ方程式を**微分方程式**といいます．このことは，単純な代数方程式では記述が困難な事象も，微分を導入することによって，それらの物理量関係がはじめて正確に記述できる可能性があることを意味します．

　それでは微分方程式には，具体的にどのような応用があるのでしょうか．よく知られているところでは，物体の落下運動の数理モデルがあります．これは物体が受ける落下の加速度が重力加速度に等しいことにより微分方程式が成立し，速度や落下距離を求めることができます．物理学ではほかに惑星の運動，単振動，熱伝導など数多くの微分方程式による数理モデルがあります．

　また，電気電子工学で有効電力や過渡応答などの数理モデルに利用されるなど，理工学の分野では微分方程式は広く利用されています．

　本章では，微分方程式を理解するための基礎となる各種関数について，グラフを用いて解説します．特に理工学に関連の深い三角関数は詳細に，そのほか指数関数，対数関数，双曲線関数などについて，逆関数と合わせて，グラフにより視覚的に解説します．

　また，それら関数の微分積分，および，級数・テイラー展開の微分積分への応用についても解説します．

1.1　関　数

さまざま値をとることができる変数が 1 つだけの 1 変数関数は，**独立変数** x と**従属変数** y の，2 つの変数の関係を表した関数 $f(x)$ により，以下のように表せます．

$$y = f(x) \tag{1.1}$$

いいかえれば，式 (1.1) は，他に影響されずに変化できる独立変数 x が決まれば，確定的に決定される従属変数 y の関係を表しています．ここで，独立変数 x の変化範囲を**変域**あるいは**定義域**，対応する従属変数 y のとりうる値の範囲を**値域**といいます．基礎的な一変数関数としては，指数関数，対数関数，三角関数，双曲線関数などがあります．

また，関数 $f(x)$ の対称性による分類として，独立変数 $\pm x$ に対して

$$f(-x) = -f(x) \tag{1.2}$$

が成立する関数を**奇関数**といいます．対して

$$f(x) = f(-x) \tag{1.3}$$

が成立する関数を**偶関数**といいます．これは，奇関数は原点に対して点対象であることを意味し，偶関数は y 軸に対して線対称であることを意味します．

さらに，関数が式 (1.1) により与えられると，その関数の逆数も関数として考えることができます．これは式 (1.1) を用いると

$$y = \frac{1}{f(x)} = (f(x))^{-1} \tag{1.4}$$

となります．式 (1.1) のかわりに式 (1.4) を利用することにより，表記が簡単になることがあります．

また，式 (1.1) では独立変数 x の値が決まれば従属変数 y の値も決まることから，1 対 1 対応していることが前提とはなりますが，対応関係を逆にして，y の値が決まれば x の値が決まると考えることもできます．すると，式 (1.1) は

$$x = f(y) \tag{1.5}$$

となります．式 (1.5) を整理すると

$$y = f^{-1}(x) \tag{1.6}$$

と表せます. これを, 式 (1.1) の **逆関数** といいます. 式 (1.6) で f^{-1} は逆関数を表す記号で, f の逆数を表すものではありません.

1.1.1　指数関数と対数関数

また, 独立変数 x と従属変数 y の関係を

$$y = a^x \tag{1.7}$$

と表せるとき, この式 (1.7) を a を底とする **指数関数** といいます. 図 1.1 に底 $a = 10$ と, 底 $a = e$ (e は **ネイピア数** と呼ばれる無理数で, $e = 2.71828\cdots$) の指数関数のグラフを示します.

この 2 つのグラフはともに, $x \to -\infty$ で $y = 0$, $x = 0$ で $y = 1$, および, $x \to \infty$ で $y \to \infty$ となり, したがって底が大きい $a = 10$ のほうが急激に変化します.

指数関数は以下の性質をもちます.

$$a^x a^z = a^{x+z} \tag{1.8}$$

$$a^x a^{-z} = a^{x-z} = \frac{a^x}{a^z} \tag{1.9}$$

$$a^{\frac{1}{x}} = \sqrt[x]{a} \tag{1.10}$$

$$(a^x)^z = a^{xz} \tag{1.11}$$

特に, 底 a に e をとった指数関数 e^x は, 微分しても積分しても変わらないという, 特殊なふるまいをします. このため, e^x の入っている関数の微分積分は簡単になります.

一方, **対数関数** は, $a > 0$ の指数関数の逆関数として定義されます. すなわち, 式 (1.7) の x と y を入れかえて

$$x = a^y \tag{1.12}$$

さらに, 両辺に a を底とする対数をとれば

$$\begin{aligned}
\log_a x &= \log_a a^y \\
&= y \log_a a \tag{1.13}
\end{aligned}$$

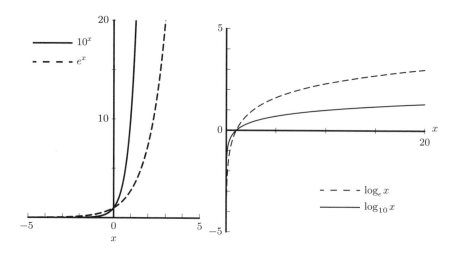

図 1.1　指数関数

図 1.2　対数関数

ここで，$\log_a a = 1$ なので

$$y = \log_a x \tag{1.14}$$

となります．さらに，式 (1.12) において，底として a に e をとれば**自然対数** $\log_e x$，10 をとれば**常用対数** $\log_{10} x$ といいます．図 1.2 に常用対数と自然対数のグラフを示します．その全容は x 軸との交点を含めてともに同様な変化をしますが，底が大きい常用対数のほうが，よりゆるやかに変化する点に注意してください．

また，対数の底が異なるときの底の変換は

$$\log_a b = \frac{\log_c b}{\log_c a} \tag{1.15}$$

で行うことができます．

対数関数は以下の性質をもちます．

$$\log_a(xz) = \log_a x + \log_a z \tag{1.16}$$

$$\log_a x^z = z \log_a x \tag{1.17}$$

$$\log_a\left(\frac{x}{z}\right) = \log_a(xz^{-1}) = \log_a x - \log_a z \tag{1.18}$$

　式 (1.16)〜(1.18) からわかるように，対数をとることによって，乗算は和，除算は差，べき乗は乗算として簡単な計算に置き換えることができます．この対数の性質は計算機のない時代に，有効桁数の多い対数表を利用することにより，複雑な数値計算を対数表に掲載されている対数の組み合わせに置き換えることで，計算時間の削減のために利用されていました．

　また，音の強さや増幅器の増幅度，減衰器の減衰度などのシステム全体の評価に，常用対数を用いたレベル表現（単位〔dB〕（デシベル））が利用されています．これは比較する物理量 P_m を，基準となる物理量 P_s に対する比の常用対数で表したレベル表現〔B〕（ベル）を単位として，さらに，その 0.1（補助単位〔d〕（デシ））の微小単位を表しやすいように 10 倍して表しています．このレベル表現を L_B とすると

$$L_B = 10 \, \log_{10} \left(\frac{P_m}{P_s} \right) \quad [\mathrm{dB}] \tag{1.19}$$

となります．ただし，式 (1.19) は，同一物理量の比をとっていますので，物理量としては無次元です．また，基準となる物理量 P_s は，用途により異なる値と単位をとることが決められています．

> このレベル表現を使うと，システム全体の増幅・減衰特性を増幅 $+$，減衰 $-$ として，簡単な和・差として評価できるね．

1.1.2　三角関数

　三角関数は物理における振動系，電気回路においては交流電圧・電流における振幅や位相の表示，コンデンサやコイルを含む電気回路の計算，パルス信号波形のスペクトル解析のためのフーリエ解析など，多岐にわたって利用されています．

(1)　弧度法

　三角関数の学び始めや，一般的な表現では，円の 1 周を 360° とした**度数法**（単位〔°〕，〔度〕または〔deg〕）が角度の単位として利用されています．一方，理工学の専門課程や数学では，〔°〕のかわりに円の 1 周を 2π（単位〔rad〕（ラ

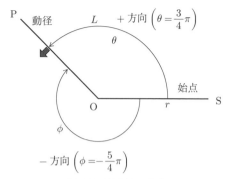

図 1.3　弧度法の定義

ジアン））で表記した**弧度法**が角度の単位として用いられます．この弧度法は，微小角度における近似計算や三角関数の級数展開などに必要不可欠です．

　弧度法は図 1.3 に示すように定義されます．

　最初に線分 OS（始線）の左端 O を中心に固定し，もう一端 S を反時計方向を正（＋）として回転させます．この動径 OP の回転量を角度と定義します．これによって，2π rad 以上の角度も，2π を周期とする回転で容易に表せます．反対方向 ϕ（時計方向）は負（−）となります．

　弧度法は，円における角度と，円弧の関係を利用して角度を定義します．図 1.3 のようにある角度 θ〔rad〕と，その角度における半径 r の円弧の長さを L とすると，以下のように定義されます．

$$\theta = \frac{L}{r} \quad [\text{rad}] \tag{1.20}$$

　式(1.20) より，半径 r と同じ長さの円弧 L によりできる角度が 1 rad となるわけだね．

　ここで，弧度法の角度を θ〔rad〕，度数法の表示を ϕ〔deg〕として，その関係を調べましょう．円の 1 周は θ が 2π rad で，ϕ は $360°$ ですから

$$\theta = \frac{2\pi}{\dfrac{360}{\phi}} = \frac{\pi}{180}\phi \tag{1.21}$$

となります.

上式 (1.21) を計算すると，$360°$ は $2\pi\,\mathrm{rad}$ ＝ 約 $6.28\,\mathrm{rad}$，逆に $1\,\mathrm{rad}$ ＝ 約 $57.3°$ となります．このように弧度法で角度を表現すると，一般的な角度 〔°〕に比較して約 2 桁小さい値になります．

例題 1.1

$30°$ を弧度法で表しなさい.

答え

式 (1.21) より $30°$ は

$$\theta = \frac{2\pi}{\dfrac{360}{30}} = \frac{2\pi}{12} = \frac{\pi}{6}$$

(2) 三角関数

図 1.4 に示す半径 r の円上で**三角関数**を定義します．円上の点 P と原点 O を結ぶ直線 OP と，x 軸とのなす角度を θ とすると

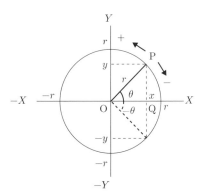

図 1.4　三角関数の定義

$$\sin \theta = \frac{y}{r}, \quad \cos \theta = \frac{x}{r}, \quad \tan \theta = \frac{y}{x}$$

$$\operatorname{cosec} \theta = \frac{r}{y}, \quad \sec \theta = \frac{r}{x}, \quad \cot \theta = \frac{x}{y} \tag{1.22}$$

と定義されます．それぞれ順に，**正弦関数（サイン）**，**余弦関数（コサイン）**，**正接関数（タンジェント）**，**余割関数（コセカント）**，**正割関数（セカント）**，**余接関数（コタンジェント）**と呼ばれます．

ここで，式 (1.18)（4 ページ）から

$$\sin \theta = \frac{1}{\operatorname{cosec} \theta}, \quad \cos \theta = \frac{1}{\sec \theta}, \quad \tan \theta = \frac{1}{\cot \theta} \tag{1.23}$$

となります．式 (1.23) は sin と cosec，cos と sec，tan と cot の関係が，式 (1.4) の逆数の関数関係にあることを示しています．

さらに，図 1.4，式 (1.22) の関係から，sin, cos, tan の主要な 3 つの三角関数の関係を考えましょう．最初に，$y = r \sin \theta$, $x = r \cos \theta$ となるので $\tan \theta$ は

$$\tan \theta = \frac{y}{x} = \frac{r \sin \theta}{r \cos \theta} = \frac{\sin \theta}{\cos \theta} \tag{1.24}$$

と表されます．さらに図の三角形 OQP に三平方の定理が成り立ちますので

$$
\begin{aligned}
r^2 &= x^2 + y^2 \\
&= (r \sin \theta)^2 + (r \cos \theta)^2 \\
&= r^2(\sin^2 \theta + \cos^2 \theta) \\
1 &= \sin^2 \theta + \cos^2 \theta
\end{aligned} \tag{1.25}
$$

とわかります．また，式 (1.25) の両辺を $\cos^2 \theta$ で割れば

$$\frac{1}{\cos^2 \theta} = 1 + \frac{\sin^2 \theta}{\cos^2 \theta} = 1 + \tan^2 \theta \tag{1.26}$$

となり，整理すると

$$\cos^2 \theta = \frac{1}{1 + \tan^2 \theta} \tag{1.27}$$

となります．

同様に，cosec, sec, cot の 3 つの三角関数をまとめて考えましょう．式 (1.22) から関係する cosec と sec の式を整理すると，$x = \dfrac{r}{\sec \theta}$, $y = \dfrac{r}{\operatorname{cosec} \theta}$ とな

るので

$$\cot \theta = \frac{x}{y} = \frac{\dfrac{r}{\sec \theta}}{\dfrac{r}{\operatorname{cosec} \theta}} = \frac{\operatorname{cosec} \theta}{\sec \theta} \tag{1.28}$$

と表されます．さらに，三平方の定理が成り立ちますので

$$r^2 = x^2 + y^2$$
$$= \left(\frac{r}{\sec \theta}\right)^2 + \left(\frac{r}{\operatorname{cosec} \theta}\right)^2$$
$$1 = \left(\frac{1}{\sec \theta}\right)^2 + \left(\frac{1}{\operatorname{cosec} \theta}\right)^2 \tag{1.29}$$

とわかります．式 (1.29) の両辺に $\operatorname{cosec}^2 \theta$ を乗算すれば

$$\operatorname{cosec}^2 \theta = \cot^2 \theta + 1 \tag{1.30}$$

となります．また，式 (1.29) の両辺に $\sec^2 \theta$ を乗算すれば

$$\sec^2 \theta = 1 + \left(\frac{\sec \theta}{\operatorname{cosec} \theta}\right)^2$$
$$= 1 + \frac{1}{\cot^2 \theta} \tag{1.31}$$

となります．

例題 1.2

　式 (1.25) (8 ページ) を用いて $\sin \theta = \dfrac{1}{2}$ のとき，$\cos \theta$ の値を求めなさい．

答え

　$1 = \sin^2 \theta + \cos^2 \theta$ を変形して $\cos^2 \theta = 1 - \sin^2 \theta$ とし，さらにその平方根をとります．

$$\cos \theta = \pm \sqrt{1 - \sin^2 \theta}$$
$$= \pm \sqrt{1 - \left(\frac{1}{2}\right)^2}$$

$$= \pm\sqrt{\frac{3}{4}} = \pm\frac{\sqrt{3}}{2}$$

例題 1.3

式 (1.31) (9 ページ) を用いて $\sec^2\theta = 3$ のとき，$\cot\theta$ の値を求めなさい．

答え

式 (1.31) を変形して，

$$\cot^2\theta = \frac{1}{\sec^2\theta - 1}$$

$$\cot\theta = \pm\sqrt{\frac{1}{\sec^2\theta - 1}}$$

$$= \pm\sqrt{\frac{1}{3 - 1}} = \pm\frac{\sqrt{2}}{2}$$

と求まります．

(3)　三角関数のグラフ

　三角関数の定義式 (1.22) のグラフは，前述の図 1.4 のように，円周上を反時計回りに移動する点 P の原点からの角度 θ を x 軸に，点 P の軌跡が描く各関数によって規定される長さを y 軸にとることによって，描くことができます．このとき，円の半径 r は，定義からわかるように，単純な比例係数ですから，半径 $r = 1$ の円を**単位円**とすることで，グラフを簡潔にできます．

　図 1.5 に $\sin\theta$ のグラフを示します．左側で点 P が回転したときの各角度（θ 成分）における y 軸へ投影された長さ（y 成分）が $y = \sin\theta$ を表しており，したがってその値は $\theta = 0$, π で 0，$\dfrac{\pi}{2}$ で正の最大値 1，$\dfrac{3\pi}{2}$ で負の最大値 -1 をとります．そして，点 P の 1 回転で 1 周期 2π となり，もとの位置に戻ります．このために右のグラフも 0 に戻ります．つまり

$$\sin\theta = \sin(\theta + 2\pi) \tag{1.32}$$

です．

　n を整数として回転数を表すと

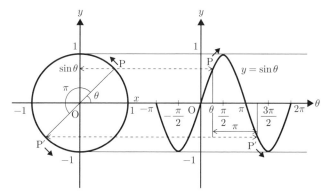

図 1.5　$\sin\theta$ のグラフ

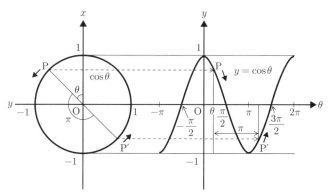

図 1.6　$\cos\theta$ のグラフ

$$\sin\theta = \sin(\theta + 2n\pi) \tag{1.33}$$

となります.

　次に，$\cos\theta$ のグラフを考えます．$\cos\theta$ は図 1.6 のように，点 P と原点 O からの半径 1 を x 軸に投影した長さです．この図では理解しやすいように，左図の回転円を $\dfrac{\pi}{2}$ 回転してあります．左図からわかるように $\cos\theta$ は x 軸上からスタートするために $\theta = 0$ で，このとき右図では正の最大値 $\cos\theta = 1$ となり，その後，減少し $\dfrac{\pi}{2}$ で 0，π で負の最大値 -1 となります．再び，増加し $\dfrac{3\pi}{2}$ で 0 になり，2π でもとに戻ります．

　この $\cos\theta$ を $\sin\theta$ と比較すると，出発点が異なるだけで，同様のパターン

で変化をしていることがわかります．すなわち，$\cos\theta$ のグラフは，$\sin\theta$ のグラフを $\dfrac{\pi}{2}$ だけ左方向に平行移動させたグラフと一致することがわかります．

また，$\cos\theta$ と $\sin\theta$ は投影軸が x 軸，y 軸と異なるのみで，同様に点 P の円周上を回転しますので周期も同様に 2π となります．つまり

$$\cos\theta = \cos(\theta + 2n\pi) \tag{1.34}$$

となります．

図 1.7 に $\tan\theta$ のグラフを示します．右図のグラフは左図の原点 O と円周上の点 P を結ぶ直線を延長し，$x = 1$ の直線と交わった箇所の点 Q の，y 軸上に投影した座標を θ に対してグラフにしたものです．左右のどちらの図からもわかるように，θ の増加に対して $\tan\theta$ の値は急激に増加します．すなわち，$\tan\theta$ は $\theta = \pm\dfrac{\pi}{2}$ において，それぞれ $+\infty$，$-\infty$ の値をとります．

$\tan\theta$ のとる値は実数全体なのね．図 1.7 から $\tan\theta$ の周期は，$\sin\theta$ や $\cos\theta$ の半分である π になることもわかるね．

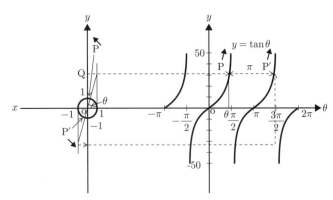

図 1.7　$\tan\theta$ のグラフ

したがって

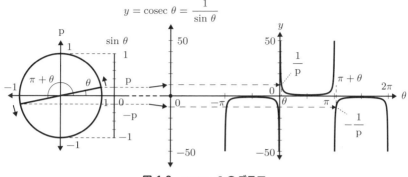

図 1.8　cosec θ のグラフ

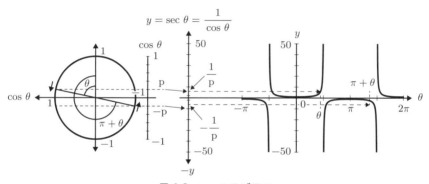

図 1.9　sec θ のグラフ

$$\tan \theta = \tan(\theta + n\pi) \tag{1.35}$$

となります.

　次に，式 (1.22)，式 (1.23) の sin, cos, tan の逆数の関数である cosec, sec, cot のグラフについて考えます．図 1.8 に cosec θ のグラフ，図 1.9 に sec θ のグラフを示します.

　これらは sin，cos，tan のように，単位円を用いて値域と，それに対応する変域を 2 軸で単純に表すことができません．そのために，途中で一度逆数（p を $\dfrac{1}{p}$ にする）をとってから，（中心から ±50 の範囲で）対応関係をグラフに表しています．図 1.8 のとおり cosec θ では，θ の変域 0~2π の 1 周期に対して，値域 y は ∞~+1~∞，−∞~−1~−∞ となります．ただし，変域 θ の周

13

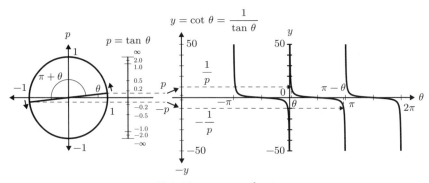

図 1.10　cot θ のグラフ

期 π ごとに不連続点があり，値域 y は $-1 < y < 1$ の間の値をとることはできません．なお，n を整数とすると

$$\operatorname{cosec} \theta = \operatorname{cosec}(\theta + 2n\pi) \tag{1.36}$$

となります．

図 1.9 の $\sec \theta$ では，同様に θ の変域 $0 \sim 2\pi$ に対して，値域 y は $+1 \sim \infty$，$-\infty \sim -1 \sim -\infty$，$\infty \sim 1$ となります．また，変域 θ の不連続点と許されない値域 y の範囲も同じです．なお

$$\sec \theta = \sec(\theta + 2n\pi) \tag{1.37}$$

となります．また，$\operatorname{cosec} \theta$ と $\sec \theta$ の関係は

$$\operatorname{cosec} \theta = \sec\left(\theta - \frac{\pi}{2}\right), \quad \sec \theta = \operatorname{cosec}\left(\theta + \frac{\pi}{2}\right) \tag{1.38}$$

となります．

同様に $\cot \theta$ のグラフを図 1.10 に示します．$\cot \theta$ は $\tan \theta$ と同じ周期 π をとり，値域 y も同じ $-\infty \sim 0 \sim +\infty$ をとりながらも，逆数ですから $\tan \theta$ と変化がまったく逆になります．

したがって

$$\cot \theta = \cot(\theta + n\pi) \tag{1.39}$$

となります. 不連続点の位置も $\tan\theta$ と $\dfrac{\pi}{2}$ だけ異なります.

微分積分を行うにあたっては, tan, cosec, sec, cot の各関数は, 周期 π ごとに不連続点をもつことに注意してください.

(4) 代表的な三角関数の値

二等辺三角形 (図 1.11(a)) と, 3 辺の比が $1:2:\sqrt{3}$ という代表的な直角三角形 ((b)) の各角度における三角関数のそれぞれの値を, **表 1.1** に示します.

この表で, 例えば $\tan\dfrac{\pi}{2}$ における ∞ ($-\infty$) は, θ の増加に対して, 関数が $+\infty$ から $-\infty$ に不連続に変化していることを表します. この表と三角関数の各グラフを利用することによって各関数の角度 $\theta=0$ (原点) における値と, $\dfrac{\pi}{4}$ ずれたときの関係などを理解することができます.

例えば, $\sin\theta$ と $\sin(\theta+\pi)$ の関係を考えましょう. これは図 1.5 の P と P$'$ に相当します. その角度の差は π ですので, まずは $\theta=0$ における, 角度 $0\,\mathrm{rad}$ と $\pi\,\mathrm{rad}$ から $\sin\theta$ 曲線を眺めます. 次に角度 $\theta\,[\mathrm{rad}]$ を任意の角度とすると, それはそれぞれの $0\,\mathrm{rad}$ と $\pi\,\mathrm{rad}$ の位置から右のほうへ θ 分移動したことにほかなりません. さて, 表 1.1 の 1 行目をみると θ は, 0, $\dfrac{\pi}{6}$, $\dfrac{\pi}{4}$, $\dfrac{\pi}{3}$ … となっています. 一方, $\theta+\pi$ の値は π, $\pi+\dfrac{\pi}{6}$, $\pi+\dfrac{\pi}{4}$ と増加していきます. このときの $\sin\theta$ の値は 0, $\dfrac{1}{2}$, $\dfrac{\sqrt{2}}{2}$, $\dfrac{\sqrt{3}}{2}$ … であり, $\sin(\theta+\pi)$ の値は 0, $-\dfrac{1}{2}$, $-\dfrac{\sqrt{2}}{2}$, $-\dfrac{\sqrt{3}}{2}$ … となっています. これはちょうど $-$ (マイナス) 符号が付いたことになりますから

$$\sin\theta = -\sin(\theta+\pi) \tag{1.40}$$

とわかります.

次に, 対称性をみてみましょう. θ が 0, $\dfrac{\pi}{6}$, $\dfrac{\pi}{4}$, $\dfrac{\pi}{3}$ … と変化すると, $\sin\theta$ は 0, $\dfrac{1}{2}$, $\dfrac{\sqrt{2}}{2}$, $\dfrac{\sqrt{3}}{2}$ … となります. 一方, $-\theta$ が 0, $-\dfrac{\pi}{6}$, $-\dfrac{\pi}{4}$, $-\dfrac{\pi}{3}$ … と変化すると, $\sin(-\theta)$ は 0, $-\dfrac{1}{2}$, $-\dfrac{\sqrt{2}}{2}$, $-\dfrac{\sqrt{3}}{2}$ … となります. したがって

$$-\sin\theta = \sin(-\theta) \tag{1.41}$$

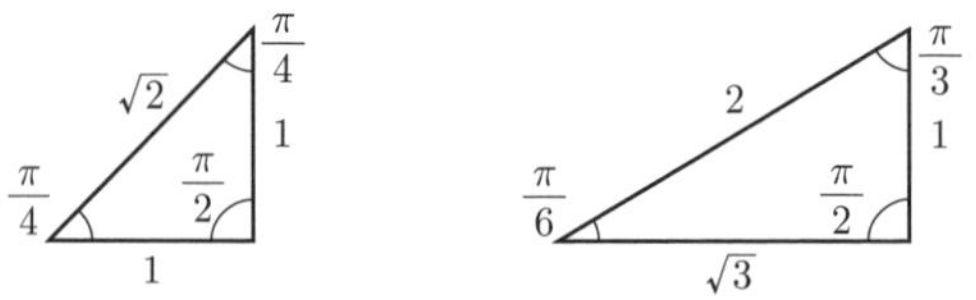

(a)　　　(b)

図 1.11　基本的な三角形の角度と辺の比

表 1.1　三角関数の基本的な値

θ [rad]	0	$\frac{\pi}{6}$	$\frac{\pi}{4}$	$\frac{\pi}{3}$	$\frac{\pi}{2}$	$\frac{2\pi}{3}$	$\frac{3\pi}{4}$	$\frac{5\pi}{6}$	
$\sin\theta$	0	$\frac{1}{2}$	$\frac{\sqrt{2}}{2}$	$\frac{\sqrt{3}}{2}$	1	$\frac{\sqrt{3}}{2}$	$\frac{\sqrt{2}}{2}$	$\frac{1}{2}$	
$\cos\theta$	1	$\frac{\sqrt{3}}{2}$	$\frac{\sqrt{2}}{2}$	$\frac{1}{2}$	0	$-\frac{1}{2}$	$-\frac{\sqrt{2}}{2}$	$-\frac{\sqrt{3}}{2}$	
$\tan\theta$	0	$\frac{\sqrt{3}}{3}$	1	$\sqrt{3}$	∞ $(-\infty)$	$-\sqrt{3}$	-1	$-\frac{\sqrt{3}}{3}$	
$\mathrm{cosec}\,\theta$	∞	2	$\sqrt{2}$	$\frac{2\sqrt{3}}{3}$	1	$\frac{2\sqrt{3}}{3}$	$\sqrt{2}$	2	
$\sec\theta$	1	$\frac{2\sqrt{3}}{3}$	$\sqrt{2}$	2	∞ $(-\infty)$	-2	$-\sqrt{2}$	$-\frac{2\sqrt{3}}{3}$	
$\cot\theta$	∞	$\sqrt{3}$	1	$\frac{\sqrt{3}}{3}$	0	$-\frac{\sqrt{3}}{3}$	$-\sqrt{2}$	$-\sqrt{3}$	

θ [rad]	π	$\frac{7\pi}{6}$	$\frac{5\pi}{4}$	$\frac{4\pi}{3}$	$\frac{3\pi}{2}$	$\frac{5\pi}{3}$	$\frac{7\pi}{4}$	$\frac{11\pi}{6}$	2π
$\sin\theta$	0	$-\frac{1}{2}$	$-\frac{\sqrt{2}}{2}$	$-\frac{\sqrt{3}}{2}$	-1	$-\frac{\sqrt{3}}{2}$	$-\frac{\sqrt{2}}{2}$	$-\frac{1}{2}$	0
$\cos\theta$	-1	$-\frac{\sqrt{3}}{2}$	$-\frac{\sqrt{2}}{2}$	$-\frac{1}{2}$	0	$\frac{1}{2}$	$\frac{1}{\sqrt{2}}$	$\frac{\sqrt{3}}{2}$	1
$\tan\theta$	0	$\frac{\sqrt{3}}{3}$	1	$\sqrt{3}$	∞ $(-\infty)$	$-\sqrt{3}$	-1	$-\frac{\sqrt{3}}{3}$	0
$\mathrm{cosec}\,\theta$	∞ $(-\infty)$	-2	$-\sqrt{2}$	$-\frac{2\sqrt{3}}{3}$	-1	$-\frac{2\sqrt{3}}{3}$	$-\sqrt{2}$	-2	$-\infty$
$\sec\theta$	-1	$-\frac{2\sqrt{3}}{3}$	$-\sqrt{2}$	-2	$-\infty$ $(+\infty)$	2	$\sqrt{2}$	$\frac{2\sqrt{3}}{3}$	∞
$\cot\theta$	$-\infty$ (∞)	$\sqrt{3}$	1	$\frac{\sqrt{3}}{3}$	0	$-\frac{\sqrt{3}}{3}$	-1	$-\sqrt{3}$	$-\infty$

とわかります.

　さらに, $\sin\theta$ と $\cos\theta$ の関係をみてみます. 図 1.5 の $\sin\theta$ のグラフ, 図 1.6 の $\cos\theta$ のグラフと表 1.1 から

$$\sin\left(\theta + \frac{\pi}{2}\right) = \cos\theta \tag{1.42}$$

となります.

　また, $\cos\theta$ と $\cos(\theta + \pi)$ の関係は図 1.6 と表 1.1 から符号が反対というだけですから

$$\cos\theta = -\cos(\theta + \pi) \tag{1.43}$$

となります.

　$\cos\theta$ と $\cos -\theta$ の関係は

$$\cos\theta = \cos(-\theta) \tag{1.44}$$

となります.

　さらに

$$\cos\left(\theta + \frac{\pi}{2}\right) = -\sin\theta \tag{1.45}$$

となります. これを $\cos\theta$ のグラフのほうから整理すると

$$\cos\theta = \sin\left(\theta + \frac{\pi}{2}\right) \tag{1.46}$$

を得ます.

　$\tan\theta$ は, 式 (1.24) より $\tan\theta = \dfrac{\sin\theta}{\cos\theta}$, ならびに, 周期が π であることを考えると, 同様に

$$\begin{cases} \tan\theta = \tan(\theta + \pi) \\ -\tan\theta = \tan(-\theta) \\ \tan\left(\theta + \dfrac{\pi}{2}\right) = \dfrac{\sin\left(\theta + \dfrac{\pi}{2}\right)}{\cos\left(\theta + \dfrac{\pi}{2}\right)} = \dfrac{\cos\theta}{-\sin\theta} = -\dfrac{1}{\tan\theta} = -\cot\theta \end{cases} \tag{1.47}$$

となります.

　同様に $\mathrm{cosec}\,\theta$, $\sec\theta$, $\cot\theta$ の各グラフと, 表 1.1 から, π に関する周期性について考えると

$$
\begin{cases}
\mathrm{cosec}\,\theta = -\,\mathrm{cosec}(\theta+\pi) \\
\sec\theta = -\,\sec(\theta+\pi) \\
\cot\theta = \cot(\theta+\pi)
\end{cases}
\tag{1.48}
$$

となります. また, 原点に対する対称性については

$$
\begin{cases}
\mathrm{cosec}\,\theta = -\,\mathrm{cosec}(-\theta) \\
\sec\theta = -\,\sec\theta \\
\cot\theta = -\,\cot(-\theta)
\end{cases}
\tag{1.49}
$$

　さらに, それらの関係性から

$$
\begin{cases}
\sec\theta = -\,\mathrm{cosec}(\theta+\pi) \\
\cot\left(\theta+\dfrac{\pi}{2}\right) = \dfrac{\mathrm{cosec}\left(\theta+\dfrac{\pi}{2}\right)}{\sec\left(\theta+\dfrac{\pi}{2}\right)} = \dfrac{\sec\theta}{-\,\mathrm{cosec}\,\theta} = -\dfrac{1}{\cot\theta} = -\tan\theta
\end{cases}
\tag{1.50}
$$

となります.

　以上のとおり, $\sin\theta$, $\tan\theta$, $\mathrm{cosec}\,\theta$, $\cot\theta$ の関数は原点に対して点対称な奇関数であり, $\cos\theta$ や $\sec\theta$ は y 軸に対して線対称な偶関数です.

(5)　微小角の三角関数（弧度法の利便性）

　次に, (1)の冒頭で述べた弧度法の近似計算について紹介します. 図 1.12 は角度 θ 〔rad〕ならびに角度 θ 〔°〕と, $y=\sin\theta$, $y=\tan\theta$ ならびに $y=\theta$ 〔rad〕の関係をグラフにしたものです. おおむね 0.2 rad 以下（図中の⬇）の微小角度では $\sin\theta$ ならびに $\tan\theta$ はほぼ $y=\theta$ 〔rad〕の直線に一致していることがわかります. また, 表 1.2 からも 0.01745 rad 以下ではほぼ 4 桁の精度で, $y=\sin\theta$ ならびに $y=\tan\theta$ は $y=\theta$ 〔rad〕に一致していることがわかります. これは θ が 0.01754 rad 以下では 4 桁ほどの精度で $y=\sin\theta$ と $y=\tan\theta$ は $y\approx\theta$ としてよいことを意味しています. つまり, その条件下で $\sin$ と $\tan$ の関数を外すことができるので, 複雑な方程式などを簡略化することができます. なお, 同じことは $\dfrac{\sin\theta}{\theta}$ の $\theta\to 0$ の極限値が 1 となることか

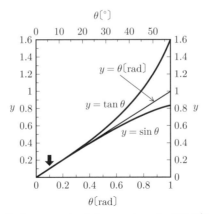

図 1.12 角度 θ〔rad〕と，$y = \sin\theta$ と $y = \tan\theta$，ならびに $y = \theta$〔°〕の関係

表 1.2 角度〔rad〕と〔°〕による三角関数の計算例

角度〔rad〕	角度〔°〕	$\sin\theta$	$\tan\theta$	$\cos\theta$
1.000×10^{-3}	5.730×10^{-2}	1.000×10^{-3}	1.000×10^{-3}	1.000
1.745×10^{-3}	1.000×10^{-1}	1.745×10^{-3}	1.745×10^{-3}	1.000
1.000×10^{-2}	5.730×10^{-1}	1.000×10^{-2}	1.000×10^{-2}	9.999×10^{-1}
1.745×10^{-2}	1.000	1.745×10^{-2}	1.745×10^{-2}	9.998×10^{-1}
1.000×10^{-1}	5.730	9.984×10^{-2}	1.003×10^{-1}	9.950×10^{-1}
1.754×10^{-1}	10.00	1.736×10^{-1}	1.763×10^{-1}	9.848×10^{-1}
3.490×10^{-1}	20.00	3.420×10^{-1}	3.639×10^{-1}	9.397×10^{-1}
5.236×10^{-1}	30.00	5.000×10^{-1}	5.774×10^{-1}	8.660×10^{-1}
1.000	57.30	8.415×10^{-1}	1.558×10^{-1}	5.462×10^{-1}

らも説明できます．すなわち

$$\lim_{\theta \to 0} \frac{\sin\theta}{\theta} = 1$$

より

$$\sin\theta = \theta \tag{1.51}$$

となります．

(6)　加法定理

続いて，$\sin(\alpha + \beta)$ に関する加法定理の証明を，図形を利用して行いましょう．この 1 つの公式をもとに，$\cos$, $\tan$ に拡張し，さらに，角度の条件を加えて，三角関数の倍角，半角の公式を導くことができます．

図 1.13 において各三角形の面積は

$$\triangle \text{ABC} = \triangle \text{ABD} + \triangle \text{ADC} \tag{1.52}$$

となります．

ここで $\triangle \text{ABC}$ の面積は

$$\triangle \text{ABC} = \frac{1}{2}\text{AD} \cdot \text{BC} = \frac{1}{2}\text{AB} \cdot \text{CE}$$

となり，ここで辺の長さについて，$\text{CE} = \text{AC} \sin(\alpha + \beta)$ と書けるので

$$\triangle \text{ABC} = \frac{1}{2}\text{AB} \cdot \text{AC} \sin(\alpha + \beta) \tag{1.53}$$

となります．次に，式 (1.52) の右辺の $\triangle \text{ABD}$ と $\triangle \text{ADC}$ の面積を計算します．$\triangle \text{ABD}$ は

$$\triangle \text{ABD} = \frac{1}{2}\text{AD} \cdot \text{BD}$$

となり，また，$\triangle \text{ADC}$ は

$$\triangle \text{ADC} = \frac{1}{2}\text{AD} \cdot \text{CD}$$

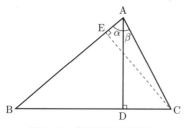

図 1.13　加法定理の説明図

となります．さらに AD, BD, CD を式 (1.53) の右辺にある AB, AC に表記統一するために，角 α と β を使って表します．

$$\begin{cases} \text{AD} = \text{AB} \cos \alpha = \text{AC} \cos \beta \\ \text{BD} = \text{AB} \sin \alpha \\ \text{CD} = \text{AC} \sin \beta \end{cases}$$

したがって，$\triangle \text{ABD}$ と $\triangle \text{ADC}$ はこの関係を使って

$$\triangle \text{ABD} = \frac{1}{2} \text{AC} \cos \beta \cdot \text{AB} \sin \alpha \tag{1.54}$$

$$\triangle \text{ADC} = \frac{1}{2} \text{AB} \cos \alpha \cdot \text{AC} \sin \beta \tag{1.55}$$

となります．以上より，式 (1.52) を式 (1.53), (1.54), (1.55) を使って書き直すと

$$\frac{1}{2} \text{AB} \cdot \text{AC} \sin(\alpha + \beta) = \frac{1}{2} \text{AC} \cos \beta \cdot \text{AB} \sin \alpha \\ + \frac{1}{2} \text{AB} \cos \alpha \cdot \text{AC} \sin \beta$$

となり，これを左右両辺の共通項 $\frac{1}{2} \text{AB} \cdot \text{AC}$ を消去して右辺を見やすく並べかえて

$$\sin(\alpha + \beta) = \sin \alpha \cos \beta + \cos \alpha \sin \beta \tag{1.56}$$

となります．これをもとに，$\sin\{\alpha + (-\beta)\}$ とおけば，$\sin(\alpha - \beta)$ の場合の公式を導くことができます．すると

$$\sin(\alpha - \beta) = \sin\{\alpha + (-\beta)\} \\ = \sin \alpha \cos(-\beta) + \cos \alpha \sin(-\beta)$$

ここで式 (1.41) (15 ページ) より $\sin(-\alpha) = -\sin \alpha$，式 (1.44) より $\cos(-\beta) = \cos \beta$ となるので，上式は

$$\sin(\alpha - \beta) = \sin \alpha \cos \beta - \cos \alpha \sin \beta \tag{1.57}$$

となります．

次に，$\cos(\alpha + \beta)$ の場合を考えてみます．式 (1.46) の $\cos \theta = \sin\left(\theta + \dfrac{\pi}{2}\right)$

を $\theta = \alpha + \beta$ として置き換えると

$$\begin{aligned}
\cos(\alpha + \beta) &= \sin\left(\alpha + \beta + \frac{\pi}{2}\right) \\
&= \sin\left\{\alpha + \left(\beta + \frac{\pi}{2}\right)\right\}
\end{aligned}$$

となります．この式に式 (1.56) を適用すると

$$\begin{aligned}
\cos(\alpha + \beta) &= \sin\left\{\alpha + \left(\beta + \frac{\pi}{2}\right)\right\} \\
&= \sin\alpha \cdot \cos\left(\beta + \frac{\pi}{2}\right) + \cos\alpha \cdot \sin\left(\beta + \frac{\pi}{2}\right)
\end{aligned}$$

となります．ここで，式 (1.45) より $\cos\left(\beta + \dfrac{\pi}{2}\right) = -\sin\beta$，式 (1.46) より $\sin\left(\beta + \dfrac{\pi}{2}\right) = \cos\beta$ であるので，上式は

$$\cos(\alpha + \beta) = \cos\alpha \cos\beta - \sin\alpha \sin\beta \tag{1.58}$$

となります．また，$\cos(\alpha - \beta)$ も式 (1.57) と同様に考えて

$$\begin{aligned}
\cos(\alpha - \beta) &= \cos\{\alpha + (-\beta)\} \\
&= \cos\alpha \cos(-\beta) - \sin\alpha \sin(-\beta) \\
&= \cos\alpha \cos\beta - \sin\alpha(-\sin\beta) \\
&= \cos\alpha \cos\beta + \sin\alpha \sin\beta \tag{1.59}
\end{aligned}$$

となります．さらに，式 (1.24) (8 ページ)より $\tan\theta = \dfrac{\sin\theta}{\cos\theta}$ ですから

$$\begin{aligned}
\tan(\alpha + \beta) &= \frac{\sin(\alpha + \beta)}{\cos(\alpha + \beta)} \\
&= \frac{\sin\alpha \cos\beta + \cos\alpha \sin\beta}{\cos\alpha \cos\beta - \sin\alpha \sin\beta}
\end{aligned}$$

が得られます．この右辺の分子・分母を $\cos\alpha \cos\beta$ で除算すると

$$\begin{aligned}
&= \frac{\dfrac{\sin\alpha \cos\beta + \cos\alpha \sin\beta}{\cos\alpha \cos\beta}}{\dfrac{\cos\alpha \cos\beta - \sin\alpha \sin\beta}{\cos\alpha \cos\beta}} \\
&= \frac{\tan\alpha + \tan\beta}{1 - \tan\alpha \tan\beta} \tag{1.60}
\end{aligned}$$

となります. また同様に $\tan(\alpha - \beta)$ を計算すると

$$
\begin{aligned}
\tan(\alpha - \beta) &= \frac{\sin(\alpha - \beta)}{\cos(\alpha - \beta)} \\
&= \frac{\tan \alpha - \tan \beta}{1 + \tan \alpha \tan \beta}
\end{aligned}
\tag{1.61}
$$

となります. 以上, sin, cos と tan についてまとめると

$$
\begin{cases}
\sin(\alpha \pm \beta) = \sin \alpha \cos \beta \pm \cos \alpha \sin \beta \\
\cos(\alpha \pm \beta) = \cos \alpha \cos \beta \mp \sin \alpha \sin \beta \\
\tan(\alpha \pm \beta) = \dfrac{\tan \alpha \pm \tan \beta}{1 \mp \tan \alpha \tan \beta}
\end{cases}
$$

を得ます. これを**加法定理**といいます.

　加法定理を利用することにより, 表 1.1 の三角関数の代表的な値を利用して, それらの既知の, 和や差で表せる角度についても計算することができます.

加法定理って意外に便利なんだね.

例題 1.4

$\sin \dfrac{5\pi}{12}$ と $\cos \dfrac{5\pi}{12}$ を和に変換して求めなさい.

答え

　$\dfrac{5\pi}{12} = \dfrac{(3 + 2)\pi}{12} = \dfrac{\pi}{4} + \dfrac{\pi}{6}$ と分解し, $\alpha = \dfrac{\pi}{4}$, $\beta = \dfrac{\pi}{6}$ として式 (1.56) と式 (1.58) に代入します. すると, 表 1.1 より既知である

$$
\sin \frac{\pi}{4} = \frac{\sqrt{2}}{2}, \quad \sin \frac{\pi}{6} = \frac{1}{2}, \quad \cos \frac{\pi}{4} = \frac{\sqrt{2}}{2}, \quad \cos \frac{\pi}{6} = \frac{\sqrt{3}}{2}
$$

を用いることができるので, 以下のように求まります.

$$
\begin{aligned}
\sin\left(\frac{\pi}{4} + \frac{\pi}{6}\right) &= \sin \frac{\pi}{4} \cos \frac{\pi}{6} + \cos \frac{\pi}{4} \sin \frac{\pi}{6} \\
&= \frac{\sqrt{2}}{2} \cdot \frac{\sqrt{3}}{2} + \frac{\sqrt{2}}{2} \cdot \frac{1}{2} = \frac{\sqrt{2}}{4}(\sqrt{3} + 1)
\end{aligned}
$$

$$\cos(\alpha + \beta) = \cos\frac{\pi}{4}\cos\frac{\pi}{6} - \sin\frac{\pi}{4}\sin\frac{\pi}{6}$$
$$= \frac{\sqrt{2}}{2}\cdot\frac{\sqrt{3}}{2} - \frac{\sqrt{2}}{2}\cdot\frac{1}{2} = \frac{\sqrt{2}}{4}(\sqrt{3}-1)$$

(7)　半角と倍角

加法定理の式 (1.56)，(1.58)，(1.60) において，$\beta = \alpha$ として，α に統一すれば，各式はそれぞれ以下のようになります．

式 (1.56) は

$$\sin(\alpha + \alpha) = \sin\alpha\cos\alpha + \cos\alpha\sin\alpha$$
$$\sin 2\alpha = 2\sin\alpha\cos\alpha \tag{1.62}$$

となります．また，式 (1.58) は

$$\cos(\alpha + \alpha) = \cos\alpha\cos\alpha - \sin\alpha\sin\alpha$$
$$\cos 2\alpha = \cos^2\alpha - \sin^2\alpha \tag{1.63}$$

となります．ここで式 (1.25) (8 ページ) から $\sin^2\alpha = 1 - \cos^2\alpha$ として，式 (1.63) の右辺に適用し，cos でまとめると

$$\cos 2\alpha = \cos^2\alpha - (1 - \cos^2\alpha)$$
$$= 2\cos^2\alpha - 1 \tag{1.64}$$

となります．また，式 (1.63) の右辺に $\cos^2\alpha = 1 - \sin^2\alpha$ を適用し，右辺を sin でまとめると

$$\cos 2\alpha = (1 - \sin^2\alpha) - \sin^2\alpha$$
$$= 1 - 2\sin^2\alpha \tag{1.65}$$

となります．さらに，tan も同様に $\beta = \alpha$ とすると

$$\tan(\alpha + \alpha) = \frac{\tan\alpha + \tan\alpha}{1 - \tan\alpha\tan\alpha}$$
$$\tan 2\alpha = \frac{2\tan\alpha}{1 - \tan^2\alpha} \tag{1.66}$$

となります．このように，式 (1.62)〜(1.66) は α と 2α の関係を表しているので，**倍角の公式**といいます．

また，式 (1.64) において，α と 2α の関係は相対的な比が 2 であればいつでも成立するので，同式の左辺の角度 2α から α に置き換えれば，つまり，右辺の角度が $\dfrac{\alpha}{2}$ に置き換えることもできます．このとき

$$\cos \alpha = 2 \cos^2 \frac{\alpha}{2} - 1$$

となります．ここで右辺の $\cos^2$ 項を左辺に移項して整理します．

$$2 \cos^2 \frac{\alpha}{2} = 1 + \cos \alpha$$
$$\cos^2 \frac{\alpha}{2} = \frac{1 + \cos \alpha}{2} \tag{1.67}$$

同様に，式 (1.65) からは

$$\cos \alpha = 1 - 2 \sin^2 \frac{\alpha}{2}$$

となり，これを右辺の $\sin$ を左辺に移項して整理すれば

$$2 \sin^2 \frac{\alpha}{2} = 1 - \cos \alpha$$
$$\sin^2 \frac{\alpha}{2} = \frac{1 - \cos \alpha}{2} \tag{1.68}$$

となります．式 (1.67), (1.68) より，$\tan$ については

$$\begin{aligned}
\tan^2 \frac{\alpha}{2} &= \frac{\sin^2 \dfrac{\alpha}{2}}{\cos^2 \dfrac{\alpha}{2}} \\
&= \frac{\dfrac{1 - \cos \alpha}{2}}{\dfrac{1 + \cos \alpha}{2}} \\
&= \frac{1 - \cos \alpha}{1 + \cos \alpha}
\end{aligned} \tag{1.69}$$

となります．式 (1.67)，(1.68)，(1.69) を**半角の公式**といいます．

このようにすることで，三角関数はその基本的な角度における各三角関数の値しかわかっていなくも，数多くの角度の関数値を計算することができます．

例題 1.5

式 (1.62) の $\sin 2\alpha = 2\sin \alpha \cos \alpha$ において，$\alpha = \dfrac{\pi}{6}$ とおいて，$\sin \dfrac{\pi}{3}$ の値を求めなさい．

答え

$$\sin \frac{\pi}{3} = \sin\left(2 \cdot \frac{\pi}{6}\right) = 2\sin \frac{\pi}{6} \cos \frac{\pi}{6}$$

ここで，$\sin \dfrac{\pi}{6} = \dfrac{1}{2}$，$\cos \dfrac{\pi}{6} = \dfrac{\sqrt{3}}{2}$ だから

$$\sin \frac{\pi}{3} = 2 \cdot \frac{1}{2} \cdot \frac{\sqrt{3}}{2} = \frac{\sqrt{3}}{2}$$

(8)　和から積，積から和への関係

さらに，加法定理の公式（式 (1.56)〜(1.59)）を用いて sin，cos の間の和から積，積から和の関係を導き出すことができます．以下に加法定理の公式を再掲します．

$$\sin(\alpha + \beta) = \sin \alpha \cos \beta + \cos \alpha \sin \beta \qquad (1.70)\ 〔式 (1.56) の再掲〕$$

$$\sin(\alpha - \beta) = \sin \alpha \cos \beta - \cos \alpha \sin \beta \qquad (1.71)\ 〔式 (1.57) の再掲〕$$

$$\cos(\alpha + \beta) = \cos \alpha \cos \beta - \sin \alpha \sin \beta \qquad (1.72)\ 〔式 (1.58) の再掲〕$$

$$\cos(\alpha - \beta) = \cos \alpha \cos \beta + \sin \alpha \sin \beta \qquad (1.73)\ 〔式 (1.59) の再掲〕$$

積から和へは式 (1.70)，(1.71) の和を求めると

$$\sin(\alpha + \beta) + \sin(\alpha - \beta) = 2\sin \alpha \cos \beta$$

となり，整理すると

$$\sin \alpha \cos \beta = \frac{1}{2}\{\sin(\alpha + \beta) + \sin(\alpha - \beta)\} \qquad (1.74)$$

となります.

また，式 (1.70) と式 (1.71) の差を求めて整理すると

$$\cos\alpha\sin\beta = \frac{1}{2}\{\sin(\alpha+\beta)-\sin(\alpha-\beta)\} \tag{1.75}$$

となります.

同様に，式 (1.72) と式 (1.73) の和と差から，次の式が導き出されます.

$$\begin{cases} \cos\alpha\cos\beta = \dfrac{1}{2}\{\cos(\alpha+\beta)+\cos(\alpha-\beta)\} \\ \sin\alpha\sin\beta = \dfrac{1}{2}\{\cos(\alpha-\beta)-\cos(\alpha+\beta)\} \end{cases} \tag{1.76}$$

和から積は，式 (1.74) と式 (1.75) において，$\alpha+\beta=A$，$\alpha-\beta=B$ とおくと

$$\begin{aligned} A+B &= (\alpha+\beta)+(\alpha-\beta) \\ &= 2\alpha \\ \alpha &= \frac{A+B}{2} \\ A-B &= (\alpha+\beta)-(\alpha-\beta) \\ &= 2\beta \\ \beta &= \frac{A-B}{2} \end{aligned}$$

となります. これを式 (1.74) に代入すると

$$\sin\frac{A+B}{2}\cos\frac{A-B}{2} = \frac{1}{2}(\sin A+\sin B)$$

となり，整理すると

$$\sin A+\sin B = 2\sin\frac{A+B}{2}\cos\frac{A-B}{2} \tag{1.77}$$

となります.

同様に，式 (1.75), (1.76) を計算すると

$$
\begin{cases}
\sin A - \sin B = 2 \cos \dfrac{A+B}{2} \sin \dfrac{A-B}{2} \\[2mm]
\cos A + \cos B = 2 \cos \dfrac{A+B}{2} \cos \dfrac{A-B}{2} \\[2mm]
\cos A - \cos B = -2 \sin \dfrac{A+B}{2} \sin \dfrac{A-B}{2}
\end{cases}
\tag{1.78}
$$

となります.

例題 1.6

$\sin \dfrac{\pi}{3} \cos \dfrac{\pi}{6}$ を，和に変換して求めなさい.

答え

式 (1.74) の $\sin \alpha \cos \beta = \dfrac{1}{2}\{\sin(\alpha+\beta) + \sin(\alpha-\beta)\}$ を用います.

$$
\begin{aligned}
\sin \frac{\pi}{3} \cos \frac{\pi}{6} &= \frac{1}{2}\left\{\sin\left(\frac{\pi}{3} + \frac{\pi}{6}\right) + \sin\left(\frac{\pi}{3} - \frac{\pi}{6}\right)\right\} \\
&= \frac{1}{2}\left(\sin \frac{\pi}{2} + \sin \frac{\pi}{6}\right) \\
&= \frac{1}{2}\left(1 + \frac{1}{2}\right) = \frac{3}{4}
\end{aligned}
$$

(9)　三角関数の逆関数

次に，1.1 節（2 ページ）で解説した内容にしたがって，三角関数の**逆関数**を考えましょう. 例えば，正弦関数（sin 関数）は

$$
y = \sin x
$$

ですので，この逆関数は，x と y を入れかえて

$$
x = \sin y
\tag{1.79}
$$

となります. 式 (1.79) を y について整理すると

$$
y = \sin^{-1} x
\tag{1.80}
$$

となります.

　式 (1.80) のグラフを描くと図 1.14 になります．(b) は $\sin^{-1} x$ のグラフ，(a) は (b) と同じ座標で，単位円に似せて，代表値 x_0 に対する $y_0 = \sin^{-1} x_0$ の関係を図式的に示しています．$\sin^{-1} x$ のもとの正弦関数は周期関数ですから，変域 $0 \le x \le \pi$ に対して，値域は $-1 \le y \le 1$ となります．

　逆関数 $\sin^{-1} x$ になると，図 1.14 に示すように，これが反転し，変域は $-1 \le x \le 1$ になり，値域は $0 \le y \le \pi$ となります．このとき，y を $-\infty \le y \le \infty$ とすると，周期的に，1 つの x に対して y が複数とることができる**多価関数**となります．しかし，これでは値が確定しないので，値域 y としての値を限定します．これを**枝**といい，$\sin^{-1} x$ では，y のとる値域を $\dfrac{\pi}{2} \le \sin^{-1} x \le \dfrac{\pi}{2}$ に限定し，この範囲内の y を解とします．

　次に，図 1.15 に $\cos^{-1} x$ のグラフを示します．(b) が $\cos^{-1} x$ のグラフを，(a) は前図と同様，代表値 x_0 を使って y_0 との関係を表しています．(a) では，縦軸で 2 つの座標を表すこととして，左側を $y = \cos^{-1} x$ に，右側を x にしています．変域 x は $-1 \le x \le 1$，枝は $0 \le \cos^{-1} x \le \pi$ となります．

　また，値域 y が正の値のみでとられていることで，微分積分において，解の範囲が正に限定されることに注意してください．

　図 1.16 に $\tan^{-1} \theta$ のグラフを示します．図より，$\tan^{-1} \theta$ は，変域は $-\infty < x < \infty$，枝は $-\dfrac{\pi}{2} < \tan^{-1} x < \dfrac{\pi}{2}$ をとり，原点付近で急激な変化をする奇関数であることがわかります．

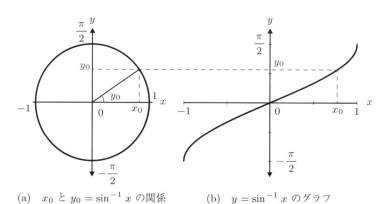

(a)　x_0 と $y_0 = \sin^{-1} x$ の関係　　　(b)　$y = \sin^{-1} x$ のグラフ

図 1.14　$\sin^{-1} x$

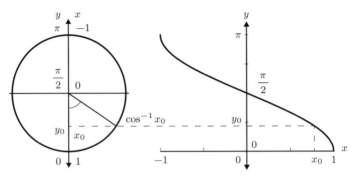

(a)　x_0 と $y_0 = \cos^{-1} x$ の関係　　　(b)　$y = \cos^{-1} x$ のグラフ

図 1.15　$\cos^{-1} \theta$

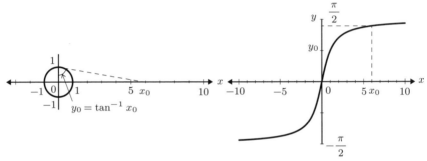

(a)　x_0 と $y_0 = \tan^{-1} x_0$ の関係　　　(b)　$\tan^{-1} \theta$ のグラフ

図 1.16　$\tan^{-1} \theta$

例題 1.7

$\sin^{-1} \dfrac{\sqrt{2}}{2}$ を求めなさい.

答え

$y = \sin^{-1} \dfrac{\sqrt{2}}{2}$ なので, $\sin y = \dfrac{\sqrt{2}}{2}$ となり, これより $y = \dfrac{\pi}{4}$.

1.1.3　双曲線関数とその逆関数

(1)　双曲線関数

双曲線関数は指数関数を用いて

$$
\begin{cases}
\sinh x = \dfrac{e^x - e^{-x}}{2} & (1.81) \\[2ex]
\cosh x = \dfrac{e^x + e^{-x}}{2} & (1.82)
\end{cases}
$$

と定義されます．すると，この 2 つより

$$
\tanh x = \frac{\sinh x}{\cosh x} = \frac{e^x - e^{-x}}{e^x + e^{-x}} \tag{1.83}
$$

と定義されます．各双曲線関数のグラフを図 **1.17** に示します．

すなわち，sinh 関数は奇関数で，値域は $-\infty < \sinh x < \infty$ をとり，$x \to \infty$ で $\cosh x$ と重なります．対して，cosh 関数は偶関数で，値域は $1 \leq \cosh x < \infty$ となり，負になることはありません．

一方，tanh 関数は奇関数で，値域は $-1 < \tanh x < 1$ をとり，その変化はゆるやかなことがわかります．したがって

$$
\begin{cases}
-\sinh x = \sinh(-x) \\
\cosh x = \cosh(-x) \\
-\tanh x = \tanh(-x)
\end{cases}
$$

となります．

ここで，双曲線関数の性質を理解するために，式 (1.82) と (1.81) の和と差をとると

$$
\begin{cases}
\cosh x + \sinh x = e^x \\
\cosh x - \sinh x = e^{-x}
\end{cases}
$$

となります．さらに，上式 2 つの積をとると

$$
\cosh^2 x - \sinh^2 x = 1 \tag{1.84}
$$

となります．この式 (1.84) は双曲線関数の特徴を表すものであり，三角関数における式 (1.25) (8 ページ) が $\cos^2 x + \sin^2 x = 1$ のように和になっている

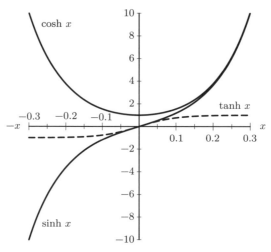

図 1.17　双曲線関数のグラフ

のに対して，差となっています．

式 (1.25) と (1.84) は置換積分などで大切な式なんだよね．

また，双曲線関数は三角関数と同様に**加法定理**が成立し

$$
\begin{cases}
\sinh(\alpha \pm \beta) = \sinh \alpha \cosh \beta \pm \sinh \beta \cosh \alpha & (1.85) \\[2mm]
\cosh(\alpha \pm \beta) = \cosh \alpha \cosh \beta \pm \sinh \alpha \sinh \beta & (1.86) \\[2mm]
\tanh(\alpha \pm \beta) = \dfrac{\tanh \alpha \pm \tanh \beta}{1 \pm \tanh \alpha \tanh \beta} & (1.87)
\end{cases}
$$

となります．また，式 (1.85)，(1.86)，(1.87) の $\alpha + \beta$ において $\alpha = \beta$ とすると

$$\begin{cases} \sinh 2\alpha = 2 \sinh \alpha \cosh \alpha & (1.88) \\[2mm] \cosh 2\alpha = \cosh^2 \alpha + \sinh^2 \alpha = 2 \cosh^2 \alpha + 1 = 2 \sinh^2 \alpha + 1 \\[2mm] & (1.89) \\[2mm] \tanh 2\alpha = \dfrac{2 \tanh \alpha}{1 + \tanh^2 \alpha} & (1.90) \end{cases}$$

となります.

(2)　双曲線関数の逆関数

　双曲線関数の**逆関数**も，積分を解くときに利用されます. $\sinh x$ の逆関数を求めましょう.

$$y = \sinh x$$

がもとの式で，逆関数は x, y を入れかえて y について整理するのですから

$$x = \sinh y$$
$$y = \sinh^{-1} x \tag{1.91}$$

となります．次に，双曲線関数の定義式 (1.81) を利用して x の具体的な式を計算します. すると

$$\sinh y = \frac{e^y - e^{-y}}{2}$$

となります．また，y の式を簡潔に表現するために，同様に式 (1.82) により $\cosh x$ の逆関数を考えれば

$$\cosh y = \frac{e^y + e^{-y}}{2}$$

となります. この 2 つの式の和を求めれば，

$$e^y = \sinh y + \cosh y$$

となります．ここで，$\sinh y = x$ です.

　また，式 (1.84) より $\cosh y = \sqrt{1 + \sinh^2 y} = \sqrt{1 + x^2}$ より

$$e^y = x + \sqrt{1 + x^2}$$

となります．したがって，上式の自然対数をとれば

$$y = \log_e(x + \sqrt{1 + x^2}) \tag{1.92}$$

と，双曲線関数の逆関数を具体的に表すことができます．また，式 (1.91) と式 (1.92) より

$$\sinh^{-1} x = \log_e(x + \sqrt{x^2 + 1}) \tag{1.93}$$

を得ます．$\cosh^{-1} x$, $\tanh^{-1} x$ は

$$\begin{cases} \cosh^{-1} x = \log_e(x + \sqrt{x+1}\sqrt{x-1}) & \tag{1.94} \\ \tanh^{-1} x = \dfrac{1}{2} \log_e\left(\dfrac{1+x}{1-x}\right) & \tag{1.95} \end{cases}$$

となります．

　図 1.18 に $\sinh^{-1} x$ と $\cosh^{-1} x$ のグラフを示します．

　このように，$\sinh^{-1} x$ は変域 $0 \le x < \infty$，値域 $0 \le \sinh^{-1} x < \infty$ をとります．また，$\cosh^{-1} x$ は変域 $1 \le x < \infty$，値域 $1 \le \cosh^{-1} x < \infty$ をとります．

　一方，この 2 つの関係は有限で，$\cosh^{-1} x < \sinh^{-1} x$ となり，$x \to \infty$ で一致します．図 1.19 に $\tanh^{-1} x$ のグラフを示します．$\tanh^{-1}$ は変域 $0 \le x < 1$ で，値域 $0 \le \tanh^{-1} x < \infty$ です．このように変域が狭く，$x \to 1$ で急激に増加する関数であることがわかります．

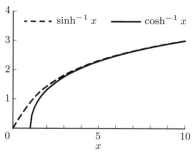

図 1.18　$\sinh^{-1} x$ と $\cosh^{-1} x$ のグラフ

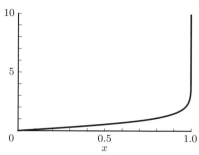

図 1.19　$\tanh^{-1} x$ のグラフ

1.2 微 分

1.2.1 微分の考え方

図 1.20 のような物体の運動から，微分の必要性を考えてみます．ここで，この物体が等速度運動をしたときの時間 t〔s〕と距離 L〔m〕の関係を図 1.21 に示すとおりとします．

運動を始めてから時間 t_p〔s〕経った後，さらにある一定時間 t_1〔s〕が経過したときの移動距離 L_1〔m〕，それに要した時間 t_1〔s〕とすると，これらに対応する速度 V は

$$V = \frac{L_1}{t_1} \tag{1.96}$$

となります．これは縦軸が L_1，横軸が t_1，斜辺が等速度運動を表す一次関数の一部からなる直角三角形と考えることができます．このとき，さらに t_1 が経過しても，速度 V は同じままです．これは傾きが一定なので，速度がどこでも一定であることを意味します．また，t_1 を長くしても，短くしても同じ速度になります．

一方，図 1.22 に表すような加速度運動では，移動距離 L と時間 t の関係が一次関数では表せませんので，直線ではありません．ここでも同様に t_1 に対する L_1 を考えます．そしてそれらがつくる直角三角形を考えると，その斜辺は直線になりますが，加速度運動を表す関数と一致しません．また，t_1 が一定であるにもかかわらず，t_1 が経過するごとに移動距離 L_1 は大きくなります．

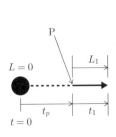

図 1.20 物体の運動

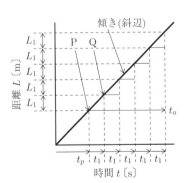

図 1.21 等速度運動

これは速度が増加しているので加速していることを意味します.

　また,図 1.22 には,t_1 の長さを 1,2,3,4,5 倍と変化させていったときの時間 t と,移動距離 L がつくる三角形の斜辺の傾きをそれぞれ示してあります.図から,t_1 が経過するごとに斜辺は急に大きくなることがわかります.つまり,速度 V は時間が経過するほど大きく増加しています.したがって,図 1.22 のような加速度運動では図 1.21 の等速度運動のように簡単に速度を求めることができません.

　それでは,点 P における速度 V をどのように求めたらよいでしょうか.どのような曲線であろうと,非常に微小な区間であれば,直線で近似することが可能です.

　つまり,図 1.22 で,t_1 の長さを 5,4,3,2,1 倍と短くすると,傾きが減少していくのがわかります.さらに t_1 を短くすれば,点 P でのみ曲線と接する接線の傾きに近づいていきます.この接線の傾きはまさしく点 P における物体の速度 V を表していますから,時間 t_1 が短ければ任意の時間におけるその曲線上の接線の傾きを求めることにより速度を求めることができます.

　以上を速度の基本となる式 (1.96) を用いて表してみましょう.図 1.22 のように,時間 t_1 が長いと誤差が大きくなるのですから,今度は図 1.23 に示したように t_1 より十分短い微小時間 Δt〔s〕に対応する,微小移動距離 ΔL〔m〕を考えて,そのときの平均速度を V_a とすると

$$V_a = \frac{\Delta L}{\Delta t} \tag{1.97}$$

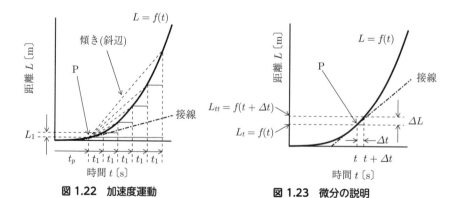

図 1.22　加速度運動　　　　**図 1.23　微分の説明**

となります.

　これでも，Δt は有限の微小時間ですから，速度 V_a は Δt における平均速度で，点 P（時刻 t）の時点での正確な速度 V ではありません．さらに，Δt を無限に 0 に近づける，すなわち，$\Delta t \to 0$ として，式 (1.97) を

$$
\begin{aligned}
V &= \lim_{\Delta t \to 0} \frac{\Delta L}{\Delta t} \\
&= \lim_{\Delta t \to 0} \frac{f(t + \Delta t) - f(t)}{\Delta t}
\end{aligned}
\tag{1.98}
$$

とします．ここで $\Delta L = f(t + \Delta t) - f(t)$ です．$f(t + \Delta t)$ は図 1.23 に示したように時間 $t + \Delta t$ に対応する移動距離，$f(t)$ は t に対応する移動距離をそれぞれ意味します．

　式 (1.98) はある時間 t と対応する移動距離 $f(t)$ と，それから微小時間 Δt 経過したときの移動距離 $f(t + \Delta t)$ の差から，その時間差 Δt を極限値 0 としたときの傾き，つまり速度を求めたものです．この式 (1.98) が微分の考え方であり，定義です．

　まとめると，微分を用いることにより，その曲線上の任意の点で，無限小の x 軸幅に対する傾き，つまり，ここでは P における速度 V を求めることができます．

1.2.2　定　義

　前項で調べた微分の概念を一般化しましょう．前提条件として，関数 $f(x)$ は微分する x の領域 $a \le x \le b$ で連続（どんなに狭い領域にしても切れ目なくつながっている），かつ $a < x < b$ にて微分可能（式 (1.98) の解が存在する）とします．

　さて，微分とは図 1.24 のような関数 $f(x)$ が与えられたときに，その関数の任意の点 P（座標 x_0）における曲線の傾き $\dfrac{\Delta y}{\Delta x}$ の $\Delta x \to 0$ のときの値を求めることです．この図でいえば $f(x)$ 上の点 P における接線の傾きを，関数として，あるいは微分係数として，求めることでもあります．

　ここで，Δx は x 軸における微小変化，Δy は Δx に対する y 軸上の微小変化を示します．

　このとき，x_0 における曲線の傾き $\dfrac{\Delta y}{\Delta x}$ は

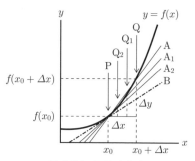

図 1.24 平均変化率

$$\frac{\Delta y}{\Delta x} = \frac{f(x_0 + \Delta x) - f(x_0)}{\Delta x} \tag{1.99}$$

となります．しかし，式 (1.99) は図からもわかるように，有限の大きさをもった Δx に対する Δy により表されているので，Δx 間における Δy の平均変化率であり，x_0 における傾きそのものではありません．この平均変化率は図中で底辺 Δx，高さ Δy で表された直角三角形の斜辺を通る直線 A で表されています．Δx の値を小さくしていくと点 P は変わらないまま，交点 Q が $Q_1 \to Q_2$ と点 P に接近していきます．そして，A は $A_1 \to A_2$ とその傾きを減少させて点 P での接線 B に近接していきます．すなわち，Δx の大きさを 0 に近づければ，この平均変化率は限りなく x_0 における接線の傾きに近づいていくことになります．この接線の傾き $f'(x_0)$ は

$$f'(x_0) = \lim_{\Delta x \to 0} \frac{\Delta y}{\Delta x} = \lim_{\Delta x \to 0} \frac{f(x_0 + \Delta x) - f(x_0)}{\Delta x} \tag{1.100}$$

となります．これを関数 $y = f(x)$ の $x = x_0$ における**微分係数**といいます．また，$f'(x)$ は傾きを表していますので，接線 B を表す一次関数の式は

$$y = f'(x_0)(x - x_0) + f(x_0) \tag{1.101}$$

となります．

　この微分係数を，$y = f(x)$ の任意の x に対して与える関数を $f(x)$ の**導関数**といいます．その表記には

$$\frac{dy}{dx}, \quad \frac{df(x)}{dx}, \quad y', \quad f'(x)$$

などが使われています．また，関数 $y = f(x)$ からその導関数を求めることを，$f(x)$ を x について**微分**といいます．これは

$$\frac{dy}{dx} = y' = f'(x) = \lim_{\Delta x \to 0} \frac{\Delta y}{\Delta x} = \lim_{\Delta x \to 0} \frac{f(x + \Delta x) - f(x)}{\Delta x} \quad (1.102)$$

と定義されます．この式 (1.102) は**微分の基礎公式**と呼ばれるもので，これから各関数の微分公式が導出されます．

y' をさらに微分することが可能ならば

$$\frac{dy'}{dx} = \frac{df'}{dx} = \lim_{\Delta x - 0} \frac{dy'}{dx} = \lim_{\Delta x \to 0} \frac{f'(x + \Delta x) - f'(x)}{\Delta x}$$

となります．

このように $y' = f'(x)$ の導関数を，$y = f(x)$ の **2 階導関数**といいます．また，さらに微分可能ならば

$$\frac{dy''}{dx} y' = \frac{df''}{dx} = \lim_{\Delta x \to 0} \frac{dy''}{dx} = \lim_{\Delta x \to 0} \frac{f'(x + \Delta x) - f'(x)}{\Delta x}$$

となります．つまり，n 階の微分を繰り返すと $y = f(x)$ の n 階の導関数が求められます．ここで n は自然数です．これを式で書くと

$$y^{(n)}(x) = f^{(n)}(x) = \frac{d}{dx} f^{(n-1)}(x) = \frac{d^n f}{dx^n}$$

となります．一般に，3 階導関数までは y'''，f''' を使いますが，4 階以上は上式を用います．2 階以上の導関数を**高階導関数**といい，また，関数 $y = f(x)$ が n 階導関数をもてば，$f(x)$ は n 階微分可能であるといいます．

それでは，この定義にしたがって，代表的な関数の微分を，例題として解いてみましょう．

例題 1.8

次の (1)〜(11) について微分しなさい．なお，(11) は 3 階導関数まで求めなさい（a は定数を表す）．

(1) $y = a$ (2) $y = ax$ (3) $y = x^n$

(4) $y = e^x$ (5) $y = \log_e x$ (6) $y = \sin ax$

(7) $y = \cos ax$ (8) $y = \sin^{-1} ax$ (9) $y = \sinh ax$

(10) $y = \sinh^{-1} ax$ (11) $y = 2x^3$

答え

(1) $y' = \dfrac{d}{dx}a = \lim\limits_{\Delta x \to 0} \dfrac{a - a}{\Delta x} = 0$

(2) $y' = \dfrac{d}{dx}ax = \lim\limits_{\Delta x \to 0} \dfrac{a(x + \Delta x) - ax}{\Delta x}$

$\qquad\qquad = \lim\limits_{\Delta x \to 0} a = a$

(3) $y' = \dfrac{d}{dx}x^n = \lim\limits_{\Delta x \to 0} \dfrac{(x + \Delta x)^n - (x^n)}{\Delta x}$

ここで

$$(x + \Delta x)^n = x^n + nx^{n-1}\Delta x + \frac{n(n-1)}{2}x^{n-2}\Delta x^2$$
$$+ \frac{n(n-1)(n-2)}{3}x^{n-3}\Delta x^3 + \cdots + \Delta x^n$$

であるから

$$\lim_{\Delta x \to 0} \frac{1}{\Delta x}\left\{\left(x^n + nx^{n-1}\Delta x + \frac{n(n-1)}{2}x^{n-2}\Delta x^2\right.\right.$$
$$\left.+ \frac{n(n-1)(n-2)}{3}x^{n-3}\Delta x^3 + \cdots + \Delta x^n - x^n\right\}$$
$$= \lim_{\Delta x \to 0} \frac{1}{\Delta x}\left\{nx^{n-1}\Delta x + \frac{n(n-1)}{2}x^{n-2}\Delta x\right.$$
$$\left.+ \frac{n(n-1)(n-2)}{3}x^{n-3}\Delta x^2 + \cdots + \Delta x^n\right\}$$
$$= \lim_{\Delta x \to 0}\left\{nx^{n-1} + \frac{n(n-1)}{2}x^{n-2}\Delta x\right.$$
$$\left.+ \frac{n(n-1)(n-2)}{3}x^{n-2}\Delta x^2 + \cdots + \Delta x^n\right\}$$
$$= nx^{n-1}$$

(4) $y' = \dfrac{d}{dx}e^x = \lim\limits_{\Delta x \to 0} \dfrac{e^{x+\Delta x} - e^x}{\Delta x}$

指数では $e^{x+\Delta x} = e^x e^{\Delta x}$ だから

$$\lim_{\Delta x \to 0} \frac{e^{x+\Delta x} - e^x}{\Delta x} = e^x \lim_{\Delta x \to 0} \frac{e^{\Delta x} - 1}{\Delta x}$$

とおけます．ここで，$\lim\limits_{\Delta x \to 0} \dfrac{e^{\Delta x} - 1}{\Delta x} = 1$ となるから

$$(e^x)' = e^x \cdot 1 = e^x$$

となります. なお, e^x は微分しても変わらない特殊な関数です.

$e^{x+\Delta x} = e^x e^{\Delta x}$ は高校で習った指数法則だね!

(5) $y' = \dfrac{d}{dx} \log_e x = \lim_{\Delta x \to 0} \dfrac{\log_e(x + \Delta x) - \log_e x}{\Delta x}$

対数では

$$\log_e(x + \Delta x) - \log_e x = \log_e \frac{(x + \Delta x)}{x} = \log_e\left(1 + \frac{\Delta x}{x}\right)$$

だから

$$\lim_{\Delta x \to 0} \frac{\log_e(x + \Delta x) - \log_e x}{\Delta x} = \lim_{\Delta x \to 0} \frac{\log_e\left(1 + \dfrac{\Delta x}{x}\right)}{\Delta x}$$

$$= \lim_{\Delta x \to 0} \frac{1}{x} \cdot \frac{\log_e\left(1 + \dfrac{\Delta x}{x}\right)}{\dfrac{\Delta x}{x}}$$

$$= \frac{1}{x} \lim_{\Delta x \to 0} \frac{\log_e\left(1 + \dfrac{\Delta x}{x}\right)}{\dfrac{\Delta x}{x}}$$

ここで

$$\lim_{\Delta x \to 0} \frac{\log_e\left(1 + \dfrac{\Delta x}{x}\right)}{\dfrac{\Delta x}{x}} = 1$$

だから

$$(\log_e x)' = \frac{1}{x} \cdot 1 = \frac{1}{x}$$

となります.

(6) $y' = \dfrac{d}{dx} \sin ax = \lim\limits_{\Delta x \to 0} \dfrac{\sin a(x + \Delta x) - \sin ax}{\Delta x}$

ここで, 式 (1.78) より

$$\sin a(x + \Delta x) - \sin ax = 2 \cos \dfrac{(x + \Delta x)}{2} \sin \dfrac{\Delta x}{2}$$

であるから

$$(\sin ax)' = \lim\limits_{\Delta x \to 0} \dfrac{2 \cos \left(ax + \dfrac{a\Delta x}{2} \right) \sin \dfrac{a\Delta x}{2}}{\Delta x}$$

$$= \lim\limits_{\Delta x \to 0} \cos \left(ax + \dfrac{a\Delta x}{2} \right) \dfrac{\sin \dfrac{a\Delta x}{2}}{\dfrac{\Delta x}{2}}$$

ここで

$$\lim\limits_{\Delta x \to 0} \dfrac{\sin \dfrac{a\Delta x}{2}}{\dfrac{\Delta x}{2}} = \lim\limits_{x \to 0} a \dfrac{\sin \dfrac{a\Delta x}{2}}{\dfrac{a\Delta x}{2}}$$

だから

$$(\sin ax)' = \cos ax \cdot a = a \cos ax$$

となります.

このように, sin を微分して cos が得られることから, cos は sin の各角度における接線の傾きを表しているということがわかります. 例えば, 三角関数の図 1.5 (11 ページ) と図 1.6 をみると, $\sin \dfrac{\pi}{2}$ で 1 の最大値になり, その後, 減少しますから, この最大値 $\sin \dfrac{\pi}{2}$ では接線が x 軸に平行になります. つまり, 傾きが 0 です.

そして, 実際, $\cos \dfrac{\pi}{2} = 0$ です.

(7) $y' = \dfrac{d}{dx} \cos ax = \lim\limits_{\Delta x \to 0} \dfrac{\cos a(x + \Delta x) - \cos ax}{\Delta x}$

ここで, 式 (1.78) より

$$\cos a(x + \Delta x) - \cos ax = -2 \sin a\left(x + \frac{\Delta x}{2}\right) \sin \frac{a\Delta x}{2}$$

であるから

$$\lim_{\Delta x \to 0} \frac{-2 \sin a\left(x + \dfrac{\Delta x}{2}\right) \sin \dfrac{a\Delta x}{2}}{\Delta x}$$

$$= - \lim_{\Delta x \to 0} \sin\left(ax + \frac{a\Delta x}{2}\right) \frac{\sin \dfrac{a\Delta x}{2}}{\dfrac{\Delta x}{2}}$$

となります. ここで

$$\lim_{\Delta x \to 0} a \cdot \frac{\sin \dfrac{a\Delta x}{2}}{\dfrac{a\Delta x}{2}} = a$$

だから

$$(\cos ax)' = -a \sin ax \cdot 1 = -a \sin ax$$

となります.

$\cos$ を微分して $-\sin$ が得られるということは，各角度における接線の傾きは $\sin$ の関数と逆の傾きを示していることを意味します.

(8) $y = \sin^{-1} ax$

$$y' = \frac{d}{dx} \sin^{-1} ax = \lim_{\Delta x \to 0} \frac{\sin^{-1} a(x + \Delta x) - \sin^{-1} ax}{\Delta x}$$

ここで，分子は，$\sin^{-1} a(x + \Delta x) = y + \Delta y$ とすると，$\sin(y + \Delta y) = a(x + \Delta x)$ であり，$\Delta x \to 0$ で $\Delta y \to 0$ となります．これから，$\sin^{-1} ax = y$ であり，$\sin y = ax$ です．すると，分母の Δx は

$$\Delta x = \frac{a(x + \Delta x) - ax}{a} = \frac{\sin(y + \Delta y) - \sin y}{a}$$

一方，分子は

$$\sin^{-1} a(x + \Delta x) - \sin^{-1} ax = y + \Delta y - y = \Delta y$$

となります．したがって，y' は

$$
\begin{aligned}
y' &= \lim_{\Delta y \to 0} \frac{\Delta y}{\dfrac{\sin(y + \Delta y) - \sin y}{a}} \\
&= \lim_{\Delta y \to 0} \frac{a}{\dfrac{\sin(y + \Delta y) - \sin y}{\Delta y}} \\
&= \frac{a}{(\sin y)'} = \frac{a}{\cos y} = \frac{a}{\sqrt{1 - \sin^2 y}} = \frac{a}{\sqrt{1 - (ax)^2}}
\end{aligned}
$$

逆関数の微分は，逆関数を y とおき，もとの関数に戻して微分
し，その逆数を求めて y を消去し，解とするというステップで
行えばいいわけね．

(9) 微分の定義にしたがって

$$
\begin{aligned}
y' &= \frac{d}{dx} \sinh ax = \lim_{\Delta x \to 0} \frac{\sinh a(x + \Delta x) - \sinh ax}{\Delta x} \\
&= \lim_{\Delta x \to 0} \frac{\sinh ax \cosh a\Delta x + \sinh a\Delta x \cosh ax - \sinh ax}{\Delta x}
\end{aligned}
$$

となります．ここで，式 (1.81) (31 ページ)から

$$
\lim_{\Delta x \to 0} a \frac{\sinh a\Delta x}{a\Delta x} = a
$$

および，式 (1.82) から $\displaystyle \lim_{\Delta x \to 0} \cosh a\Delta x = 1$ ですから

$$
y' = \lim_{\Delta x \to 0} a \cosh ax = a \cosh ax
$$

または

$$
\sinh ax = \frac{e^{ax} + e^{-ax}}{2}
$$

したがって，上の例題 (4) の結果を用いると

$$
\frac{d}{dx} \sinh ax = \frac{d}{dx} \frac{e^{ax} + e^{-ax}}{2} = \frac{a}{2}(e^{ax} - e^{-ax}) = a \cosh ax
$$

(10) 例題 (6) と同様に，解きます．

$$y' = \frac{d}{dx} \sinh^{-1} ax = \lim_{\Delta x \to 0} \frac{\sinh^{-1} a(x + \Delta x) - \sinh^{-1} ax}{\Delta x}$$

ここで，分子を $\sinh^{-1} a(x + \Delta x) = y + \Delta y$ とすると，$\sinh(y + \Delta y) = a(x + \Delta x)$ となります．したがって，$\Delta x \to 0$ のとき $\Delta y \to 0$ であり，$\sinh^{-1} ax = y$ となるので，$\sinh y = ax$ となります．

すると，分母の Δx は

$$\Delta x = \frac{a(x + \Delta x) - ax}{a} = \frac{\sinh(y + \Delta y) - \sinh y}{a}$$

一方，分子は

$$\sinh^{-1} a(x + \Delta x) - \sinh^{-1} ax = y + \Delta y - y = \Delta y$$

となります．以上より，y' は

$$y' = \lim_{\Delta y \to 0} \frac{\Delta y}{\dfrac{\sinh(y + \Delta y) - \sinh y}{a}}$$

$$= \lim_{\Delta y \to 0} \frac{a}{\dfrac{\sinh(y + \Delta y) - \sinh y}{\Delta y}}$$

$$= \frac{a}{(\sinh y)'} = \frac{a}{\cosh y} = \frac{a}{\sqrt{1 + \sinh^2 y}} = \frac{a}{\sqrt{1 + (ax)^2}}$$

以上からわかるように，$\sin$, $\sinh$ 関数の微分は，$\cos$, $\cosh$ となります．しかし，その逆関数の微分は，三角関数や双曲線関数にはなりません．

(11) 上記例題 (2) を参考にします．

$$y' = \frac{d}{dx}(2x^3) = \lim_{\Delta x \to 0} \frac{2(x + \Delta x)^3 - x^3}{\Delta x}$$

$$= \lim_{\Delta x \to 0} \frac{2(x^3 + 3x^2 \Delta x + 3x \Delta x^2 + \Delta x^3) - 2x^3}{\Delta x}$$

$$= \lim_{\Delta x \to 0} \frac{6x^2 \Delta x + 6x \Delta x^2 + 2\Delta x^3}{\Delta x}$$

$$= \lim_{\Delta x \to 0} (6x^2 + 6x \Delta x + 2\Delta x^2) = 6x^2$$

$$y'' = \frac{d}{dx}(6x^2) = 6 \lim_{\Delta x \to 0} \frac{(x + \Delta x)^2 - x^2}{\Delta x}$$

$$= 6 \lim_{\Delta x \to 0} \frac{x^2 + 2x\Delta x + \Delta x^2 - x^2}{\Delta x}$$

$$= 6 \lim_{\Delta x \to 0} \frac{2x\Delta x + \Delta x^2}{\Delta x}$$

$$= 6 \lim_{\Delta x \to 0} (2x + \Delta x) = 12x$$

$$y''' = \frac{d}{dx} 12x = 12 \lim_{\Delta x \to 0} \frac{(x + \Delta x) - x}{\Delta x}$$

$$= 12 \lim_{\Delta x \to 0} \frac{\Delta x}{\Delta x}$$

$$= 12 \lim_{\Delta x \to 0} 1 = 12$$

$$y^{(4)} = \frac{d}{dx} 12 = \lim_{\Delta x \to 0} 12 \cdot \frac{0 - 0}{\Delta x} = 0$$

このように，べき乗関数の次数を超えて高階微分すると，0 になります.

1.2.3　微分公式

(1)　和，差，積と商の微分

関数 $f(x)$, $g(x)$ が考えている範囲で連続，かつ微分可能であれば，a を定数とすると，関数の和，差，積，商について以下の関係が成り立ちます.

$$\{af(x)\}' = af'(x) \tag{1.103}$$

$$\{f(x) \pm g(x)\}' = f'(x) \pm g'(x) \tag{1.104}$$

$$\{f(x)g(x)\}' = f'(x)g(x) + f(x)g'(x) \tag{1.105}$$

$$\left\{\frac{f(x)}{g(x)}\right\}' = \frac{f'(x)g(x) - f(x)g'(x)}{\{g(x)\}^2} \qquad (g(x) \neq 0) \tag{1.106}$$

これらの公式は定義である式 (1.102) (39 ページ) に戻ることにより証明することができます. また，以降に出てくる関数は，これと同様に微分できることが前提になっていますので，各関数が微分可能であるという条件は省略します.

例題 1.9

$y = 3x^3 + 2x^2 + 1$ を微分しなさい.

答え

係数はそのまま,和と差はそれぞれ微分すればよいから,次のようになります.

$$y' = \frac{d}{dx}(3x^3 + 2x^2 + 1)$$
$$= 3 \cdot 3x^{3-1} + 2 \cdot 2x^{2-1} + 0 = 9x^2 + 4x$$

例題 1.10

$y = x^2 \sin x$ を微分しなさい.

答え

2 つの項を交互に微分して和をとればよいから,次のようになります.

$$y' = (x^2)' \sin x + x^2 (\sin x)'$$
$$= 2x \sin x + x^2 \cos x$$

例題 1.11

$y = \dfrac{3x^2 - 1}{2x^3}$ を微分しなさい.

答え

$$y' = \frac{(3x^2 - 1)'(2x^3) - (3x^2 - 1)(2x^3)'}{(2x^3)^2}$$
$$= \frac{(6x)(2x^3) - (3x^2 - 1)(6x^2)}{4x^6}$$
$$= \frac{12x^4 - 18x^4 + 6x^2}{4x^6}$$
$$= \frac{-6x^4 + 6x^2}{4x^6} = \frac{3(1 - x^2)}{2x^4}$$

(2)　合成関数の微分

関数 $f(u)$ の変数 u が，変数 x の関数 $u = g(x)$ で与えられるとき，それらの**合成関数** $y = f(u) = f(g(x))$ は x で微分可能で，その導関数は

$$\frac{dy}{dx} = \frac{d}{dx}f(u) = \frac{dy}{du} \cdot \frac{du}{dx} \tag{1.107}$$

となります．これはある関数が単純な関数の合成で表されているときに，単純な関数の微分項の積として計算できることを表しています．

例題 1.12

$y = (2x^2 + 4x - 1)^4$ を微分しなさい．

答え

$u = 2x^2 + 4x - 1$ とおけば，$y = u^4$ となります．すると

$$\frac{dy}{du} = \frac{d}{du}(u^4) = 4u^3$$

$$\frac{du}{dx} = \frac{d}{dx}(2x^2 + 4x - 1) = 4x + 4 = 4(x + 1)$$

となり，したがって，y' は

$$y' = \frac{dy}{du} \cdot \frac{du}{dx} = 4u^3 \cdot 4(x + 1) = 16(x + 1)(2x^2 + 4x - 1)^3$$

となります．

(3)　逆関数の微分

単調に増加するか，または単調に減少する**単調関数** $x = f(y)$ の逆関数 $y = f^{-1}(x)$ は微分可能であり，その導関数は

$$\frac{dy}{dx} = \frac{1}{\dfrac{dx}{dy}} \tag{1.108}$$

となります．ただし，$\dfrac{dy}{dx} \neq 0$ が条件です．

例題 **1.13**

$y = \cos^{-1} x$ を微分しなさい.

答え

$y = \cos^{-1} x$ を, $x = \cos y$ ともとに戻して微分すると

$$\frac{dx}{dy} = -\sin y = -\sqrt{1 - \cos^2 y}$$

となります. ここで, 独立変数は x ですから, 右辺から従属変数の y を消去して

$$\frac{dx}{dy} = -\sqrt{1 - x^2}$$

とします. したがって, $y = \cos^{-1} x$ の微分は, 式 (1.108) より

$$\frac{dy}{dx} = \frac{1}{\dfrac{dx}{dy}} = \frac{-1}{\sqrt{1 - x^2}}$$

となります.

(4) 媒介変数表示関数の微分

$x = f(t)$, $y = g(t)$ にて, $x = f(t)$ の逆関数 $t = f^{-1}(x)$ が存在すると

$$\frac{dy}{dx} = \frac{\dfrac{dy}{dt}}{\dfrac{dx}{dt}} = \frac{g'(t)}{f'(t)} \tag{1.109}$$

となります. ただし, $\dfrac{dx}{dt} = f'(t) \neq 0$ が条件です.

例題 **1.14**

$x = t^3$, $y = \sqrt{t}$ において $\dfrac{dy}{dx}$ を求めなさい.

答え

$$y' = \frac{dy}{dt} = \frac{d}{dt} t^{\frac{1}{2}} = \frac{1}{2} t^{-\frac{1}{2}}$$

$$x' = \frac{dx}{dt} = \frac{d}{dt} t^3 = 3t^2$$

だから

$$\frac{dy}{dx} = \frac{\dfrac{dy}{dt}}{\dfrac{dx}{dt}} = \frac{\dfrac{1}{2} t^{-\frac{1}{2}}}{3t^2} = \frac{1}{6} t^{-\frac{5}{2}}$$

となります.

1.2.4　偏微分と全微分

　これまでは，1 つの式で，常に独立変数が 1 つに従属変数 1 つが対応した，1 変数関数の微分である**常微分**でした. したがって，対応関係を 2 次元の平面でとらえることができました. しかし，2.2.1 項（104 ページ）で解説する完全微分方程式と呼ばれる微分方程式の解法を理解するには，変数が 2 つ以上の，多変数関数の場合の微分である**偏微分**が必要です.

　以下では，理解しやすいように，最もシンプルな偏微分である，変数が 2 つの 2 変数関数 $z = f(x, y)$ の偏微分を考えましょう.

　2 変数関数は独立変数が x と y の 2 つ，それに，従属変数は z の 1 つですから，3 次元で視覚化するとよいでしょう.

　しかし，変数が 2 つありますので，1 変数のときと違って x と y のいずれかによる微分も考えられます. ここで，変数 x と y を同時に微分する方法はないので，それぞれ個別に微分します. つまり，変数 x で微分するときはもう 1 つの変数 y は変化させずに，一定として，微分します.

　関数 $f(x, y)$ の x に対する**偏導関数**を $f_x(x, y)$，y の**偏導関数**を $f_y(x, y)$ とすると，以下のようになります.

$$\begin{cases} f_x(x, y) = \lim_{\Delta x \to 0} \dfrac{f(x + \Delta x, y) - f(x, y)}{\Delta x} \\ f_y(x, y) = \lim_{\Delta y \to 0} \dfrac{f(x, y + \Delta y) - f(x, y)}{\Delta y} \end{cases}$$

ここで，f_x は f の x による偏微分，f_y は f の y による偏微分を意味し，常微分の微分記号 f' と識別しています．

この偏導関数を求めることを**偏微分**するといいます．このように，偏微分は微分する変数以外の変数をも定数とすることにより微分します．偏微分を表す記号 ∂（ラウンド）を用いると，

$$
\begin{cases}
\dfrac{\partial z}{\partial x} = \dfrac{\partial f(x,\,y)}{\partial x} = f_x(x,\,y) = \lim_{\Delta x \to 0} \dfrac{f(x+\Delta x,\,y) - f(x,\,y)}{\Delta x} \\[4pt]
\hspace{9.5cm} (1.110) \\[4pt]
\dfrac{\partial z}{\partial y} = \dfrac{\partial f(x,\,y)}{\partial y} = f_y(x,\,y) = \lim_{\Delta y \to 0} \dfrac{f(x,\,y+\Delta y) - f(x,\,y)}{\Delta y} \\[4pt]
\hspace{9.5cm} (1.111)
\end{cases}
$$

と定義されます．

例えば，$z = f(x,\,y) = 2x^3 + x^2 y + 3y^3 + 5$ の偏微分は上式 (1.110), (1.111) を用いて

$$
\begin{cases}
\dfrac{\partial z}{\partial x} = \dfrac{\partial f(x,\,y)}{\partial x} = f_x(x,\,y) = 6x^2 + 2xy \\[8pt]
\dfrac{\partial z}{\partial y} = \dfrac{\partial f(x,\,y)}{\partial y} = f_y(x,\,y) = x^2 + 9y^2
\end{cases}
$$

となります．ここで，変数 x による偏微分では，もう 1 つの変数 y のみの項は，定数 5 とともに消えています．

同様に，変数 y による偏微分では，もう 1 つの変数 x のみの項は，定数 5 とともに消えています．

これは，偏微分する変数以外の変数は，「定数として処理されている」からです．

また，偏微分の高階微分は，多変数関数ゆえに常微分の場合と比べて少し複雑になります．つまり，常微分では，高階微分はただ 1 変数の微分を繰り返すだけでしたが，多変数関数では，異なる変数を偏微分する順番によって多様性が出てきます．例えば 2 変数関数 $f(x,\,y)$ の 2 階偏微分を考えると

$$\begin{cases} \dfrac{\partial}{\partial x}\dfrac{\partial f}{\partial x} = \dfrac{\partial^2 f}{\partial x^2} = f_{xx} \\[2ex] \dfrac{\partial}{\partial y}\dfrac{\partial f}{\partial x} = \dfrac{\partial^2 f}{\partial y \partial x} = f_{xy} \\[2ex] \dfrac{\partial}{\partial x}\dfrac{\partial f}{\partial y} = \dfrac{\partial^2 f}{\partial x \partial y} = f_{yx} \\[2ex] \dfrac{\partial}{\partial y}\dfrac{\partial f}{\partial y} = \dfrac{\partial^2 f}{\partial y^2} = f_{yy} \end{cases}$$

の 4 種類があります．ここで，f_{xy} の偏微分を示す添字が，偏微分する順番を表していることに注意してください．

　上式で，上下端の同じ変数の 2 階偏微分では $f_{xx} \neq f_{yy}$ と結果が異なることは明白ですが，f_{xy} と f_{yx} のような，同じ変数で偏微分する順番のみが異なる偏微分には注意を要します．この場合，f_{xy} と f_{yx} がともに存在し，いずれも連続であるときにのみ $f_{xy} = f_{yx}$ となります．

　このように，偏微分は多変数の中から偏微分する 1 つのみを変数として，他を定数として微分します．したがって，偏微分の結果が，その多変数関数の全体の傾きではありません．それでは全体の傾きを決めるために必要な，$z = f(x, y)$ の微小増分 dz はどのように表せるでしょうか．

　2 変数関数 $z = f(x, y)$ において，その x 方向，y 方向の微小増分をそれぞれ dx，dy とすると dz は

$$dz = \frac{\partial f}{\partial x}\, dx + \frac{\partial f}{\partial y}\, dy \tag{1.112}$$

と表せます．この dz を z の**全微分**といいます．いいかえると，x 軸の微小変化 dx とその偏微分 $\dfrac{\partial f}{\partial x}$ の積，ならびに y 軸の微小変化 dy とその偏微分 $\dfrac{\partial f}{\partial y}$ の積との和が，z 軸の全微分（微小変化）dz として表されます．また，偏微分 $\dfrac{\partial f}{\partial x}$ は x 軸から z 軸への，偏微分 $\dfrac{\partial f}{\partial y}$ は y 軸から z 軸への変換係数であるともいえます．

　一方，ある関数 $p(x, y)$，$q(x, y)$ について

$$p(x, y)\, dx + q(x, y)\, dy \tag{1.113}$$

としたものを**微分形式**といいます．

　一般に，式 (1.112) は，まったく別の式 (1.113) と等しくはありません．し

かし，この 2 つの式が等しいとき，式 (1.113) は

$$dz = p(x, y)\, dx + q(x, y)\, dy \tag{1.114}$$

となります．この式を**全微分形式**といいます．

このとき，式 (1.112) と式 (1.114) から

$$\frac{\partial f}{\partial x} = p, \qquad \frac{\partial f}{\partial y} = q$$

となります．ここで f は 2 変数関数ですから，p も q も，残ったもう 1 つの異なる独立変数により偏微分をすると

$$\begin{cases} \dfrac{\partial p}{\partial y} = \dfrac{\partial}{\partial y}\dfrac{\partial f}{\partial x} \\[2mm] \dfrac{\partial q}{\partial x} = \dfrac{\partial}{\partial x}\dfrac{\partial f}{\partial y} \end{cases}$$

となります．この 2 つの式の右辺をみると，同一の変数で構成されており，偏微分の順番が異なるだけです．したがって

$$\frac{\partial p}{\partial y} = \frac{\partial}{\partial y}\frac{\partial f}{\partial x} = \frac{\partial}{\partial x}\frac{\partial f}{\partial y} = \frac{\partial q}{\partial x}$$

ならば

$$p_y = q_x \tag{1.115}$$

となることがあります．この式 (1.115) は，全微分形式の式 (1.114) が成立する必要条件となっています．

微分形式は理工学の実際の問題を解く際に有用になるんだね．

例題 1.15

$$z = f(x, y) = x^2 + 2xy + \cos(x + y) - \cos y$$

の $f_x,\ f_{xx},\ f_{xy},\ f_y,\ f_{yy},\ f_{yx}$ を計算しなさい．

答え

$$
\begin{cases}
\dfrac{\partial z}{\partial x} = f_x = 2x + 2y - \sin(x+y) \\[2mm]
\dfrac{\partial}{\partial x}\dfrac{\partial z}{\partial x} = \dfrac{\partial f_x}{\partial x} = f_{xx} = 2 - \cos(x+y) \\[2mm]
\dfrac{\partial}{\partial y}\dfrac{\partial z}{\partial x} = \dfrac{\partial f_x}{\partial y} = f_{xy} = 2 - \cos(x+y) \\[2mm]
\dfrac{\partial z}{\partial y} = f_y = 2x - \sin(x+y) + \sin y \\[2mm]
\dfrac{\partial}{\partial y}\dfrac{\partial z}{\partial y} = \dfrac{\partial f_y}{\partial y} = f_{yy} = -\cos(x+y) + \cos y \\[2mm]
\dfrac{\partial}{\partial x}\dfrac{\partial z}{\partial y} = \dfrac{\partial f_y}{\partial x} = f_{yx} = 2 - \cos(x+y)
\end{cases}
$$

1.3　積　分

　積分には，関数で囲まれたある範囲の面積を求めることを基礎とした**求積法**と，微分の逆操作として機械的に行う方法があります．さらに，後者は積分範囲を限定せず，結果を関数として求める**不定積分**と，結果を面積などの概念に関係した数値，あるいは定数として求める**定積分**に分けられます．

1.3.1　積分の求め方

(1)　求積法

　それでは積分について求めてみます．その前に微分と同様に，積分の必要性を考えてみましょう．図 1.25 に示すように，運動する物体の時間 t〔s〕と距離 L〔m〕との関係を通して，積分の意味を考えます．ここで，図 1.26 のように物体が等速度運動しているときは，時間に対して速度は変化しませんから，距離 L〔m〕は単純に移動する時間 t_n〔s〕と速度 V_c〔m/s〕の積になりますので

$$
L = V_c t_n \tag{1.116}
$$

と簡単に計算できます．これは，図 1.26 の網掛けの部分と対応しており，V_c と t_n，および軸で囲まれた面積と考えることができます．

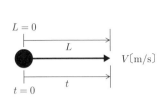

図 1.25　運動における距離 L〔m〕と時間 t〔s〕の関係

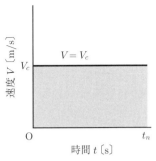

図 1.26　等速度運動

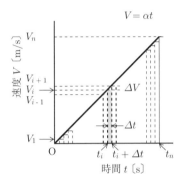

図 1.27　等加速度運動

　それでは図 1.27 のような等加速度運動をしているときはどうなるのでしょうか．この場合は，加速度を α〔m/s^2〕とすると速度は $V = \alpha t$ となります．このとき，速度は時間に比例して増加していきますので，式 (1.116) は成立しません．つまり，図の速度 V_i を用いて式 (1.116) で計算するとそれ以前の速度 V_{i-1} は V_i に加速する前ですから V_i 以下になり，V_{i+1} では V_i 以上になるので正しい距離を求めることができません．このように，等加速度運動など速度 V が一定でない運動のときは，式 (1.116) をそのまま適用できません．

　それではどのように正しい距離が求められるでしょうか．もちろん簡単には，図 1.27 もその特性は直線ですから，速度の一次関数と時間軸で囲まれた直角三角形の面積から求めることもできます．しかし，2 次以上の関数になったらこの方法はとれません．

　そこで，式 (1.116) は V が一定のときに成立する式ですが，この式を図 1.27 の運動にうまくあてはめることを考えます．つまり，最初に誤差があってもあえて計算し，次にその誤差を小さくするにはどうしたらよいかを考えることとします．この概念は，微分のときと同様に，V が時間の関数でも，非常に短時間ならば，V を一定としてもその誤差は小さいと考えることができるというアイデアからきています．

　それでは，図 1.27 にて時間 t_n を微小時間 Δt に n 分割します．そして，左端から i 番目の時間 t_i における速度を V_i とすると，距離 ΔL_i は縦が V_i，横が Δt である縦長の長方形の面積（図 1.27 の網掛け部分）で表されるので

$$\Delta L_i = V_i \Delta t$$

となります．ここで，$V_i = \alpha t_i = \alpha i \Delta t$ なので

$$\Delta L_i = \alpha i \Delta t^2 \tag{1.117}$$

と表せます．ただし，ここで $\Delta t = \dfrac{t_n}{n}$ です．

　この距離 ΔL_i は，移動距離のほんの一部分ですが，物体が移動する全体の距離 L は，式 (1.117) において $t = 0$ から $t = t_n$ までを足し合わせれば求められます．したがって，L は次のように表せます．

$$\begin{aligned}
L &\approx \Delta L_1 + \Delta L_2 + \Delta L_3 + \Delta L_4 + \cdots + \Delta L_i + \cdots + \Delta L_n \\
&\approx \alpha \Delta t^2 + 2\alpha \Delta t^2 + 3\alpha \Delta t^2 + 4\alpha \Delta t^2 + \cdots + i\alpha \Delta t^2 + \cdots + n\alpha \Delta t^2 \\
&\approx (1 + 2 + 3 + 4 + \cdots + i + \cdots + n)\alpha \Delta t^2 \\
&\approx \sum_{i=1}^{n} i\alpha \Delta t^2
\end{aligned} \tag{1.118}$$

　ここで，$\displaystyle\sum_{i=1}^{n} i = \dfrac{n(n+1)}{2}$（和の公式），$\alpha \Delta t^2 = \dfrac{\alpha t_n^2}{n^2}$ となるので，式 (1.118) は

$$\begin{aligned}
L &\approx \frac{n(n+1)}{2} \frac{\alpha t_n^2}{n^2} \\
&\approx \frac{1}{2}\left(1 + \frac{1}{n}\right)\alpha t_n^2
\end{aligned} \tag{1.119}$$

となります．ここで「≈」の記号を用いているのは，右辺は距離 L に対して誤差を含んでいるために完全に等しくないからです．完全に誤差を 0 にして「=」を使うためには，Δt 間における速度 V の変化 ΔV を 0 にする必要があり，これは $\Delta t \to 0$（Δt を無限に 0 に近づける），または $n \to \infty$（n を無限大にする）とすることにより得られます．すると，式 (1.119) は真の距離 L となり

$$L = \frac{1}{2}\alpha t_n{}^2 \lim_{n \to \infty}\left(1 + \frac{1}{n}\right)$$

となります．ここで，$\displaystyle\lim_{n \to \infty}\left(1 + \frac{1}{n}\right) = 1$ になりますから

$$L = \frac{1}{2}\alpha t_n{}^2 \tag{1.120}$$

となります．

このように，このような関数と軸で囲まれた面積であっても，誤差を含めた式を微小部に分割してから集合させて，極限を計算しやすい式に変形して，最後にその極限を求めることによって誤差を 0 にして真値を求めることができます．以上の一連の操作を一気にするのが求積法と呼ばれる積分の考え方です．

実際，正しく計算できているかどうか，式 (1.120) を検証します．図 1.27 は $V = \alpha t$ を斜線，時間軸 O から t_n までを底辺，t_n 上の V_n を高さとする直角三角形と考えれば，その面積は距離 L となるので

$$L = \frac{1}{2}t_n V_n = \frac{1}{2}t_n \alpha t_n = \frac{1}{2}\alpha t_n{}^2 \tag{1.121}$$

となります．結果は式 (1.120) = 式 (1.121) となり，正しいことがわかります．

この式 (1.120) にいたる考え方を使えば，図 1.27 のように直線でなくても，どのような曲線でも，また，指定された変域で積分可能ならば，その曲線によって囲まれる面積を求めることができ，さらには 3 次元形状の体積も数学的に求めることができます．

(2) 微分の逆として考える方法

一方，数学における積分の定義は導関数によってなされています．

ここで，関数 $F(x)$ の導関数 $F'(x)$ と同じ関数を $f(x)$ と考えると，その関

係は

$$F'(x) = f(x) \tag{1.122}$$

となります．このとき，微分する前の $F(x)$ を $f(x)$ の**原始関数**または**不定積分**といいます．また，$F(x)$ に $F(x) + C$ のように定数 C を付けて表記することもあります．この C は，微分すると定数は 0 になりますから，微分すると $f(x)$ になる $F(x)$ の定数部分は無数にあることを示します．したがって，$f(x)$ の不定積分は無数にあることになります．すなわち

$$\int f(x)\,dx = F(x) + C \tag{1.123}$$

となります．ここで，C は**積分定数**といいます．

式 (1.123) の不定積分の定義からも，不定積分と微分は，表裏のように密接に関係していることがわかります．その関係は次のように表すことができます．

$$\frac{d}{dx} \int f(x)\,dx = f(x) \tag{1.124}$$

式 (1.124) は，ある関数 $f(x)$ を積分してから微分すると，もとの関数 $f(x)$ に戻ることを表しています．このことは微分と積分が互いに逆の演算であることを意味しています．したがって基本的に，積分は，微分の公式より求められた積分の公式にあてはめて求めます．そして，そのための前もっての式の変形が重要になります．

それでは，基本的な関数の不定積分をしてみましょう．

例題 1.16

次の関数を不定積分しなさい．

(1) $\displaystyle\int a\,dx$ 　　　　(2) $\displaystyle\int x^n\,dx$ 　　　　(3) $\displaystyle\int e^x\,dx$

(4) $\displaystyle\int \frac{1}{x}\,dx$ 　　　　(5) $\displaystyle\int \sin ax\,dx$ 　　　　(6) $\displaystyle\int \cos ax\,dx$

(7) $\displaystyle\int \cosh ax\,dx$

答え

39 ページにある微分の例題 1.8 の (2) から (10) を用いて解きます.

(1) 例題 1.8 の (2) より

$$y' = \frac{d(ax)}{dx} = a$$

それぞれを x で積分すると

$$\int y' \, dx = \int \frac{d(ax)}{dx} \, dx = \int a \, dx = ax + C$$

整理すると,以下となります[*1].

$$\int a \, dx = ax + C$$

(2) 例題 1.8 の (3) より

$$\frac{d}{dx} x^n = n x^{n-1}$$

この式の両辺を,それぞれ x で積分すると

$$\int \frac{d}{dx} x^n \, dx = \int n x^{n-1} \, dx$$

となります.ここで,右辺 x の指数を $n - 1 \to n$ と変換すると

$$\int \frac{d x^{n+1}}{dx} \, dx = \int (n+1) x^n \, dx$$

となり,さらに右辺の $n + 1$ は定数だから,移項して整理すると

$$\frac{1}{n+1} \int d(x^{n+1}) = \int x^n \, dx$$

$$\int x^n \, dx = \frac{1}{n+1} x^{n+1} + \frac{C_1}{n+1}$$

$$\int x^n \, dx = \frac{1}{n+1} x^{n+1} + C \qquad (n \neq -1)$$

が得られます.ここで,C_1,C は積分定数です.

(3) 例題 1.7 の (4) より

[*1] または,$1 = x^0$ と表すことができるので,例題 1.8 の (2) と次の (3) を参考にして次のように表せます.

$$\int a \, dx = \int a \cdot 1 \, dx = \int a \cdot x^0 \, dx = a \int x^0 \, dx = ax + C$$

$$\frac{de^x}{dx} = e^x$$

両辺を x で積分して，左辺，右辺を入れかえると

$$\int e^x \, dx = \int \frac{de^x}{dx} \, dx$$

$$\int e^x \, dx = \int de^x$$

右辺は，$\displaystyle\int de^x = \int 1\, de^x = \int e^x \, dx$ だから

$$\int e^x \, dx = e^x + C$$

を得ます．

e^x は微分しても，積分しても変わらない
特別な関数だね．

(4)　例題 1.7 の (5) より

$$\frac{d \log_e x}{dx} = \frac{1}{x}$$

両辺を x で積分して，左辺，右辺を入れかえると

$$\int \frac{1}{x} \, dx = \int \frac{d \log_e x}{dx} \, dx$$

$$\int \frac{1}{x} \, dx = \log_e x + C$$

(5)　例題 1.7 の (4) より，同様に

$$\frac{d \cos ax}{dx} = -a \sin ax$$

両辺を x で積分すると

$$\int \frac{d \cos ax}{dx} \, dx = \int -a \sin ax \, dx$$

式の左右を入れかえて，符号と定数も右辺に

$$\int \sin ax \, dx = -\frac{1}{a} \cos ax + C$$

(6) 例題 1.7 の (7) を用いると

$$\frac{d \sin ax}{dx} = a \cos ax$$

$$\frac{1}{a} \int \frac{d \sin ax}{dx} \, dx = \int \cos ax \, dx$$

$$\int \cos ax \, dx = \frac{1}{a} \sin ax + C$$

となります.

(7) 例題 1.7 の (9) を用いて，同様に計算すると

$$\frac{d \sinh ax}{dx} = a \cosh ax$$

$$\int \frac{d \sinh ax}{dx} \, dx = \int a \cosh ax \, dx$$

$$\int \cosh ax \, dx = \frac{1}{a} \sinh ax + C$$

1.3.2 不定積分

(1) 和，差，定数積

不定積分には，次の性質があります.

$$\int af(x)\,dx = a \int f(x)\,dx \tag{1.125}$$

$$\int \{f(x) \pm g(x)\}\,dx = \int f(x)\,dx \pm \int g(x)\,dx \tag{1.126}$$

例題 1.17

$\int (3x^3 + 2)\,dx$ を求めなさい.

答え

$$\int (3x^3 + 2)\,dx = 3 \int x^3\,dx + 2 \int dx = \frac{3}{4}x^4 + 2x + C$$

(2) 置換積分

関数 $f(x)$ の x がほかの変数と $x = g(t)$ の関係で表されるとき，$f(x)$ の積

分は

$$\int f(x)\,dx = \int f(g(t))g'(t)\,dt \tag{1.127}$$

と置き換えられます．式 (1.127) を **置換積分** といい，複雑な関数の積分に利用します．

置換積分は微分公式の合成関数の微分公式 (1.126) を利用したものだね．

例題 1.18

次の関数を置換積分により求めなさい．

(1) $\displaystyle\int (3x+6)^3\,dx$ 　　(2) $\displaystyle\int \frac{1}{\sqrt{1-(ax)^2}}\,dx$ 　(3) $\displaystyle\int \frac{1}{\sqrt{1+(ax)^2}}\,dx$

答え

(1) $t = 3x+6$ とおくと

$$\begin{cases} f(g(t)) = t^3 \\ g'(t) = \dfrac{dx}{dt} = \dfrac{1}{\dfrac{dt}{dx}} = \dfrac{1}{3} \end{cases}$$

となる．したがって，置換積分を使って

$$\int (3x+6)^3\,dx$$
$$= \int t^3\left(\frac{1}{3}\right)dt = \frac{1}{3}\int t^3\,dt = \frac{1}{3}\cdot\frac{1}{4}t^4 + C = \frac{1}{12}(3x+6)^4 + C$$

となります．

(2) ここでは $\sin\theta$ を用いた置換積分を使います．

$ax = \sin\theta$ とおき，微分すると

$$a\,dx = \cos\theta\,d\theta$$
$$dx = \frac{\cos\theta}{a}\,d\theta$$

となります．これらを与式に代入すると

$$\int \frac{1}{\sqrt{1-(ax)^2}}\, dx = \int \frac{1}{\sqrt{1-\sin^2\theta}} \frac{\cos\theta}{a}\, d\theta$$
$$= \frac{1}{a} \int d\theta = \frac{\theta}{a} + C$$

ここで，$\theta = \sin^{-1} ax$ なので

$$\int \frac{1}{\sqrt{1-(ax)^2}}\, dx = \frac{1}{a} \sin^{-1} ax + C$$

(3) ここでは，$\sinh\theta$ を用いた置換積分を使います．

$ax = \sinh\theta$ とおき，微分すると

$$a\, dx = \cosh\theta\, d\theta$$

$$dx = \frac{\cosh\theta}{a}\, d\theta$$

となります．これらを与式に代入すると

$$\int \frac{1}{\sqrt{1+(ax)^2}}\, dx = \int \frac{1}{\sqrt{1+\sinh^2\theta}} \frac{\cosh\theta}{a}\, d\theta$$
$$= \frac{1}{a} \int d\theta = \frac{\theta}{a} + C$$

ここで，$\theta = \sinh^{-1} ax$ なので

$$\int \frac{1}{\sqrt{1+(ax)^2}}\, dx = \frac{1}{a} \sinh^{-1} ax + C$$

例題 1.19

$\int \dfrac{1}{1+x^2}\, dx$ を求めなさい．

答え

$x = \tan\theta$ とおくと

$$dx = \sec^2\theta\, d\theta = \frac{1}{\cos^2\theta}\, d\theta$$

となります．ここで，$x = \tan\theta$ の三角形を考えれば，$1+\tan^2\theta = \dfrac{1}{\cos^2\theta}$ より

$$dx = (1 + x^2)\,d\theta$$

となります．すると，設問の積分は，置換積分より

$$\int \frac{1}{1 + x^2}\,dx = \int \frac{1}{1 + x^2}(1 + x^2)\,d\theta$$
$$= \int d\theta$$
$$= \theta + C = \tan^{-1} x + C$$

> 置換積分では，おおむね被積分項に $\sqrt{1 - x^2}$ 項がある場合は，$x = \sin\theta$，または $x = \cos\theta$ とおくとうまくいくことがよくあるよ．また，$\sqrt{1 + x^2}$ 項がある場合は，$x = \sinh\theta$，あるいは $x = \cosh\theta$ とおくとうまくいくことがよくあるよ．

(3) 部分積分

　部分積分は，ある 2 つの関数の積として積分が与えられたときに，積分が容易な関数を $g(x)$ とし，微分が容易に可能な関数を $f(x)$ として，以下の関係を利用するものです．

$$\int f(x)g'(x)\,dx = f(x)g(x) - \int f'(x)g(x)\,dx \tag{1.128}$$

　この公式が**部分積分**と呼ばれるのは，左辺の $g'(x)$ が，右辺に $g(x) = \int g'(x)\,dx$ として積分の形で現れるからです．また，この公式は式 (1.122) の両辺を積分することにより容易に証明できます．

　なお，$g(x)$ に周期関数を選ぶと，周期関数の繰り返しにより，右辺が収束し，解を得ることが期待できます．

　また，$g'(x) = 1$ のとき，右辺では $g(x) = x$ となり，さらに $f(x)$ は左辺第 1 項ではそのまま，第 2 項では微分の形になります．すなわち

$$\int f(x)\,dx = \int f(x) \cdot 1\,dx = f(x)x - \int f'(x)x\,dx$$

が成り立ちます．いいかえれば，$g'(x) = 1$ のとき，$f(x)$ の積分を $f(x)$ の微

分から計算できます.

この式 (1.128) は，積の微分の式 (1.105) を利用した公式ですので，この証明は式 (1.105) の両辺を積分することにより容易に得られます．また，式 (1.105) は 2 つの項の積の微分ですが，当然，3 つの項の積の微分もありますから，式 (1.128) も 3 つの項の部分積分の式も成立します.

例題 1.20

$\displaystyle \int xe^{3x}\,dx$ を部分積分により求めなさい.

答え

設問より，x は微分すると 1 になり，e^{3x} は積分が容易なので，$f(x) = x$，$g(x) = e^{3x}$ として部分積分を利用します.

$f'(x) = 1$，$\displaystyle \int e^{3x}\,dx = \frac{1}{3}e^{3x}$ となるので，次のようになります.

$$\int xe^{3x}\,dx = x \cdot \frac{1}{3}e^{3x} - \int 1 \cdot \frac{1}{3}e^{3x}\,dx$$
$$= x \cdot \frac{1}{3}e^{3x} - \frac{1}{3}\int e^{3x}\,dx$$
$$= x \cdot \frac{1}{3}e^{3x} - \frac{1}{9}e^{3x} + C$$

(4) 積の積分の変わった形

$f(x)$ と $g(x)$ に次の条件が成立する場合

$$\frac{dg(x)}{dx} = f(x)\,g(x) \tag{1.129}$$

その積分 I は

$$I = \int f(x)\,g(x)\,dx = \int \frac{dg(x)}{dx}\,dx = \int dg(x) = g(x) + C \tag{1.130}$$

となり，部分積分と同様に，簡単に計算できます．上記条件は，$g(x)$ を微分しても，もとの自分自身と，関数 $f(x)$ の積で表せるという特殊な関数です.

このような特殊な関数には何度か記述しているように，微分しても積分しても自分自身が変化しない e を底とした指数関数があります.

$$\int \cos x \cdot e^{\sin x} \, dx \text{ を求めなさい.}$$

答え

$\cos x = f(x),\ e^{\sin x} = g(x)$ とすれば，上記の関係式より

$$\int \cos x \cdot e^{\sin x} \, dx = \int \frac{de^{\sin x}}{dx} \, dx = \int de^{\sin x} = e^{\sin x} + C$$

(5) 三角関数の積分

　三角関数の積分は，三角関数の倍角の公式，および積から和へ変換する公式を用いて和（差）の形にして求めます.

　または，sin, cos の奇数乗の形をしているときは置換積分を利用して，簡単な形に変えてから積分します.

例題 1.22

$$\int \sin 3x \cos 2x \, dx \text{ を求めなさい.}$$

答え

　三角関数の積と和の関係の公式 (1.74)（26 ページ）を用いて，設問の積から和の式に変換してから，積分します.　すなわち，

$$\sin \alpha \cos \beta = \frac{1}{2} \{\sin(\alpha + \beta) + \sin(\alpha - \beta)\}$$

により変換すると

$$\begin{aligned}
\int \sin 3x \cos 2x \, dx &= \frac{1}{2} \int \{\sin(3x + 2x) + \sin(3x - 2x)\} \, dx \\
&= \frac{1}{2} \int (\sin 5x + \sin x) \, dx \\
&= \frac{1}{2} \left\{ -\frac{\cos 5x}{5} + (-\cos x) \right\} + C \\
&= -\frac{1}{2} \left(\frac{\cos 5x}{5} + \cos x \right) + C
\end{aligned}$$

が得られます.

例題 1.23

$\displaystyle \int \sin^3 x \, dx$ を求めなさい.

答え

$\sin^3 x = \sin^2 x \sin x = (1 - \cos^2 x) \sin x$ と変形し, $\cos x$ と $\sin x$ の積の形にして置換積分を行います. すなわち

$$\int \sin^3 x \, dx = \int \sin^2 x \sin x \, dx$$
$$= \int (1 - \cos^2 x) \sin x \, dx$$

ここで, $\cos x = t$ は両辺を微分すると $-\sin x \, dx = dt$ となるので, これを上式に代入すると

$$\int (1 - t^2)(-1) \, dt = \int (t^2 - 1) \, dt = \frac{t^3}{3} - t + C$$

となります. したがって

$$\int \sin^3 x \, dx = \frac{\cos^3 x}{3} - \cos x + C$$

となります.

(6) 有理式 $\displaystyle \int \frac{g(x)}{f(x)} \, dx$ の積分

積分する関数が有理式の場合, 因数分解が可能です. したがって, 有理式の場合, 因数分解を行って分子, 分母の式の簡略化を試みます. そのうえで, 因数分解によってできた $f(x)$, $g(x)$ 2 つの関数の, 次元の大小関係により, 以下のように分類して積分を考えます.

例 1.1　**分母の次元の大小関係が $g(x) < f(x)$ の場合**
〔$g(x) = k$（定数）のとき〕

このとき，分母が $f(x) = (x+a)(x+b)$ のように因数分解可能であれば，部分分数に分解し，項別積分をします．

$$\int \frac{g(x)}{f(x)}\,dx = k \int \left\{ \left(\frac{m}{x+a} \right) + \left(\frac{n}{x+b} \right) \right\} dx$$
$$= k\{ m \log_e(x+a) + n \log_e(x+b) \} + C$$
$$= k\{ \log_e((x+a)^m (x+b)^n) \} + C$$

ここで $m + n = 0$，$\dfrac{1}{mb + na} = k$ です．

例題 1.24

$\displaystyle \int \frac{1}{x^2 - 5x + 4}\,dx$ を求めなさい．

答え

分母が $(x-4)(x-1)$ と因数分解できますから，

$$\int \frac{1}{x^2 - 5x + 4}\,dx = \frac{1}{3} \int \left\{ \frac{1}{x-4} + \frac{(-1)}{x-1} \right\} dx$$
$$= \frac{1}{3}\{ \log_e(x-4) - \log_e(x-1) \} + C$$
$$= \frac{1}{3} \log_e \left(\frac{x-4}{x-1} \right) + C$$

上の式で，$a = -4$，$b = -1$，$m = 1$，$n = -1$ となるから，
$k = \dfrac{1}{1 \cdot (-1) + (-1) \cdot (-4)}$ で $k = \dfrac{1}{3}$ となるね．

例 1.2 例 1.1 で $f'(x) = kg(x)$ のとき

このとき

$$\int \frac{g(x)}{f(x)} \, dx = \frac{1}{k} \int \frac{f'(x)}{f(x)} \, dx = \frac{1}{k} \log_e f(x) + C$$

となります.

例題 1.25

$\displaystyle \int \frac{2x^2}{x^3 + 2} \, dx$ を求めなさい.

答え

$f(x) = x^3 + 2$, $g(x) = x^2$ とすると, $f'(x) = 3g(x)$ なので, 例 1.2 を使って

$$\int \frac{2x^2}{x^3 + 2} \, dx = \frac{2}{3} \int \frac{3x^2}{x^3 + 2} \, dx = \frac{2}{3} \log_e (x^3 + 2) + C$$

例 1.3 分母 $f(x)$ と分子 $g(x)$ の次元が同じか，次元が $g(x) > f(x)$ の場合

$\dfrac{g(x)}{f(x)}$ の計算を実行し，項別に分離すれば，後は各項で例 1.2 と同様の計算を行えます.

例題 1.26

$\displaystyle \int \frac{x^2 + 5x + 1}{x^2 + 1} \, dx$ を求めなさい.

答え

$x^2 + 5x + 1 = (x^2 + 1) + 5x$ なので

$$\int \frac{x^2 + 5x + 1}{x^2 + 1} \, dx = \int \left(1 + \frac{5x}{x^2 + 1} \right) dx$$

$$= x + \frac{5}{2} \int \frac{2x}{x^2 + 1} \, dx$$

$$= x + \frac{5}{2} \log_e(x^2 + 1) + C$$

ここで，$f(x) = x^2 + 1$, $g(x) = 2x$ とすると，$f'(x) = g(x)$ であることを利用しています．

(7)　定積分（不定積分と定積分の関係）

すでに述べたように，不定積分は微分によって定義されています．対して，定積分には微分とは別に，関数で囲まれた領域の面積として求める方法と，不定積分の結果を利用する方法があります．ただし，どちらも，その積分範囲内で関数が連続であるなどの条件が必要です．一方，関数が不連続の場合などは，広義積分を行うことによって求めることができます（1.3.4 項 [73 ページ] 参照）．

ここでは後者の不定積分の結果を利用する方法で，$f(x)$ の $x = a$ から b までの**定積分**について，$f(x)$ の原始関数 $F(x)$ を用いて以下のように定義します．

$$\int_a^b f(x)\, dx = [F(x)]_a^b = F(b) - F(a) \tag{1.131}$$

ここで，必ず $b > a$ です．一方，$a \geq b$ の場合は

$$\int_a^b f(x)\, dx = -\int_b^a f(x)\, dx \tag{1.132}$$

と定義します．

不定積分の結果は $F(x) + C$ のように原始関数と積分定数の和として得られますが，定積分の結果は，積分範囲が数値のときは数値として得られます．

例題 **1.27**

次の定積分を求めなさい．

$$\int_0^2 x^2\, dx$$

答え

$$\int_0^2 x^2\, dx = \left[\frac{1}{2+1} x^{2+1} \right]_0^2 = \left[\frac{1}{3} x^3 \right]_0^2 = \left(\frac{1}{3} \cdot 2^3 \right) - 0 = \frac{8}{3}$$

1.3.3 定積分

定積分では，その定積分が可能な範囲に対して，以下の性質があります．

(1) 定数，和と差

$$\int_a^b af(x)\,dx = a \int_a^b f(x)\,dx \tag{1.133}$$

$$\int_a^b \{f(x) \pm g(x)\}\,dx = \int_a^b f(x)\,dx \pm \int_a^b g(x)\,dx \tag{1.134}$$

例題 1.28

$\displaystyle\int_0^2 (3x^2 + x + 1)\,dx$ を求めなさい．

答え

$$\int_0^2 (3x^2 + x + 1)\,dx = \left[x^3 + \frac{1}{2}x^2 + x \right]_0^2 = 8 + 2 + 2 = 12$$

(2) 定積分範囲の分割

定積分の範囲が $a \leq c \leq b$ のとき，定積分の定義から自明なとおり

$$\int_a^b f(x)\,dx = \int_a^c f(x)\,dx + \int_c^b f(x)\,dx \tag{1.135}$$

と表せます．このように定積分の範囲は分割，または統合できます．

例題 1.29

$\displaystyle\int_a^b (x^2 - 1)\,dx$，および

$\displaystyle\int_a^c (x^2 - 1)\,dx + \int_c^b (x^2 - 1)\,dx$

について，$a = 0$，$b = 3$，$c = 2$ として計算し，いずれも同じ値となることを確認しなさい．

答え

$$\int_0^3 (x^2 - 1)\, dx = \left[\frac{1}{3}x^3 - x\right]_0^3 = \left(\frac{27}{3} - 3\right) - 0 = 6$$

$$\begin{aligned}
\int_0^2 (x^2 - 1)\, dx + \int_2^3 (x^2 - 1)\, dx &= \left[\frac{1}{3}x^3 - x\right]_0^2 + \left[\frac{1}{3}x^3 - x\right]_2^3 \\
&= \left\{\left(\frac{8}{3} - 2\right) - 0\right\} \\
&\quad + \left\{\left(\frac{27}{3} - 3\right) - \left(\frac{8}{3} - 2\right)\right\} \\
&= \frac{2}{3} + 6 - \frac{2}{3} = 6
\end{aligned}$$

(3)　定積分の部分積分

不定積分における部分積分の式 (1.128) (64 ページ) と同様に，定積分でも以下の関係が成り立ちます．

$$\int_a^b f(x)\, g'(x)\, dx = [f(x)g(x)]_a^b - \int_a^b f'(x)\, g(x)\, dx \tag{1.136}$$

例題 1.30

$\displaystyle\int_1^3 \log x\, dx$ を求めなさい．

答え

式 (1.136) から，$f(x) = \log x$ とおくと $f'(x) = \dfrac{1}{x}$，また $g'(x) = 1$ とおくと $g(x) = x$ となりますから，次のように求まります．

$$\begin{aligned}
\int_1^3 \log x\, dx &= \int_1^3 \log x \cdot 1\, dx = [\log x \cdot x]_1^3 - \int_1^3 \frac{1}{x} \cdot x\, dx \\
&= 3\log 3 - 1\log 1 - [x]_1^3 \\
&= 3\log 3 - 0 - (3 - 1) = 3\log 3 - 2
\end{aligned}$$

(4)　定積分の置換積分

不定積分における置換積分の式 (1.127) (62 ページ) と同様に，$f(x)$ で

$x = \varphi(t)$ とおいて，$\dfrac{dx}{dt} = \varphi'(t)$ を求め，整理すると $dx = \varphi'(t)dt$ となります．また，このとき，積分範囲は $a = \varphi(\alpha),\ b = \varphi(\beta)$ とすると

$$\int_a^b f(x)\,dx = \int_\alpha^\beta f(\varphi(t))\varphi'(t)\,dt \tag{1.137}$$

となります．

例題 1.31

$\displaystyle\int_0^3 x\sqrt{3-x}\,dx$ を求めなさい．

答え

$t = \sqrt{3-x}$ とおくと，$x = 3 - t^2$. これより，両辺を微分すると $dx = -2t\,dt$ となります．さらに，積分範囲は $x = 0$ のときに $t = \sqrt{3}$，$x = 3$ のときに $t = 0$ となりますから，式 (1.137) を利用して次のようになります．

$$
\begin{aligned}
\int_0^3 x\sqrt{3-x}\,dx &= \int_{\sqrt{3}}^0 (3-t^2)t(-2t)\,dt \\
&= 2\int_{\sqrt{3}}^0 (t^4 - 3t^2)\,dt \\
&= 2\left[\frac{1}{5}t^5 - t^3\right]_{\sqrt{3}}^0 = 2\left(-\frac{9\sqrt{3}}{5} + 3\sqrt{3}\right) = \frac{12}{5}\sqrt{3}
\end{aligned}
$$

1.3.4　広義積分

定積分

$$\int_a^b f(x)\,dx = I$$

において積分区間の上限 b，下限 a のどちらか，または両者に $\pm\infty$（無限大）がある場合，あるいは関数 $f(x)$ がこの定積分区間 $[a, b]$ で 1 つ以上の不連続点をもつ場合，積分値 I が多価関数の場合等に，不定積分を利用した方法では，定積分が収束しないか，計算途中で不合理な計算が発生する場合があります．

　一方，このような定積分を合理的な計算とするために工夫された**広義積分**の考え方があります．広義積分の基本は，不合理な計算が発生することを避けるために，定積分の上限または下限，あるいは両方の x 座標を代数に置き換えて計算し，最後に極限でもとに戻して全体の合理性を担保します．

　例えば，積分区間の上限，下限が無限大の場合

$$\int_{-\infty}^{\infty} f(x)\,dx = \lim_{\substack{a \to -\infty \\ b \to \infty}} \int_{a}^{b} f(x)\,dx \tag{1.138}$$

として，極限値 $\lim$ を使って $f(x)$ の定積分に置き換えます．このとき，右辺の極限が存在すれば，この広義積分は収束するといいます．また，上限，下限のどちらか 1 つに無限大がある場合は，その部分のみの極限値をとるようにします．

例題 1.32

$\displaystyle\int_{-\infty}^{\infty} \tanh x\,dx$ を求めなさい．

答え

$$
\begin{aligned}
I &= \int_{-\infty}^{\infty} \tanh x\,dx \\
&= \int_{-\infty}^{\infty} \frac{e^x - e^{-x}}{e^x + e^{-x}}\,dx \\
&= \int_{-\infty}^{\infty} \frac{(e^x + e^{-x})'}{e^x + e^{-x}}\,dx \\
&= [\log(e^x + e^{-x})]_{-\infty}^{\infty} = \infty - \infty
\end{aligned}
$$

　このとき，32 ページの図 1.17 が示すように，$\tanh x$ 関数は奇関数なので計算的には定積分の上限，下限が同一ならば相殺されて結果は 0 になることは明白ですが，上記の例のように計算上に不合理が生じてしまいます．そこで，以下のように計算します．

$$I = \int_{-\infty}^{\infty} \tanh x\,dx$$

$$= \lim_{\substack{a \to -\infty \\ b \to \infty}} \int_a^b \tanh x \, dx$$

ここで，$\tanh x$ は奇関数なので，$a = -b$ より

$$I = \lim_{\substack{a \to -\infty \\ b \to \infty}} \int_a^b \tanh x \, dx = \lim_{b \to \infty} \int_{-b}^b \tanh x \, dx$$

$$= \lim_{b \to \infty} \int_{-b}^b \frac{(e^x + e^{-x})'}{e^x + e^{-x}} \, dx$$

$$= \lim_{b \to \infty} [\log(e^x + e^{-x})]_{-b}^b$$

$$= \lim_{b \to \infty} [\log(e^b + e^{-b}) - \log(e^{-b} + e^b)]$$

$$= 0$$

となります．このように，∞ を代数に置き換え，計算後その代数の極限として無限大を与えることにより，計算上の不合理から逃れることができます．

例 1.4

関数 $f(x)$ が定積分区間 $[a, b]$ の $a \leq x \leq b$ の $x = c$ にて，不連続点をもつ場合

$$\int_a^b f(x) \, dx = \lim_{\varepsilon_1 \to -0} \int_a^{c-\varepsilon_1} f(x) \, dx + \lim_{\varepsilon_2 \to +0} \int_{c+\varepsilon_2}^b f(x) \, dx \tag{1.139}$$

と表せます．式 (1.139) の右辺に表される値が存在するとき，広義積分は収束するといい，その極限値をもって積分値とします．また，式 (1.139) で $\varepsilon_1 = \varepsilon_2 = \varepsilon$ とした場合は，式が簡略化されて

$$\int_a^b f(x) \, dx = \lim_{\varepsilon \to -0} \int_a^{c-\varepsilon} f(x) \, dx + \lim_{\varepsilon \to +0} \int_{c+\varepsilon}^b f(x) \, dx \tag{1.140}$$

と表せます．この式 (1.140) を**コーシーの主値積分**といいます．

一方，定積分区間 a，b の上限 a，下限 b が不連続点である場合は

$$\int_a^b f(x) \, dx = \lim_{\varepsilon \to 0} \int_{a+\varepsilon}^{b-\varepsilon} f(x) \, dx \tag{1.141}$$

となります．

例題 1.33

$\displaystyle\int_{-\frac{\pi}{2}}^{\frac{\pi}{2}} \cot x \, dx$ を求めなさい.

答え

$\displaystyle\int_{-\frac{\pi}{2}}^{\frac{\pi}{2}} \cot x \, dx = I$ とすると

$$I = \int_{-\frac{\pi}{2}}^{\frac{\pi}{2}} \cot x \, dx = \int_{-\frac{\pi}{2}}^{\frac{\pi}{2}} \frac{(\sin x)'}{\sin x} \, dx$$
$$= \left[\log(\sin x)\right]_{-\frac{\pi}{2}}^{\frac{\pi}{2}}$$
$$= \log(1) - \log(-1) = 0 - 0$$

となり，$0 - 0$ という不合理な式ができてしまいます．したがって，コーシーの主値積分の式 (1.140) を利用して次のように計算します．この問題では不連続点は $x = C = 0$ ですから

$$I = \int_{-\frac{\pi}{2}}^{\frac{\pi}{2}} \cot x \, dx = \lim_{\varepsilon \to 0} \int_{-\frac{\pi}{2}}^{0-\varepsilon} \cot x \, dx + \lim_{\varepsilon \to 0} \int_{0+\varepsilon}^{\frac{\pi}{2}} \cot x \, dx$$
$$= \lim_{\varepsilon \to 0}\left[\left[\log(\sin x)\right]_{-\frac{\pi}{2}}^{-\varepsilon} + \left[\log(\sin x)\right]_{+\varepsilon}^{\frac{\pi}{2}}\right]$$
$$= \lim_{\varepsilon \to 0}\left[\log(\sin(-\varepsilon)) - \log(\sin \varepsilon)\right] = 0$$

となり，極限をとる前に代数的に計算を終えることができます．

1.4　級数展開・テイラー展開

級数展開とは，複雑な関数を，簡単なわかりやすい関数の和（級数）で表すことをいいます．これによって複雑な関数も比較的容易にすることができます．

1.4.1　数　列

　ある規則にしたがって数字が $a_1, a_2, a_3, \ldots, a_n, \ldots$，つまり，$\{a_n\}$（$n = 1, 2, \ldots$）と表されるとき，これを**数列**といいます．ここで，$a_1, a_2, \ldots$

のそれぞれを**項**といいます．また，最初の項を第 1 項（または**初項**），以下，第 2 項，$\cdots$，第 n 項といいます．数列の第 n 項を数式で表したものを**一般項**といいます．

さらに，項の数が有限である数列を**有限数列**，その最後の項を**末項**といいます．したがって有限数列は第 1 項と末項をもちます．また，項の数が無限に続く数列を**無限数列**といいます．

(1) 等差数列

等差数列は隣り合う 2 項間が常に一定の差によって表すことができる数列をいいます．等差数列の最初の項を初項 a_1，その一定の差 d を**公差**といいます．すると，その公差 d は常に一定なので，第 n 項と第 $n+1$ 項の間には次式が成り立ちます．

$$a_{n+1} = a_n + d \quad \text{または，} \ a_{n+1} - a_n = d \qquad （ただし \ n \geq 1）$$

このとき，一般項 a_n は

$$a_n = a_1 + (n-1)d$$

となります．また，等差数列の初項から第 n 項までの和 S_n は

$$S_n = \frac{1}{2}n[a_1 + \{a_1 + (n-1)d\}] = \frac{1}{2}n(a_1 + a_n) \tag{1.142}$$

となります．

例題 1.34

次の数列の初項から第 30 項までの和を求めなさい．

$$-5, \ -2, \ 1, \ 4, \ 7, \ 10, \ 13, \ 16, \cdots$$

答え

初項より各項の差をとると

$$-2 - (-5), \quad 1 - (-2), \quad 4 - 1, \quad 7 - 4, \quad 10 - 7, \quad 13 - 10,$$

$$16 - 13, \quad \cdots$$

すべて 3 となり，したがって初項 -5，公差 3 の等差数列とわかるので，式 (1.142) により和 S_n が求められます．

$$S_n = \frac{1}{2} \cdot 30[-5 + \{-5 + (30 - 1) \cdot 3\}] = 1155$$

(2)　等比数列

等比数列は隣り合う 2 項間が常に一定の比によって表すことができる数列をいいます．等比数列の最初の項を初項 a_1，その一定の比 r を**公比**といいます．すると，公比 r は常に一定なので，第 n 項と第 $n+1$ 項の間には次式が成り立ちます．

$$a_{n+1} = r\,a_n \quad \text{または，} \frac{a_{n+1}}{a_n} = r \qquad (\text{ただし } n \geq 1)$$

したがって，一般項 a_n は

$$a_n = a_1 r^{n-1}$$

となります．また，等比数列の初項から第 n 項までの和 S_n は

$$\begin{cases} r \neq 1 \text{ のとき，} \quad S_n = \dfrac{a_1(1 - r^n)}{1 - r} \\ r = 1 \text{ のとき，} \quad S_n = na \end{cases} \tag{1.143}$$

となります．

例題 1.35

次の数列の初項から第 8 項までの和を求めなさい．

$-8, \ 16, \ -32, \ 64, \ -128, \cdots$

答え

初項より各項の比をとると

$$\frac{16}{-8}, \ \frac{-32}{16}, \ \frac{64}{-32}, \ \frac{-128}{64}, \cdots$$

すべて -2 となり初項 -8，公比 -2 の等比数列とわかるので，式 (1.143) により和 S_n が求められます．

$$S_n = \frac{-8(1 - (-2)^8)}{1 - (-2)} = 680$$

(3) 数列の収束と極限値，発散

数列 $\{a_n\}$ において，n が限りなく大きくなるとき（$n \to \infty$），a_n の値のとり方によって下記のように分類されます．

---

①収束

n が限りなく大きくなるとき，a_n がある値 A に限りなく近づくことを，数列 $\{a_n\}$ は極限値 A に**収束**するといい，次のように表します．

$$\lim_{n \to \infty} a_n = A$$

②正の無限大に発散

n が限りなく大きくなるとき，a_n も限りなく大きくなることを，数列 $\{a_n\}$ は正の無限大に**発散**するといい，次のように表します．

$$\lim_{n \to \infty} a_n = \infty$$

③負の無限大に発散

a_n の値が負で，n が限りなく大きくなるとき，その絶対値が限りなく大きくなることを，負の無限大に**発散**するといい，次のように表します．

$$\lim_{n \to \infty} a_n = -\infty$$

④振動

n が限りなく大きくなるとき，a_n が正・負のどちらの無限大にも発散せず，一定の値にも収束もしないことを**振動**するといいます．

例題 1.36

次の数列の一般項を求め，発散あるいは収束のいずれであるかを答えなさい．

$$3, \ 9, \ 27, \ 81, \ 243, \ 729, \cdots$$

答え

初項より各項の比をとると

$$\frac{9}{3}, \quad \frac{27}{9}, \quad \frac{81}{27}, \quad \frac{243}{81}, \quad \frac{729}{243}, \quad \cdots$$

すべて 3 となります．これより，初項 $a = 3$，公比 $r = 3$ の等比数列であることがわかります．

この数列の一般項は $a_n = ar^{n-1} = 3 \cdot 3^{n-1}$，その極限は $\displaystyle\lim_{n\to\infty} 3 \cdot 3^{n-1} = \infty$ となります．

したがって，正の無限大に発散します．

1.4.2　級　数

級数とは数列の各項の和をいい，和の記号 $\sum$（シグマ）を用いて表します．

また，数列 $\{a_n\}$ の初項から第 n 項までの和の級数は，有限の項数の和であることから，**有限級数**（または**部分和**）といいます．有限級数は

$$\sum_{k=1}^{n} a_k = a_1 + a_2 + a_3 + \cdots + a_{n-1} + a_n \tag{1.144}$$

と表します．また，項の数が無限の和の級数は，**無限級数**といい

$$\sum_{k=1}^{\infty} a_k = a_1 + a_2 + a_3 + \cdots + a_n + \cdots \tag{1.145}$$

と表します．

ここで，2 つの有限級数に対して，次の性質が成り立ちます．

$$\sum_{k=1}^{n} (a_k + b_k) = \sum_{k=1}^{n} a_k + \sum_{k=1}^{n} b_k \tag{1.146}$$

さらに，定数 c に対しては

$$\sum_{k=1}^{n} ca_k = c \sum_{k=1}^{n} a_k \tag{1.147}$$

となります．

(1) 級数の収束と発散

無限級数 $\sum_{k=1}^{\infty} a_k$ が収束することは，有限級数 $s_n = \sum_{k=1}^{n} a_k$ によって定まる数列 $\{s_n\}$ が収束すれば，n が無限大になっても収束するとして定義されます．ここで，その有限級数の極限値が s であるとき，$\sum_{k=1}^{\infty} a_k = s$ と表し，この無限級数は s に**収束**するといいます．s を**無限級数の和**といいます．すなわち，無限級数が収束するためには**収束条件**が必要です．

他方，数列 $\{s_n\}$ が収束しないとき，無限級数 $\sum_{k=1}^{\infty} a_k$ は**発散**するといいます．さらに，数列 $\{s_n\}$ の極限が ∞ のときは ∞ に発散するといい，$-\infty$ のときは $-\infty$ に発散するといいます．また，数列と同様に級数も**振動**することがあります．

以上より，無限級数に変数 x を含まれるときも同様で，数列 $\{s_n\}$ について次が成り立つとき，無限級数 $\sum_{k=1}^{\infty} a_k$ は $f(x)$ に収束するといいます．

$$\lim_{n \to \infty} |s_n - f(x)| = 0 \tag{1.148}$$

ここで，無限級数が収束するために変数 x の値は制約を受けます．この制約条件を上記と同様に，**収束条件**といいます．

(2) 級数の種類

ここでは代表的な級数を紹介します．

---

①等差級数

等差数列の和をとった級数を**等差級数**といいます．初項 a_1，公差を d とすると

$$\sum_{k=1}^{\infty} \{a_1 + (k-1)d\} = a + (a+d) + (a+2d) + \cdots$$
$$+ \{a + (n-1)d\} + \cdots \tag{1.149}$$

となります．

②等比級数（幾何級数）

　等比数列の和をとった級数を**等比級数（幾何級数）**といいます．初項 a_1，公比を r とすると

$$\sum_{k=1}^{\infty} a_1 r^{k-1} = a_1 + a_1 r + a_1 r^2 + \cdots + a_1 r^n + \cdots \tag{1.150}$$

となります．ここでは，公比 r は変数でもかまいません．

③べき級数（テイラー級数）

　ある定数 c_n と変数 x の累乗（べき）の積の和をとった級数を**べき級数（テイラー級数）**といいます．

$$\sum_{k=0}^{\infty} c_k x^k = c_0 + c_1 x + c_2 x^2 + \cdots + c_n x^n + \cdots \tag{1.151}$$

　このべき級数は，各種の関数展開に用いられる重要な級数ですので，1.4.3 項であらためて詳しく取り上げます．

④正弦級数

　正弦関数（sin 関数）を用いて表した級数を**正弦級数**といいます．これは，基本周期の正弦関数と，その整数分の 1 周期をもつ正弦関数の和（周波数では基本波とその整数倍の高調波）の形をした級数です．c_k を定数として，次のように表します．

$$\sum_{k=1}^{\infty} c_k \sin(kx) = c_1 \sin x + c_2 \sin 2x + \cdots + c_n \sin nx + \cdots$$
$$\tag{1.152}$$

⑤余弦級数

　余弦関数（cos 関数）を用いて表した級数を**余弦級数**といいます．これは，基本周期の余弦関数と，その整数分の 1 の周期をもつ余弦関数の和（周波数では基本波とその整数倍の高調波）の形をした級数です．c_k を定数として，次のように表します．

$$\sum_{k=0}^{\infty} c_k \cos(kx) = c_1 \cos x + c_2 \cos 2x + \cdots + c_n \cos nx + \cdots$$
$$\tag{1.153}$$

正弦級数と余弦級数は，第4章で解説するフーリエ解析で利用される重要な級数だよ．

1.4.3　テイラー展開（べき級数展開）

級数に展開することで複雑な関数を簡単な形に展開して容易に計算することが可能です．また微分積分も多項式に展開することにより，簡単にすることが可能です．

特に，級数展開の中で**テイラー展開（べき級数展開）**は，正のべき級数を用いた関数の展開で基礎となる級数で，理工学の分野でよく利用されています．これは微分における平均値の定理を高階微分まで拡張することにより導出することができます．

すなわち，べき級数が以下の式で表せるとき

$$\sum_{n=0}^{\infty} c_n(x-x_0)^n = c_0 + c_1(x-x_0)$$
$$+ c_2(x-x_0)^2 + \cdots + c_n(x-x_0)^n + \cdots \quad (1.154)$$

このとき，テイラー展開により次のように行うことができます．

$$f(x) = f(x_0) + \frac{f'(x_0)}{1!}(x-x_0)$$
$$+ \frac{f''(x_0)}{2!}(x-x_0)^2 + \cdots + \frac{f^{(n)}(x_0)}{n!}(x-x_0)^n + \cdots \quad (1.155)$$

すなわち，テイラー展開が可能な条件は，$f(x)$ が無限回微分可能で，式 (1.154) が収束し，その和が $f(x)$ に等しいことです．このために，テイラー展開の式には級数の収束条件を併記します．また，式 (1.155) で $x_0 = 0$ とおけば，式 (1.154) は，式 (1.151) になります．したがって，式 (1.155) と同様に，式 (1.151) は次の式 (1.156) に展開できます．

$$f(x) = f(0) + \frac{f'(0)}{1!}x + \frac{f''(0)}{2!}x^2$$
$$+ \frac{f''(0)}{3!}x^3 + \cdots + \frac{f^{(n)}(0)}{n!}x^n + \cdots \quad (1.156)$$

　厳密には式 (1.155) は任意の x_0 の近辺 x に対応したテイラー展開, 式 (1.156) は原点 $x_0 = 0$ の近辺 x に対応した**マクローリン展開**といいます. 実用的には, 主にマクローリン展開が利用されています.

例題 1.37

　$f(x) = (1 - x)^{\frac{1}{4}}$ を $x = 0$ においてマクローリン展開しなさい.

答え

$$f(x) = (1-x)^{\frac{1}{4}} \qquad\qquad \Rightarrow \quad c_0 = f(0) = 1$$

$$f'(x) = \frac{1}{4}(-1)(1-x)^{-\frac{3}{4}} \qquad\qquad \Rightarrow \quad c_1 = f'(0) = -\frac{1}{4}$$

$$f''(x) = -\frac{1}{4}\left(-\frac{3}{4}\right)(-1)(1-x)^{-\frac{7}{4}} \qquad \Rightarrow \quad c_2 = \frac{1}{2!}f''(0)$$

$$= -\frac{1}{2} \cdot \frac{3}{4^2} = -\frac{3}{32}$$

$$f'''(x) = -\frac{3}{16}\left(-\frac{7}{4}\right)(-1)(1-x)^{-\frac{11}{4}} \quad \Rightarrow \quad c_3 = \frac{1}{3!}f'''(0)$$

$$= \frac{1}{6}\left(-\frac{21}{64}\right)$$

$$= -\frac{7}{128}$$

したがって, $f(x) = 1 + \left(-\dfrac{1}{4}\right)x + \left(-\dfrac{3}{32}\right)x^2 + \left(-\dfrac{7}{128}\right)x^3 + \cdots$ となります.

(1)　三角関数のマクローリン展開

　特に, 理工学の分野では, 三角関数のマクローリン展開が多用されます. 例として $f(x) = \sin x$ のマクローリン展開を示します. まず, 正弦関数の 1 階から 4 階の微分をします.

$$f'(x) = \cos x, \quad f''(x) = -\sin x, \quad f'''(x) = -\cos x, \quad f^{(4)}(x) = \sin x$$

上の結果のように, 4 階微分で再びもとの正弦関数に戻ります. したがって

$$f(0) = \sin 0 = 0, \quad f'(0) = \cos 0 = 1, \quad f''(0) = -\sin 0 = 0,$$

$$f'''(0) = -\cos 0 = -1, \quad f^{(4)}(0) = \sin 0 = 0, \quad f^{(5)}(0) = \cos 0 = 1, \cdots$$

より，正弦関数のマクローリン展開は式 (1.156) から以下のようになります．

$$\sin x = \frac{1}{1!}x + -\frac{1}{3!}x^3 + \frac{1}{5!}x^5 + \cdots + (-1)^n \frac{1}{(2n+1)!}x^{2n+1} \cdots$$

$$(|x| < \infty) \tag{1.157}$$

(2) 主要関数のマクローリン展開

そのほか，よく使われるマクローリン展開とその収束条件を下記に示します．

①指数関数

$$\begin{cases} e^x = 1 + x + \frac{1}{2!}x^2 + \frac{1}{3!}x^3 + \frac{1}{4!}x^4 + \cdots + \frac{1}{n!}x^n + \cdots \\ \quad (|x| < \infty) \\ e^{ax} = 1 + ax + \frac{a^2}{2!}x^2 + \frac{a^3}{3!}x^3 + \frac{a^4}{4!}x^4 + \cdots + \frac{a^n}{n!}x^n + \cdots \\ \quad (|x| < \infty) \end{cases}$$

$$\tag{1.158}$$

②自然対数

$$\begin{cases} \log_e(x) = (x-1) - \frac{(x-1)^2}{2} + \frac{(x-1)^3}{3} - \frac{(x-1)^4}{4} + \cdots \\ \qquad + (-1)^{n+1}\frac{1}{n}(x-1)^n + \cdots \qquad (0 < x \leq 2) \\ \log_e(1+x) = x - \frac{x^2}{2} + \frac{x^3}{3} - \cdots + (-1)^{n+1}\frac{x^n}{n} + \cdots \\ \qquad (-1 < x \leq 1) \end{cases}$$

$$\tag{1.159}$$

③三角関数

$$\begin{cases} \sin x = x - \frac{1}{3!}x^3 + \frac{1}{5!}x^5 + \cdots + (-1)^n \frac{1}{(2n+1)!}x^{2n+1} + \cdots \\ \quad (|x| < \infty) \\ \cos x = 1 - \frac{1}{2!}x^2 + \frac{1}{4!}x^4 + \cdots + (-1)^n \frac{1}{(2n)!}x^{2n} + \cdots \\ \quad (|x| < \infty) \end{cases}$$

$$\tag{1.160}$$

④逆三角関数

$$\begin{cases} \sin^{-1} x = x + \dfrac{1}{6}x^3 + \dfrac{3}{40}x^5 + \cdots + \dfrac{(2n)!}{4^n (n!)^2 (2n+1)}x^{2n+1} + \cdots \\ (|x| < 1) \\ \cos^{-1} x = \dfrac{\pi}{2} - x - \dfrac{1}{6}x^3 - \dfrac{3}{40}x^5 - \cdots \\ \qquad\qquad - \dfrac{(2n)!}{4^n (n!)^2 (2n+1)}x^{2n+1} + \cdots \\ (|x| < 1) \end{cases}$$

(1.161)

⑤双曲線関数

$$\begin{cases} \sinh x = x + \dfrac{1}{6}x^3 + \dfrac{1}{120}x^5 + \cdots + \dfrac{1}{(2n+1)!}x^{2n+1} + \cdots \\ (|x| < \infty) \\ \cosh x = 1 + \dfrac{1}{2}x^2 + \dfrac{1}{24}x^4 + \cdots + \dfrac{1}{(2n)!}x^{2n} + \cdots \\ (|x| < \infty) \end{cases}$$

(1.162)

⑥等比級数

$$\frac{1}{1-x} = 1 + x + x^2 + x^3 + x^4 + \cdots + x^n + \cdots$$
$$(|x| < 1)$$

(1.163)

⑦有理関数の級数

$$\begin{cases} \dfrac{1}{1+x} = 1 - x + x^2 - x^3 + \cdots + (-1)^n x^n + \cdots \\ (-1 < x < 1) \\ \dfrac{1}{(1+x)^2} = 1 - 2x + 3x^2 - 4x^3 + \cdots + (-1)^n (n+1)x^n + \cdots \\ (-1 < x < 1) \end{cases}$$

(1.164)

(3)　オイラーの公式

指数関数 e^x のマクローリン展開の式 (1.158) において，x に虚数単位

$i = \sqrt{-1}$ を付けて ix とすると

$$e^{ix} = 1 + ix + \frac{1}{2!}x^2(i)^2 + \frac{1}{3!}x^3(i)^3 + \frac{1}{4!}x^4(i)^4 + \cdots$$

$$+ \frac{1}{n!}x^n(i)^n + \cdots$$

$$= 1 + ix - \frac{1}{2!}x^2 - i\frac{1}{3!}x^3 + \frac{1}{4!}x^4 + \cdots + \frac{1}{n!}x^n(i)^n + \cdots \quad (1.165)$$

となります．ここで，i の付かない実部と，i の付く虚部によって分類し，整理すると

$$e^{ix} = \left\{ 1 - \frac{1}{2!}x^2 + \frac{1}{4!}x^4 + \cdots + (-1)^n\frac{1}{(2n)!}x^{2n} \cdots \right\}$$

$$+ i\left\{ x - \frac{1}{3!}x^3 + \frac{1}{5!}x^5 + \cdots + (-1)^n\frac{1}{(2n+1)!}x^{2n+1} \cdots \right\}$$

となります．これは前半の実部が $\cos x$，後半の虚部が $\sin x$ のマクローリン展開の式になっています．したがって，上式は次のように書き直せます．

$$e^{ix} = \cos x + i \sin x \qquad (1.166)$$

これを**オイラーの公式**といいます．

1.4.4 微分積分への応用

前述のように，マクローリン展開ではもとの関数が展開された項の和，もしくは差により表されます．このために，和・差の微分公式（式 (1.104)，46 ページ）により，展開式の各項をそれぞれに微分（**項別微分**），または積分することによってもとの計算を簡単にすることができます．以下にその例を示します．

(1) 微分への応用

例 1.5 三角関数の微分

マクローリン展開を用いて，三角関数 $\sin x$ の微分を行うと

$$f(x) = \sin x = x - \frac{1}{3!}x^3 + \frac{1}{5!}x^5 + \cdots + (-1)^n\frac{1}{(2n+1)!}x^{2n+1} + \cdots$$

$$f'(x) = \frac{d}{dx} \sin x = 1 - \frac{3}{3!}x^2$$
$$+ \frac{5}{5!}x^4 + \cdots + (-1)^n \frac{(2n+1)}{(2n+1)!}x^{2n} + \cdots$$
$$= 1 - \frac{1}{2!}x^2 + \frac{1}{4!}x^3 + \cdots + (-1)^n \frac{1}{(2n)!}x^{2n} + \cdots$$
$$= \cos x$$

となります．このように $\sin x$ をマクローリン展開して微分すると，その級数は $\cos x$ のマクローリン展開の式になります．

例 1.6　自然対数の微分

マクローリン展開を用いて，自然対数 $\log_e(1+x)$ の微分を行うと

$$f(x) = \log_e(1+x) = x - \frac{x^2}{2} + \frac{x^3}{3} - \cdots + (-1)^{n+1}\frac{x^n}{n} + \cdots$$
$$f'(x) = \frac{d}{dx} \log_e(1+x) = 1 - \frac{2x}{2}$$
$$+ \frac{3x^2}{3} - \cdots + (-1)^{n+1}n\frac{x^{n-1}}{n} + \cdots$$
$$= 1 - x + x^2 - \cdots + (-1)^{n+1}x^{n-1} + \cdots$$
$$= \frac{1}{1+x}$$

となります．

例題 1.38

マクローリン展開を用いて，三角関数 $\cos x$ の微分をしなさい．

答え

$$f(x) = \cos x = 1 - \frac{1}{2!}x^2 + \frac{1}{4!}x^4$$
$$- \frac{1}{6!}x^6 + \cdots + (-1)^n \frac{1}{(2n)!}x^{2n} + \cdots$$
$$f'(x) = \frac{d}{dx} \cos x = \frac{d}{dx}\left(1 - \frac{1}{2!}x^2 + \frac{1}{4!}x^4\right.$$
$$\left. - \frac{1}{6!}x^6 + \cdots + (-1)^n \frac{1}{(2n)!}x^{2n} + \cdots\right)$$

$$= 0 - \frac{2}{2!}x + \frac{4}{4!}x^3$$
$$- \frac{6}{6!}x^5 + \cdots + (-1)^n \frac{2n}{(2n)!}x^{2n-1} + \cdots$$
$$= -\left(x - \frac{1}{3!}x^3 \right.$$
$$+ \frac{1}{5!}x^5 - \cdots + (-1)^{n-1}\frac{1}{(2n-1)!}x^{2n-1} + \cdots \right)$$
$$= -\sin x$$

（2）積分への応用

マクローリン展開の微分への応用と同様のことが，積分でも和・差の積分公式（式 (1.126)）により行うことができます．以下にその例を示します．

例 1.7　三角関数の積分

マクローリン展開を用いて，三角関数 $\sin x$ の積分を行います．

$$f(x) = \sin x = x - \frac{1}{3!}x^3 + \frac{1}{5!}x^5 + \cdots + (-1)^n \frac{1}{(2n+1)!}x^{2n+1} + \cdots$$
$$\int f(x)\,dx = \int \sin x\,dx = \int \left(x - \frac{1}{3!}x^3 \right.$$
$$\left. + \frac{1}{5!}x^5 + \cdots + (-1)^n \frac{1}{(2n+1)!}x^{2n+1} + \cdots \right) dx$$
$$= \frac{1}{2}x^2 - \frac{1}{3!} \cdot \frac{1}{4}x^4$$
$$+ \frac{1}{5!} \cdot \frac{1}{6}x^6 + \cdots + (-1)^n \frac{1}{(2n+1)!} \cdot \frac{1}{2n+2}x^{2n+2}$$
$$+ \cdots + C_1$$

ここで C_1 は任意定数なので，$C_1 = C - 1$ と置き換えてもまったく問題ないので C を上式に代入し，整理すると

$$\int \sin x\,dx = -1 + \frac{1}{2!}x^2 - \frac{1}{4!}x^4$$
$$+ \frac{1}{6!}x^6 + \cdots + (-1)^n \frac{1}{(2n+2)!}x^{2n+2} + \cdots + C$$
$$= -\left(1 - \frac{1}{2!}x^2 + \frac{1}{4!}x^4 \right.$$

$$-\frac{1}{6!}x^6 + \cdots + (-1)^{n+1}\frac{1}{(2n+2)!}x^{2n+2} + \cdots\Bigg) + C$$
$$= -\left(1 - \frac{1}{2!}x^2 + \frac{1}{4!}x^4\right.$$
$$\left.-\frac{1}{6!}x^6 + \cdots + (-1)^n\frac{1}{(2n)!}x^{2n} + \cdots\right) + C$$
$$= -\cos x + C$$

となります.

例 1.8　指数関数の積分

マクローリン展開を用いて，指数関数 $f(x) = e^x$ の積分を行います.

$$f(x) = e^x = 1 + x + \frac{1}{2!}x^2 + \frac{1}{3!}x^3 + \frac{1}{4!}x^4 + \cdots + \frac{1}{n!}x^n + \cdots$$
$$\int f(x)\,dx = \int\left(1 + x + \frac{1}{2!}x^2 + \frac{1}{3!}x^3\right.$$
$$\left.+ \frac{1}{4!}x^4 + \cdots + \frac{1}{n!}x^n + \cdots\right)dx$$
$$= x + \frac{1}{2}x^2 + \frac{1}{2! \times 3}x^3 + \frac{1}{3! \times 4}x^4$$
$$+ \frac{1}{4! \times 5}x^5 + \cdots + \frac{1}{n!(n+1)}x^{n+1} + \cdots + C_1$$

ここで，C_1 は任意の積分定数なので，$C_1 = C + 1$ とおいて整理すると

$$\int f(x)\,dx = 1 + x + \frac{1}{2!}x^2 + \frac{1}{3!}x^3 + \frac{1}{4!}x^4$$
$$+ \frac{1}{5!}x^5 + \cdots + \frac{1}{(n+1)!}x^{n+1} + \cdots + C$$
$$= e^x + C$$

となります.

例題 1.39

マクローリン展開を用いて，三角関数 $\cos x$ の積分をしなさい.

答え

$$\int f(x)\,dx = \int \cos x\,dx$$

$$= \int \left(1 - \frac{1}{2!}x^2 + \frac{1}{4!}x^4 \right.$$

$$\left. - \frac{1}{6!}x^6 + \cdots + (-1)^n \frac{1}{(2n)!}x^{2n} + \cdots \right) dx$$

$$= 1 + x - \frac{1}{2! \times 3}x^3 + \frac{1}{4! \times 5}x^5$$

$$- \frac{1}{6! \times 7}x^7 + \cdots + (-1)^{n+1}\frac{1}{(2n)!(2n+1)}x^{2n+1}$$

$$+ \cdots + C$$

ここで $C_1 = C - 1$ とおいて整理すると

$$\int f(x)\,dx = 1 + x - \frac{1}{3!}x^3 + \frac{1}{5!}x^5$$

$$- \frac{1}{7!}x^7 + \cdots + (-1)^n \frac{1}{(2n+1)!}x^{2n+1} + \cdots + C - 1$$

$$= \sin x + C$$

章 末 問 題

1.1　次の計算をしなさい.

(1) $3^{2x} = \sqrt{27}$ 　　　　　　　　　　(2) $\log_{10} 300$

1.2　次の角度で単位が度数法のものは弧度法に，弧度法のものは度数法に変換しなさい.

(1) $15°$ 　　　　　　(2) $75°$ 　　　　　　(3) $105°$

(4) $135°$ 　　　　　(5) $\dfrac{\pi}{8}$ rad 　　　　(6) $\dfrac{\pi}{5}$ rad

(7) $\dfrac{7}{12}\pi$ rad 　　　(8) $\dfrac{4}{3}\pi$ rad

1.3　$\sin \theta$ と $\sin\left(\theta + \dfrac{\pi}{6}\right)$ を 1 枚の図に描いて検討し，違いを述べなさい.

1.4 $\cos \theta = \dfrac{\sqrt{2}}{2}$ から $\sin \theta$, $\tan \theta$ の値を求めなさい.

1.5 加法定理を用いて $\sin \dfrac{\pi}{12}$ と $\tan \dfrac{\pi}{12}$ の値を求めなさい.

1.6 $\sin 2\alpha \cos \alpha$ と, $\cos 3\alpha \sin 2\alpha$ を和の形にしなさい.

1.7 $\sin 3\alpha + \sin \alpha$ と, $\cos 3\alpha - \cos 2\alpha$ を積の形にしなさい.

1.8 加法定理の和と積の関係から, $\sin \dfrac{5}{6}\pi$ の値を求めなさい.

1.9 次の計算しなさい.

(1) $\sqrt[3]{64^2}$
(2) $\sqrt[3]{10^a}\sqrt{10^b}$

(3) $\sqrt[3]{ab^2}\sqrt[4]{a^3b^4}$
(4) $\dfrac{1}{2} \log_2 100 - \log_2 10$

(5) $\log_{10} 2000 - \log_{10} 100$

(6) $\log_e \dfrac{b}{a} - \log_{10}(ab) \log_e 10$

1.10 次の逆関数を計算しなさい.

(1) $\sin^{-1}\left(-\dfrac{\sqrt{2}}{2}\right)$
(2) $\cos^{-1} \dfrac{1}{2}$
(3) $\tan^{-1} \sqrt{3}$

(4) $\sin\left(\cos^{-1} \dfrac{1}{2}\right)$
(5) $\cos\left(\sin^{-1} \dfrac{\sqrt{3}}{2}\right)$

(6) $\sin^{-1} \dfrac{1}{2} + \cos^{-1} \dfrac{\sqrt{3}}{2} + \tan^{-1} \sqrt{3}$

1.11 双曲線関数 $\sinh(\alpha + \beta)$ と $\cosh(\alpha + \beta)$ の加法定理より, $\tanh(\alpha + \beta)$ を導出しなさい.

1.12 逆関数 $\cosh^{-1} x = \log_e(x + \sqrt{x+1}\sqrt{x-1})$ を, 33 ページの $\sinh^{-1} x$ を例にして導出しなさい.

1.13 次の関数を定義にしたがって微分しなさい.

(1) x^2
(2) $(x+1)^2$
(3) $\sin 3x$

1.14 微分の基礎公式 (1.105) (46 ページ)を使って, 下記の式 (式 (1.106))を導出しなさい.

$$\left\{ \dfrac{f(x)}{g(x)} \right\}' = \dfrac{f'(x)\,g(x) - f(x)\,g'(x)}{\{g(x)\}^2} \qquad (g(x) \neq 0)$$

1.15 次の関数を微分しなさい.

(1) $x^2 - 1$

(2) $x^3 + 3x^2 + 4$

(3) $(x + 2)(x - 3)$

(4) $3x^{-3}$

(5) $\sqrt{x}$

(6) $\sqrt[3]{x^2}$

(7) x^x

(8) e^{3x}

(9) $\log_e 3x$

(10) $e^x \log_e x$

(11) $\dfrac{x - 2}{x + 1}$

(12) $\dfrac{1}{\cos x}$

(13) $\dfrac{\sin x}{\cos x}$

(14) $\cot x$

(15) $\sqrt{x^3 - 1}$

(16) $\sqrt{4x^2 - 2x + 1}$

(17) $\cosh ax$

1.16 次の関数 (1), (2), (4) は逆関数の微分, (3) は媒介変数表示の微分を用いて微分しなさい.

(1) $y = \sin^{-1} 2x$

(2) $y = \cos^{-1} \dfrac{x}{2}$

(3) $x = t^3,\ y = \sqrt{t^3}$ における $\dfrac{dy}{dx}$

(4) $y = \cosh^{-1} \dfrac{x}{a}$

1.17 それぞれ次の 2 変数関数 $f(x, y)$ の偏微分 $f_x,\ f_{xx},\ f_y,\ f_{yy},\ f_{xy},\ f_{yx}$ を求めなさい.

(1) $f(x, y) = 2x^3 + x^2 y + y^2$

(2) $f(x, y) = (x^2 + y^2)^2$

(3) $f(x, y) = \sqrt{x^2 + 3xy + y^2}$

(4) $f(x, y) = \cos xy$

(5) $f(x, y) = \log_e xy$

(6) $f(x, y) = e^{3x^2 y - y^3}$

1.18 次の関数の不定積分をしなさい.

(1) $\displaystyle \int \sqrt{x}\, dx$

(2) $\displaystyle \int \sqrt[3]{x}\, dx$

(3) $\displaystyle \int \dfrac{1}{x^4}\, dx$

(4) $\displaystyle \int \sqrt[3]{x^4}\, dx$

(5) $\displaystyle \int (x^2 + 5x + 4)\, dx$

(6) $\displaystyle \int (x^4 + x^2 + 6)\, dx$

(7) $\displaystyle \int (x - 1)(x + 2)\, dx$

(8) $\displaystyle \int e^x \sin x\, dx$

(9) $\displaystyle \int x \log x\, dx$

(10) $\displaystyle \int \left(x + \dfrac{2}{x} \right)^2 dx$

(11) $\displaystyle\int \cos(4x - 1)\,dx$ 　　　　(12) $\displaystyle\int \cos 3x \cos 2x\,dx$

(13) $\displaystyle\int \cos^3 x\,dx$

1.19 次の関数を定積分しなさい.

(1) $\displaystyle\int_0^2 x^3\,dx$ 　　　　(2) $\displaystyle\int_0^2 (x^2 - 1)\,dx$

(3) $\displaystyle\int_0^3 e^{2x}\,dx$ 　　　　(4) $\displaystyle\int_0^\pi \sin x\,dx$

(5) $\displaystyle\int_0^\pi \cos x\,dx$ 　　　　(6) $\displaystyle\int_0^\pi \sin^2 x\,dx$

(7) $\displaystyle\int_0^{\frac{\pi}{2}} x \cos x\,dx$ 　　　　(8) $\displaystyle\int_0^2 xe^{2x}\,dx$

(9) $\displaystyle\int_0^1 \sqrt{1 - 2x}\,dx$ 　　　　(10) $\displaystyle\int_0^{\frac{\pi}{2}} \sin^3 x \cos x\,dx$

(11) $\displaystyle\int_{-\infty}^\infty \frac{x}{1 + x^2}\,dx$ 　　　　(12) $\displaystyle\int_{-4}^4 \frac{1}{\sqrt{16 - x^2}}\,dx$

1.20 次の数列の第 10 項までの和を求めなさい.

(1) $-11,\ -8,\ -5,\ -2,\ \cdots$ 　　(2) $12,\ 18,\ 24,\ 30,\ 36,\ \cdots$

(3) $-3,\ 6,\ -12,\ 24,\ -48,\ \cdots$ 　(4) $-3,\ 12,\ -48,\ 192,\ -768,\ \cdots$

1.21 次の数列の一般項を求め, 発散・収束を求めなさい.

$3,\ 6,\ 12,\ 24,\ 48,\ 96,\ 192,\ \cdots$

1.22 一般項が次のように表せるとき, この数列の発散・収束を求めなさい.

(1) 3^n 　　　　(2) $(-2)^n$ 　　　　(3) $3 + \dfrac{2}{n}$

1.23 $f(x) = (1 - x)^{\frac{1}{3}}$ をマクローリン展開しなさい.

1.24 マクローリン展開により, $\cos x$ の第 3 項までと第 6 項までを求めて比較しなさい.

1.25 マクローリン展開により, 次の関数の微分をしなさい.

(1) $\sin(ax)$ 　　(2) e^{ax} 　　(3) $\cos^{-1} x$

1.26 マクローリン展開により, 次の関数の積分をしなさい.

(1) $\cos ax$ 　　(2) $\dfrac{1}{1 + x}$ 　　(2) $\cosh x$

第 **2** 章

常微分方程式

微分方程式は，関数 $y = f(x)$ と，その微分である y', y'', y''' $\cdots$ などよりなる方程式をいいます．特に，1 つの独立変数のみで表されるものを**常微分方程式**といいます．一方，2 つ以上の独立変数で表されるものを**偏微分方程式**といい，こちらのほうが一般に解を求めるのが難しくなります．本章では常微分方程式について学んでいきます．

また，これらの方程式に含まれている導関数の最高階のものが n 階の導関数である場合は n 階の微分方程式といいます．さらに，関数およびその導関数について 1 次の項しか含まないものを**線形微分方程式**といいます．2 次以上の項を含むものを**非線形微分方程式**といいます．

微分方程式を満たす関数を求めることを，「微分方程式を解く」といい，求めた関数をその微分方程式の解といいます．微分方程式の解は積分によって求めるために積分定数 C を含みます．この C を含む関数で表される解を**一般解**といいます．C が特定されませんので，一般解は，多数の解を含んでいます．

この一般解に条件を与えることで，C の値を確定することができます．この条件を**初期条件**といいます．また，初期条件によって得られた解を**特殊解**といいます．

2.1　1 階常微分方程式

ここでは 1 階常微分方程式の解き方について述べます．1 階常微分方程式ではその種類により，いくつかの便利な解法があります．

2.1.1　変数分離形の常微分方程式

1 階常微分方程式を，以下のように変数 x, y を両辺に分離して整理できるとします．

$$g(y)\,y' = f(x) \tag{2.1}$$

このとき，$y' = \dfrac{dy}{dx}$ ですから

$$g(y)\frac{dy}{dx} = f(x)$$

となり，この両辺を dx で積分すれば

$$\int g(y)\frac{dy}{dx}\,dx = \int f(x)\,dx + C$$

となります．したがって

$$\int g(y)\,dy = \int f(x)\,dx + C \tag{2.2}$$

となり，左辺を y の積分に変えることができて，式 (2.2) を解くことにより式 (2.1) の一般解を求めることができます．これを**変数分離形の微分方程式**といいます．

例題 2.1

$y' = -\dfrac{x}{y}$ の一般解を求めなさい．初期条件は $x = 0$, $y = r$ とする．

答え

$y' = \dfrac{dy}{dx} = -\dfrac{x}{y}$ なので，左辺に y，右辺に x としてまとめると

$$y\frac{dy}{dx} = -x$$

となります．そして，両辺を x で積分します．

$$\int y\frac{dy}{dx}\,dx = -\int x\,dx + C_1$$

$$\frac{1}{2}y^2 = -\frac{1}{2}x^2 + C_1$$

$$y^2 = -x^2 + 2C_1$$

ここで，C_1 は任意定数ですから，$2C_1 = C$ とおくと，一般解として

$$y^2 + x^2 = C$$

が得られます．

> C は積分定数だから，$2C$ でも $\frac{1}{3}C$ でも，C に置き換えられるんだね．

ここで，初期条件 $x = 0$，$y = r$ を上式に代入すると

$$r^2 = C$$

となります．したがって，特殊解として

$$y^2 + x^2 = r^2$$

が得られます．この r は定数です．

2.1.2　変数分離形に変換できる微分方程式

変数分離形でない微分方程式でも，変数分離形になるように変数を置き換えることにより，変数分離形の微分方程式としての解法を利用できることがあります．

例として

$$y' = \frac{dy}{dx} = f\left(\frac{y}{x}\right) \tag{2.3}$$

を考えてみましょう．ここで，$\frac{y}{x} = u$ とおくと

$$y = ux$$

となります．そして，両辺を x で微分します．ここで，積の微分の公式を使います．

$$y' = u'x + u \tag{2.4}$$

式 (2.4) と $\dfrac{y}{x} = u$ を式 (2.3) に代入すると

$$u'x + u = f(u)$$

となります．ここで $u' = \dfrac{du}{dx}$ だから，代入して整理すると

$$\frac{du}{dx}x = f(u) - u$$

$$\frac{du}{f(u) - u} = \frac{dx}{x}$$

が得られます．変数分離ができたので，両辺を積分すれば

$$\int \frac{1}{f(u) - u}\, du = \int \frac{1}{x}\, dx + C$$

となり，解を求めることができます．

例題 2.2

$xy' = x + 3y$ の一般解を求めなさい．

答え

変数分離形を利用するために，式を y' について整理すると

$$y' = 1 + 3\frac{y}{x}$$

となります．次に，$u = \dfrac{y}{x}$ とおいて右項から x，y を消去し，積の微分の公式を使って $y' = u'x + u$ より左項から y' を消去します．

$$u'x + u = 1 + 3u$$

$$u'x = 1 + 2u$$

変数分離をすると

$$\frac{du}{1 + 2u} = \frac{dx}{x}$$

となり，両辺を積分すると

$$\frac{1}{2} \int \frac{2}{1 + 2u} \, du = \int \frac{1}{x} \, dx + C_1$$

となります．ここで C_1 は積分定数です．

$$\log_e|1 + 2u| = 2 \log_e|x| + 2C_1$$

さらに，両辺の指数をとると

$$|1 + 2u| = e^{2C_1}|x^2|$$

となります．$C = \pm e^{2C_1}$ とし，u を戻すと

$$1 + \frac{2y}{x} = Cx^2$$

が得られます．最後に，y について整理して一般解を求めると

$$y = \frac{1}{2}x(Cx^2 - 1)$$

となります．

2.2 線形微分方程式

微分方程式が

$$y' + f(x)y = r(x) \tag{2.5}$$

のように，求める関数 y と，その 1 階導関数 y' の 1 次式で表されるとき，この式を **1 階線形微分方程式**といいます．この方程式の特徴は，求める関数 y と，その導関数 y' について 1 次式であり，線形（直線的）の特徴をもっています．また，$r(x) \neq 0$ のとき，**非同次方程式**といいます．したがって，式 (2.5) は 1 階線形非同次微分方程式となります．

一方，右辺 $r(x) = 0$ のときに相当する以下の式

$$z' = -f(x)\,z \tag{2.6}$$

を **1 階線形同次微分方程式**といいます.

y^2 や yy' がなければ，たとえ $y'x$ があっても線形なんだね.

(1) 2 つの解法

　次に，1 階線形同次微分方程式 (2.6) の一般解を求めます．この解は変数分離形を用いて求めることができます．すなわち

$$z' = \frac{dz}{dx} = -f(x)z$$

　この式を整理すると

$$\frac{1}{z} \cdot \frac{dz}{dx} = -f(x)$$

となり，両辺を x で積分すると

$$\int \frac{1}{z} \cdot \frac{dz}{dx}\,dx = -\int f(x)\,dx + C_1$$

$$\int \frac{1}{z}\,dz = -\int f(x)\,dx + C_1$$

$$\log_e|z| = -\int f(x)\,dx + C_1$$

となります．そして，両辺の指数をとると

$$|z| = e^{-\int f(x)\,dx + C_1}$$

$$= e^{C_1} e^{-\int f(x)\,dx}$$

が得られます．ここで，$C = \pm e^{C_1}$ とおくと，1 階線形同次微分方程式 (2.6) の一般解は

$$z = Ce^{-\int f(x)\,dx} \tag{2.7}$$

となります.

さらに，1 階線形微分方程式には，同次形と非同次形との間に，以下の関係があります.

非同次線形微分方程式の解 $y(x)$ は，同次線形微分方程式として解いた一般解 $z(x)$ と，式 (2.5) の非同次線形微分方程式の特殊解 $u(x)$ の和として，次のように表されます.

$$y(x) = z(x) + u(x) = Ce^{-\int f(x)\,dx} + u(x) \tag{2.8}$$

この非同次線形微分方程式の一般解 $y(x)$ を求めるために，非同次線形微分方程式の特殊解 $u(x)$ を，**定数変化法**を利用して求めます.

$u(x)$ は，式 (2.5) の解の 1 つですので

$$r(x) = u'(x) + f(x)\,u(x) \tag{2.9}$$

となります.

次に，式 (2.7) に示された同次方程式の一般解の積分定数 C を x の関数 $C(x)$ に置き換えて，これを求める特殊解 $u(x)$ とすると

$$u(x) = C(x)e^{-\int f(x)\,dx} \tag{2.10}$$

となります. この式が式 (2.9) の解となるように，$C(x)$ を決めていきます. そのために，式 (2.10) を式 (2.9) に代入すると，式 (2.9) の右辺は次のようになります.

$$\begin{aligned}
u'(x) + f(x)\,u(x) &= \frac{d}{dx}\left\{C(x)e^{-\int f(x)\,dx}\right\} + f(x)C(x)e^{-\int f(x)\,dx} \\
&= C'(x)\,e^{-\int f(x)\,dx} - C(x)\,f(x)\,e^{-\int f(x)\,dx} \\
&\quad + f(x)\,C(x)\,e^{-\int f(x)\,dx} \\
&= C'(x)e^{-\int f(x)\,dx} \tag{2.11}
\end{aligned}$$

この結果は

$$r(x) = C'(x)e^{-\int f(x)\,dx}$$

となります. これを $C'(x)$ について整理すると

$$C'(x) = r(x)\, e^{\int f(x)\, dx}$$

となり，両辺を x で積分して $C(x)$ を求めると

$$\int C'(x)\, dx = \int r(x)\, e^{\int f(x)\, dx}\, dx + C_1$$

$$C(x) = \int r(x)\, e^{\int f(x)\, dx}\, dx + C_1$$

となります（C_1 は積分定数）．この積分定数は任意の値を選んでよいので 0 として式 (2.10) に代入し，整理すると

$$u(x) = e^{-\int f(x)\, dx} \int r(x)\, e^{\int f(x)\, dx}\, dx \tag{2.12}$$

のように特殊解 $u(x)$ が得られます．

　したがって，非同次線形微分方程式の一般解 $y(x)$ は式 (2.8) に式 (2.12) を代入して

$$y(x) = Ce^{-\int f(x)\, dx} + e^{-\int f(x)\, dx} \int r(x)\, e^{\int f(x)\, dx}\, dx$$

$$= e^{-\int f(x)\, dx} \left\{ \int r(x) e^{\int f(x)\, dx}\, dx + C \right\} \tag{2.13}$$

となります．以上より，式 (2.5) の 1 階線形非同次微分方程式は，$f(x)$ と $r(x)$ がわかれば，式 (2.13) により一般解を求めることができます．

例 2.1

　式 (2.5) の解を式 (2.5) から直接求める方法もあります．それは，式 (2.13) にある関数 $e^{\int f(x)\, dx}$ を，式 (2.5) の両辺にかけて行います．

$$(y' + f(x)y)\, e^{\int f(x)\, dx} = r(x) e^{\int f(x)\, dx}$$

$$y' e^{\int f(x)\, dx} + f(x)\, y\, e^{\int f(x)\, dx} = r(x) e^{\int f(x)\, dx}$$

$$y' e^{\int f(x)\, dx} + y \left(e^{\int f(x)\, dx} \right)' = r(x) e^{\int f(x)\, dx}$$

左辺は y と $e^{\int f(x)\, dx}$ との積の微分ですから，上式は

$$\left(y e^{\int f(x)\, dx} \right)' = r(x) e^{\int f(x)\, dx}$$

となります．したがって，両辺を x で積分して，$e^{\int f(x)\, dx}$ を右辺に移項すれば

$$y = e^{-\int f(x)\,dx}\left\{\int r(x)e^{\int f(x)\,dx}\,dx + C\right\}$$

と式 (2.13) と同じ解を得られます.

例題 2.3

$y' + y = e^{2x}$ の一般解を求めなさい.

答え

　設問の式の左辺の第 2 項を右辺に移項し,式 (2.5) と比較し,$f(x)$ と $r(x)$ を探します.

　そして,$f(x) = 1$,$r(x) = e^{2x}$ として非同次線形微分方程式の一般解 $y(x)$ を求める式 (2.13) に代入すると,一般解 $y(x)$ は

$$\begin{aligned}
y(x) &= e^{-\int 1\,dx}\left(\int e^{2x}e^{\int 1\,dx}\,dx + C\right) \\
&= e^{-x}\left(\int e^{2x}e^{x}\,dx + C\right) \\
&= e^{-x}\left(\int e^{3x}\,dx + C\right) \\
&= e^{-x}\left(\frac{1}{3}e^{3x} + C\right) = \frac{1}{3}e^{2x} + Ce^{-x}
\end{aligned}$$

となります.

(2) ベルヌーイの微分方程式

　式 (2.5) の線形微分方程式の右辺に y^n の項をかけた微分方程式を,**ベルヌーイの微分方程式**といいます.

$$y' + f(x)\,y = r(x)\,y^n \tag{2.14}$$

　この式で,$n = 0$ は線形微分方程式,$n = 1$ は変数分離形の微分方程式,それ以外がベルヌーイの微分方程式となります.この式 (2.14) は,右辺の y^n 項を左辺に移項し,y^{1-n} 項を置換することにより,線形微分方程式と同様に解けます.

　まず,y^n 項を左辺に移項すると

$$y^{-n}y' + f(x)\,y^{1-n} = r(x) \tag{2.15}$$

ここで，$z = y^{1-n}$ とおいて，両辺を x で微分すると

$$\frac{dz}{dx} = (1-n)y^{-n}\frac{dy}{dx}$$

式 (2.15) の左辺に合わせて整理すれば

$$\frac{1}{(1-n)}\frac{dz}{dx} = y^{-n}\frac{dy}{dx} \tag{2.16}$$

となります．この式 (2.16) を，式 (2.15) に代入すると

$$\begin{aligned}
&\frac{1}{(1-n)}\frac{dz}{dx} + f(x)y^{1-n} = r(x) \\
&\frac{dz}{dx} + (1-n)\,f(x)\,y^{1-n} = (1-n)\,r(x)
\end{aligned} \tag{2.17}$$

となります．式 (2.17) は線形微分方程式に $1-n$ の係数が付いただけですので，線形微分方程式と同様に解くことができ

$$\begin{aligned}
z &= e^{-(1-n)\int f(x)\,dx}\left\{(1-n)\int r(x)e^{(1-n)\int f(x)\,dx}\,dx + C\right\} \\
y^{1-n} &= e^{-(1-n)\int f(x)\,dx}\left\{(1-n)\int r(x)e^{(1-n)\int f(x)\,dx}\,dx + C\right\}
\end{aligned} \tag{2.18}$$

と，式 (2.15) の解が求められます．

2.2.1　完全微分方程式

2 変数関数の 1 階微分方程式

$$\frac{dy}{dx} = -\frac{p(x,\,y)}{q(x,\,y)}$$

を微分形式（52 ページ参照）で表すと

$$p(x,\,y)\,dx + q(x,\,y)\,dy = 0 \tag{2.19}$$

となります．この式の $p(x,\,y)\,dx,\ q(x,\,y)\,dy$ が

$$\frac{\partial p(x,\,y)}{\partial y} = \frac{\partial q(x,\,y)}{\partial x} \tag{2.20}$$

を満たすとき，式 (2.19) を**完全微分方程式**といいます．

さらに，式 (2.19) の左辺が，ある関数 $u(x,\,y)$ の全微分 du になっているとき

$$\begin{aligned} du &= \frac{\partial u}{\partial x}\,dx + \frac{\partial u}{\partial y}\,dy \\ &= p(x,\,y)\,dx + q(x,\,y)\,dy \end{aligned} \tag{2.21}$$

となります．つまり

$$\frac{\partial u}{\partial x} = p(x,\,y), \quad \frac{\partial u}{\partial y} = q(x,\,y) \tag{2.22}$$

となり，式 (2.19) の一般解を求めることができます．

また，式 (2.20) と式 (2.22) より

$$\frac{\partial p}{\partial y} = \frac{\partial}{\partial y}\frac{\partial u}{\partial x} = \frac{\partial^2 u}{\partial y \partial x} = \frac{\partial}{\partial x}\frac{\partial u}{\partial y} = \frac{\partial q}{\partial x}$$

となります．この式の変形途中の

$$\frac{\partial}{\partial y}\frac{\partial u}{\partial x} = \frac{\partial}{\partial x}\frac{\partial u}{\partial y}$$

は，関数 u に対して，偏微分 ∂x，∂y の順にかかわらず偏微分結果が等しいこと，つまり関数 u は連続であることを示しています．

ここで，式 (2.19) の微分形式と，式 (2.21) の全微分から u は

$$du = 0$$

となり，両辺を積分すれば

$$u = C \tag{2.23}$$

となります．ここで C は積分定数です．しかし，式 (2.23) では具体的な解の関数 u が不明です．

(1) 2つの解法

次に，関数 u の具体的な関数を計算します．まず

$$F(x,\, y) = \int p(x,\, y)\, dx$$

とおいて，両辺を x で偏微分します．

$$\frac{\partial F}{\partial x} = p(x,\, y)$$

すると，式 (2.20) と式 (2.21)，(2.22) から

$$\frac{\partial q}{\partial x} = \frac{\partial p}{\partial y} = \frac{\partial^2 F}{\partial x \partial y}$$

となります．両端の式を左辺にまとめると

$$\frac{\partial}{\partial x}\left(q(x,\, y) - \frac{\partial F(x,\, y)}{\partial y} \right) = 0$$

x で偏微分して 0 ということは，x だけの項が含まれないということか．

となります．この式は，左辺の（　）の中が y のみの関数のときに成立しますので，これを $G(y)$ とおくと

$$q(x,\, y) - \frac{\partial F(x,\, y)}{\partial y} = G(y)$$

となり，さらに，この q について整理して，両辺を y で積分すると

$$\int q(x,\, y)\, dy = F(x,\, y) + \int G(y)\, dy$$

となります．ここで $\displaystyle\int q(x,\, y)\, dy = u$ であり，また $F(x,\, y)$，$G(y)$ を上の式に代入すると

$$u = \int p(x,\, y)\, dx + \int \left(q(x,\, y) - \frac{\partial}{\partial y}\int p(x,\, y)\, dx \right) dy = C \qquad (2.24)$$

が得られます．これが式 (2.19) の一般解となります．ここで C の位置に注意してください．

例 2.2

他の方法による一般解の求め方として，式 (2.21) を使う方法があります．

式 (2.22) 左の式の両辺を x で積分すると

$$u = \int p(x,\,y)\,dx + C(y) \tag{2.25}$$

となります．ここで，$C(y)$ は，式 (2.22) 左の式における関数 u の x についての偏微分で消えた，y 成分の項です．式 (2.24) のように，積分定数 C は完全微分方程式では最後に右辺にまとめて記述されますので，ここでは記述する必要がありません．

式 (2.25) を $C(y)$ について整理し，両辺を y で偏微分すれば

$$\frac{\partial C(y)}{\partial y} = \frac{\partial u}{\partial y} - \frac{\partial}{\partial y} \int p(x,\,y)\,dx$$

となります．ここで，右辺第 1 項は式 (2.22) により

$$\frac{\partial C(y)}{\partial y} = q(x,\,y) - \frac{\partial}{\partial y} \int p(x,\,y)\,dx \tag{2.26}$$

となります．次に，式 (2.26) の両辺を y で積分すると $C(y)$ は

$$\int \frac{\partial C(y)}{\partial y}\,dy = \int \left(q(x,\,y) - \frac{\partial}{\partial y} \int p(x,\,y)\,dx \right) dy$$
$$C(y) = \int \left(q(x,\,y) - \frac{\partial}{\partial y} \int p(x,\,y)\,dx \right) dy \tag{2.27}$$

となります．式 (2.27) を式 (2.25) に代入すれば，求める解 u は

$$u = \int p(x,\,y)\,dx + \int \left(q(x,\,y) - \frac{\partial}{\partial y} \int p(x,\,y)\,dx \right) dy$$
$$= C \tag{2.28}$$

となり，この式は式 (2.24) と同じ式であり，同様に一般解 u を求めることができます．

(2) 積分因子

1 階微分方程式が完全微分方程式でないときでも，適当な関数 $\mu(x,\,y)$，および，微分形式の $p(x,\,y)$ と $q(x,\,y)$ の積を用いて，完全微分方程式として解

くことが可能な場合があります．これを式にすると

$$\mu(x,\,y)\,p(x,\,y)\,dx + \mu(x,\,y)\,q(x,\,y) = 0 \tag{2.29}$$

となります．つまり，1 階微分方程式の微分形式 (2.19) のみの微分方程式なら，完全微分方程式でなくても，関数 $\mu(x,\,y)$ との積に整理することにより，完全微分方程式にすることができることを意味します．このような関数 $\mu(x,\,y)$ を**積分因子**といいます．

ここで，積分因子 $\mu(x,\,y)$ は完全微分方程式の条件，式 (2.20) より

$$\frac{\partial \mu p}{\partial y} = \frac{\partial \mu q}{\partial x} \tag{2.30}$$

を満たさなければなりません．この式を計算すると $\mu(x,\,y)$ は，積の微分の公式より

$$\frac{\partial \mu}{\partial y}p + \mu\frac{\partial p}{\partial y} = \frac{\partial \mu}{\partial x}q + \mu\frac{\partial q}{\partial x}$$

$$\mu\left(\frac{\partial p}{\partial y} - \frac{\partial q}{\partial x}\right) = \frac{\partial \mu}{\partial x}q - \frac{\partial \mu}{\partial y}p$$

$$\mu = \frac{\dfrac{\partial \mu}{\partial x}q - \dfrac{\partial \mu}{\partial y}p}{\dfrac{\partial p}{\partial y} - \dfrac{\partial q}{\partial x}} \tag{2.31}$$

となります．この式中に $\mu(x,\,y)$ と $\partial\mu$ があり，このままでは変数分離ができないので変数分離形で解を求めることができません．

しかし，$\mu = \mu(x)$ と仮定すると

$$\frac{\partial \mu(x)}{\partial x} = \frac{d\mu(x)}{dx}, \qquad \frac{\partial \mu(x)}{\partial y} = 0 \tag{2.32}$$

となります．すると，式 (2.31) は

$$\mu(x) = \frac{\dfrac{d\mu}{dx}q}{\dfrac{\partial p}{\partial y} - \dfrac{\partial q}{\partial x}} \tag{2.33}$$

となります．式 (2.33) を変数分離形により解くと

$$\int \frac{1}{\mu(x)}\, d\mu = \int \frac{\dfrac{\partial p}{\partial y} - \dfrac{\partial q}{\partial x}}{q}\, dx$$

$$\log \mu(x) = \int \frac{\dfrac{\partial p}{\partial y} - \dfrac{\partial q}{\partial x}}{q}\, dx$$

$$\mu(x) = \pm e^{\int \frac{\frac{\partial p}{\partial y} - \frac{\partial q}{\partial x}}{q}\, dx} = \pm e^{\int f(x)\, dx} \tag{2.34}$$

ただし

$$f(x) = \frac{\dfrac{\partial p}{\partial y} - \dfrac{\partial q}{\partial x}}{q} \tag{2.35}$$

となり，式 (2.34) により x のみの積分因子 $\mu(x)$ が求められます．

しかし，$p(x, y)$，$q(x, y)$ が複雑な式の場合は，常に式 (2.35) の $f(x)$ となる条件を満たすとは限りませんので，式 (2.34) の利用は限定されます．

同様に，$\mu = \mu(y)$ を仮定すると

$$\frac{\partial \mu}{\partial y} = \frac{d\mu}{dy}, \qquad \frac{\partial \mu}{\partial x} = 0 \tag{2.36}$$

となります．すると，式 (2.31) は

$$\mu(y) = \frac{-\dfrac{d\mu}{dy}\, p}{\dfrac{\partial p}{\partial y} - \dfrac{\partial q}{\partial x}} \tag{2.37}$$

となります．先と同様に解くと

$$\int \frac{1}{\mu(y)}\, d\mu = \int -\frac{\dfrac{\partial p}{\partial y} - \dfrac{\partial q}{\partial x}}{q}\, dy$$

$$\mu(y) = \pm e^{\int -\frac{\frac{\partial p}{\partial y} - \frac{\partial q}{\partial x}}{p}\, dy} = \pm e^{\int f(y)\, dy} \tag{2.38}$$

ただし，

$$f(y) = -\frac{\dfrac{\partial p}{\partial y} - \dfrac{\partial q}{\partial x}}{p} \tag{2.39}$$

となり，y のみの積分因子 $\mu(y)$ が求められます．式 (2.34) の $\mu(x)$ と同様に，式 (2.38) の利用も限定されます．

　次に，少し複雑な式 (2.30) での積分因子 $\mu = \mu(x, y)$ の場合を再び考えます．ここでは，$\mu = \mu(u)$，$u = u(x, y) = xy$ の合成関数として考えることにより

$$\begin{cases} \dfrac{\partial \mu(x, y)}{\partial x} = \dfrac{\partial \mu(x, y)}{\partial u}\dfrac{\partial u}{\partial x} = \dfrac{\partial \mu}{\partial u}y & (2.40) \\[3mm] \dfrac{\partial \mu(x, y)}{\partial y} = \dfrac{\partial \mu(x, y)}{\partial u}\dfrac{\partial u}{\partial y} = \dfrac{\partial \mu}{\partial u}x & (2.41) \end{cases}$$

> μ を u の関数として，u の変数を x，y として，具体的な中身を xy とするわけね．

となります．さらに，式 (2.30) の $\mu = \mu(u)$ として，式 (2.40)，式 (2.41) を代入すると

$$\mu(u) = \frac{\dfrac{\partial \mu}{\partial u}yq - \dfrac{\partial \mu}{\partial u}xp}{\dfrac{\partial p}{\partial y} - \dfrac{\partial q}{\partial x}}$$

$$\mu(u) = \frac{\dfrac{\partial \mu}{\partial u}(yq - xp)}{\dfrac{\partial p}{\partial y} - \dfrac{\partial q}{\partial x}} \tag{2.42}$$

となります．この式 (2.42) は変数分離で解けるので

$$\int \frac{1}{\mu(u)}\,d\mu = \int \frac{\dfrac{\partial p}{\partial y} - \dfrac{\partial q}{\partial x}}{yq - xp}\,du$$

$$\log \mu(u) = \int \frac{\dfrac{\partial p}{\partial y} - \dfrac{\partial q}{\partial x}}{yq - xp}\,du$$

$$\mu(u) = \pm e^{\int \frac{\frac{\partial p}{\partial y} - \frac{\partial q}{\partial x}}{yq - xp}\,du} = \pm e^{\int f(u)\,du} \tag{2.43}$$

ただし

$$f(u) = \frac{\dfrac{\partial p}{\partial y} - \dfrac{\partial q}{\partial x}}{yq - xp} \tag{2.44}$$

となります．ここでも，式 (2.43) により $\mu(u)$ は限定されます．

以上，式 (2.34)，(2.38)，(2.43) はいずれも，必要な積分因子の成分を仮定してから求めています．これは，「積分因子 μ は，推定なしに簡潔な式から単純には計算できない」ことを意味し，試行錯誤的に求められることを意味しています．

例題 2.4

次の問題を解きなさい．必要に応じて積分因子を用いて解きなさい．

(1) $(x + 2y - 1)\,dx + (2x + y^2 - 2)\,dy = 0$

(2) $(1 + y)\,dx + \left(\dfrac{x}{2}\right)dy = 0$

(3) $(x^2 + 5y^2 + 1)\,dx + \left(5xy + \dfrac{2y^2}{x}\right)dy = 0$

答え

(1) 与式より，$p = x + 2y - 1$，$q = 2x + y^2 - 2$ とおき，まず各項をそれぞれ偏微分すると

$$\frac{\partial p}{\partial y} = \frac{\partial}{\partial y}(x + 2y - 1) = 2, \quad \frac{\partial q}{\partial x} = \frac{\partial}{\partial x}(2x + y^2 - 2) = 2$$

したがって，$\dfrac{\partial p}{\partial y} = \dfrac{\partial q}{\partial x}$ なので，与えられた方程式は完全微分方程式です．ゆえに，式 (2.24)（106 ページ）より解けます．

$$\begin{aligned}
u &= \int p\,dx + \int \left(q - \frac{\partial}{\partial y}\int p\,dx\right)dy \\
&= \int (x + 2y - 1)\,dx \\
&\quad + \int \left\{(2x + y^2 - 2) - \frac{\partial}{\partial y}\left(\frac{1}{2}x^2 + 2xy - x\right)\right\}dy \\
&= \frac{1}{2}x^2 + 2xy - x + \int \{(2x + y^2 - 2) - 2x\}\,dy
\end{aligned}$$

$$u = \frac{1}{2}x^2 + 2xy - x + \frac{1}{3}y^3 - 2y = C$$

(2) 与式より $p = 1 + y$, $q = \dfrac{x}{2}$ とおき，まず各項をそれぞれ偏微分すると

$$\begin{cases} \dfrac{\partial p}{\partial y} = \dfrac{\partial}{\partial y}(1 + y) = 1 \\[2mm] \dfrac{\partial q}{\partial x} = \dfrac{\partial}{\partial x}\left(\dfrac{x}{2}\right) = \dfrac{1}{2} \end{cases}$$

この式では，$\dfrac{\partial p}{\partial y} \neq \dfrac{\partial q}{\partial x}$ となり，完全微分方程式ではありません．また，$\dfrac{\partial p}{\partial y}$ では，偏微分の結果は各変数の次数に関係しています．このため，解を求めるには，q の x の次数を上げて $\dfrac{\partial q}{\partial x}$ の偏微分結果が 1 になるようにし，かつ p の y の次数を変化させない積分因数，すなわち，$\mu(x)$ が必要となります．

したがって，式 (2.33), (2.34) により

$$\begin{aligned} \mu(x) &= \pm e^{\int \frac{\frac{\partial p}{\partial y} - \frac{\partial q}{\partial x}}{q}\,dx} \\ &= \pm e^{\int \frac{1 - \frac{1}{2}}{\frac{x}{2}}\,dx} \\ &= \pm e^{\log_e x} = \pm x \end{aligned}$$

となります．ここで，積分因子 $\mu = x$ として，与式を計算すると

$$x(1 + y)\,dx + x\left(\frac{x}{2}\right)dy = (x + xy)\,dx + \left(\frac{x^2}{2}\right)dy$$

この式より，$p = x + xy$, $q = \dfrac{x^2}{2}$ であり

$$\frac{\partial p}{\partial y} = \frac{\partial}{\partial y}(x + xy) = x, \qquad \frac{\partial q}{\partial x} = \frac{\partial}{\partial x}\left(\frac{x^2}{2}\right) = x$$

であることから $\dfrac{\partial p}{\partial y} = \dfrac{\partial q}{\partial x}$ となり，完全微分方程式となります．

したがって

$$u = \int p(x, y)\,dx + \int \left(q(x, y) - \frac{\partial}{\partial y}\int p(x, y)\,dx\right)dy = C$$

より

$$u = \int (x + xy)\, dx + \int \left(\frac{x^2}{2} - \frac{\partial}{\partial y} \int (x + xy)\, dx \right) dy$$

$$= \frac{x^2}{2} + \frac{x^2 y}{2} + \int \left\{ \frac{x^2}{2} - \frac{\partial}{\partial y} \left(\frac{x^2}{2} + \frac{x^2 y}{2} \right) \right\} dy$$

$$= \frac{x^2}{2}(1 + y) = C$$

(3) (1), (2) と同様に表すと

$$\begin{cases} \dfrac{\partial p}{\partial y} = \dfrac{\partial}{\partial y}(x^2 + 5y^2 + 1) = 10y \\[2mm] \dfrac{\partial q}{\partial x} = \dfrac{\partial}{\partial x}\left(5xy + \dfrac{2y^2}{x} \right) = 5y - 2y^2 \log_e x \end{cases}$$

となり，ここでは $\dfrac{\partial p}{\partial y} \neq \dfrac{\partial q}{\partial x}$ と等しくないので，完全微分方程式ではなく，積分因子を利用することが必要です．

しかし，$\dfrac{\partial p}{\partial y}$ と $\dfrac{\partial q}{\partial x}$ が複雑で，$\mu = \mu(x),\, \mu(y),\, \mu(xy)$ ではないので，式 (2.33), (2.37), (2.42) が使えません．そこで，積分因子を考えながら $\dfrac{\partial p}{\partial y}$ と $\dfrac{\partial q}{\partial x}$ をよくみると，$\dfrac{\partial p}{\partial y} = 10y$ が

$$\frac{\partial q}{\partial x} = 5x + 2y^2 \log_e x$$

より簡単なので，$\dfrac{\partial q}{\partial x}$ の簡単な項 $5x$ を $\dfrac{\partial p}{\partial y} = 10y$ の係数 10 に合わせることを考えます．しかし，この係数 5 は，x についての偏微分の結果を反映していますから，$5x$ の項の係数を上げる，すなわち，x の次数を上げることが積分因子として必要になります．そこで，簡単な積分因子 $\mu = x$ を使って試算します．すると

$$x(x^2 + 5y^2)\, dx + x(5xy + 2y^2)\, dy$$

$$= (x^3 + 5xy^2)\, dx + (5x^2 y + 2y^2)\, dy = 0$$

$$\frac{\partial}{\partial y}(x^3 + 5xy^2) = 10xy, \qquad \frac{\partial}{\partial x}(5x^2 y + 2y^2) = 10xy$$

と等しくなり，完全微分方程式となります．したがって，上の (2), (3) と同様に

$$u = \int (x^3 + 5xy^2)\, dx$$

$$+ \int \left\{ 5x^2 y + 2y^2 - \frac{\partial}{\partial y} \int (x^3 + 5xy^2)\, dx \right\} dy$$

$$= \frac{1}{4} x^4 + \frac{5}{2} y^2 x^2$$

$$+ \int \left\{ 5x^2 y + 2y^2 - \frac{\partial}{\partial y} \left(\frac{1}{4} x^4 + \frac{5}{2} y^2 x^2 \right) \right\} dy$$

$$= \frac{1}{4} x^4 + \frac{5}{2} y^2 x^2 + \frac{2}{3} y^3 = C$$

となります.

2.2.2　1 階微分方程式の実際の応用

現実の問題においては，いままで述べたように，微分方程式が常に簡単に解ける形になるとは限りません.

そこで，どのような形式の問題でも解けるように，1 階微分方程式の一般形をもとに，これまで紹介した各微分方程式への適用法を考えてみましょう.

1 階微分方程式ですから，共通項として

$$\frac{dy}{dx} = z(x,\, y) \tag{2.45}$$

とおけます．この式の右辺 $z(x,\, y)$ の形によって，各微分方程式の解き方を分類すると以下のようになります.

微分方程式の形がそれぞれの基本的な形と異なっているときに，どのような解法で微分方程式を解くかを考える参考になると思います.

例 2.3

$z(x,\, y) = -f(x)y + r(x)y^n$ のように，和または差の形のとき，n の値によって以下に分類できます.

- $n = 0$ は線形微分方程式
- $n = 1$ は変数分離形の微分方程式
- $n = 0,\, 1$ 以外はベルヌーイの微分方程式

例 2.4

$$z(x,\,y) = \frac{p(x)}{q(x)},\ \frac{p(x)}{q(y)},\ \frac{p(y)}{q(x)},\ \frac{p(y)}{q(y)}$$

ここで p, q は x または y のみの多項式のとき，以下に分類できます．

- ●因数分解による整理によって解く
- ●変数分離形の微分方程式
  - ・次数が $p(x) > q(x)$ なら，除算を実行して整理して解く
  - ・次数が $p(x) < q(x)$ なら
    - → $p(x) = (q(x))'$ を考慮して解く
    - → 部分分数に分解して解く

例 2.5

$z(x,\,y) = \dfrac{p(x,\,y)}{q(x,\,y)}$ のように有理式の形になるとき，以下に分類できます．

- ●因数分解による整理によって解く
- ●$p(x,\,y)$, $q(x,\,y)$ が同次関数であれば同次形微分方程式によって解く
- ●$p(x,\,y)$, $q(x,\,y)$ が非同次関数であれば，$\dfrac{\partial p}{\partial y} = -\dfrac{\partial q}{\partial x}$ または $\dfrac{\partial \mu p}{\partial y} = -\dfrac{\partial \mu q}{\partial x}$ を満たす場合は完全微分方程式によって解く
- ●次数が $p(x,\,y) > q(x,\,y)$ であれば，除算を実行して整理して解く

なお，微分方程式は，2 つ以上の方法で解ける場合が多々あります．

この場合，問題が解法を指定していない限り，どの解法を使用しても正解となります．

たとえ，解の形が異なっていても微分方程式だから微分して，積分定数 C を消去すると，同じになるわけだね．

2.2.3　電気回路への応用例：*RL* 回路の過渡応答

　ここでは，1 階線形微分方程式の応用例として，図 2.1 に示すような抵抗 R と自己インダクタンス L の RL 直列回路に流れる電流 $i(t)$ を求めてみましょう．

　各素子間の電圧に注目するとキルヒホッフの第 2 法則（電圧則）により以下の式が得られます．

$$\begin{cases} V_L + V_R = E \\ L\dfrac{di}{dt} + Ri = E \\ \dfrac{di}{dt} + \dfrac{R}{L}i = \dfrac{E}{L} \end{cases} \tag{2.46}$$

　この方程式は電流 $i(t)$ に関する 1 階線形微分方程式ですので，102 ページの式 (2.13) により解いていきます．

　式 (2.13) と式 (2.46) を比較して，$f(x) = \dfrac{R}{L}$，$r(x) = \dfrac{E}{L}$ を得ます．すると，電流 $i(t)$ の一般解は

$$\begin{aligned} i(t) &= e^{-\int \frac{R}{L}dt}\left\{\int \frac{E}{L}e^{\int \frac{R}{L}dt}\,dt + C\right\} \\ &= e^{-\frac{R}{L}\int 1\,dt}\left\{\frac{E}{L}\int e^{\frac{R}{L}\int 1\,dt}\,dt + C\right\} \\ &= e^{-\frac{R}{L}t}\left\{\frac{E}{L}\int e^{\frac{R}{L}t}\,dt + C\right\} \\ &= e^{-\frac{R}{L}t}\left\{\frac{E}{L}\left(\frac{L}{R}\right)e^{\frac{R}{L}t} + C\right\} \\ &= \frac{E}{R} + Ce^{-\frac{R}{L}t} \end{aligned} \tag{2.47}$$

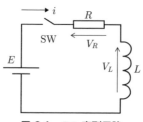

図 2.1　*RL* 直列回路

となります. いま初期条件は $t = 0$, $i = 0$ としてよいですから, これを上式に代入して積分定数 C を求めます.

$$0 = \frac{E}{R} + Ce^{-\frac{R}{L}0}$$

$$0 = \frac{E}{R} + C$$

$$C = -\frac{E}{R}$$

最後に, 式 (2.47) に代入すると, $i(t)$ の特殊解は

$$i(t) = \frac{E}{R} - \frac{E}{R}e^{-\frac{R}{L}t}$$

$$= \frac{E}{R}\left(1 - e^{-\frac{R}{L}t}\right)$$

と求まります.

2.3 　2 階微分方程式

2 階微分方程式は $F(x, y, y', y'') = 0$ と表され, その中に微分の最高階として 2 階微分項を含む方程式です. 本書では特に電気回路や力学などにおいて重要な問題を解くために頻繁に利用される 2 階線形微分方程式について例題を交えて詳しく解説します.

2 階線形微分方程式は, 関数 y と, その導関数 y', y'' についての 1 次方程式として以下のように表されます.

$$y'' + p(x)\,y' + q(x)\,y = r(x) \tag{2.48}$$

いいかえると, このような形で表されないときは非線形となります. 1 階線形微分方程式と同様に上式の右辺が $r(x) = 0$ のときは **2 階線形同次方程式**といい, $r(x) \neq 0$ のときは **2 階線形非同次方程式**といいます.

2.3.1 　2 階線形同次微分方程式

2 階線形同次微分方程式

$$y'' + p(x)\,y' + q(x)\,y = 0 \tag{2.49}$$

では，2 つの基本解が存在し，これを $u_1(x),\ u_2(x)$ とすると一般解 y は

$$y = C_1 u_1(x) + C_2 u_2(x) \tag{2.50}$$

と表されます．$C_1,\ C_2$ は積分定数です．これを $u_1(x),\ u_2(x)$ の**線形結合**と呼びます．また，式 (2.50) で，$y = 0$ が $C_1 = C_2 = 0$ のときのみ成立するならば，$u_1(x)$ と $u_2(x)$ は**一次独立**であるといいます．

ここで，この一般解の式 (2.50) を式 (2.49) に代入し，C_1 と C_2 について整理すると

$$\begin{aligned}
y'' + py' + qy &= (C_1 u_1 + C_2 u_2)'' + p(C_1 u_1 + C_2 u_2)' + q(C_1 u_1 + C_2 u_2) \\
&= C_1(u_1'' + p u_1' + q u_1) + C_2(u_2'' + p u_2' + q u_2) \\
&= C_1 u_1 + C_2 u_2
\end{aligned}$$

となり，式 (2.50) が一般解であることがわかります．

解 $u_1,\ u_2$ の一次独立については以下の**ロンスキー行列式** W を使い，確認することができます．

$$W(x) = \begin{vmatrix} u_1(x) & u_2(x) \\ u_1'(x) & u_2'(x) \end{vmatrix} = u_1(x)u_2'(x) - u_1'(x)u_2(x) \tag{2.51}$$

すなわち，基本解 $u_1(x),\ u_2(x)$ が一次独立ならば，式 (2.51) は $W \neq 0$ となります．

また，2 階線形同次微分方程式の特殊解は初期値問題を解くことによって得られます．ただし，2 階微分方程式ですから，積分定数は $C_1,\ C_2$ と 2 つあります．このために，特殊解を求めるためには，2 つの条件が必要です．

2.3.2　2 階線形定数係数同次微分方程式

定数係数 $a,\ b$ をもつ 2 階線形同次微分方程式

$$y'' + ay' + by = 0 \tag{2.52}$$

を解いてみましょう．

この式を解くために，同じ線形同次微分方程式である 1 階線形同次微分方程式の式 (2.6) の解（式 (2.7)）を再び考えましょう．この式 (2.6) で $f(x) = k$（k は定数係数）として考えると，その解は指数関数 $y = e^{-kx}$ を解とすること

がわかります．このことから，式 (2.52) の解の 1 つとして

$$y = e^{\lambda x} \tag{2.53}$$

を考えてみましょう．このとき，式 (2.53) の 1 階微分と 2 階微分はそれぞれ

$$y' = \lambda e^{\lambda x}, \qquad y'' = \lambda^2 e^{\lambda x}$$

となります．これらを式 (2.52) に代入すると

$$(\lambda^2 + a\lambda + b)e^{\lambda x} = 0 \tag{2.54}$$

が得られます．ここで，$e^{\lambda x} \neq 0$ なので，式 (2.54) は

$$\lambda^2 + a\lambda + b = 0 \tag{2.55}$$

を満たさなければなりません．いいかえれば，λ がこの式の解ならば，$y = e^{\lambda x}$ は式 (2.53) の基本解となります．この式 (2.55) を式 (2.52) の**特性方程式**といいます．

　ここで，2 次方程式の根の公式より，式 (2.55) の 2 つの解は

$$\lambda_1 = \frac{-a + \sqrt{a^2 - 4b}}{2}, \qquad \lambda_2 = \frac{-a - \sqrt{a^2 - 4b}}{2} \tag{2.56}$$

となります．式 (2.56) の判別式 $a^2 - 4b$ の符号により，以下の 3 つの場合が考えられます．

$$\begin{cases} (1) & a^2 - 4b > 0 \\ (2) & a^2 - 4b = 0 \\ (3) & a^2 - 4b < 0 \end{cases}$$

以下 (1) から (3) について個別に検討していきます．

(1)　$a^2 - 4b > 0$ のとき

　この場合は，特性方程式は異なる 2 つの実根をもちます．

　この実根を λ_1，λ_2 とすれば，2 つの基本解は

$$y_1 = e^{\lambda_1 x}, \qquad y_2 = e^{\lambda_2 x}$$

となり，その一般解は

$$y = C_1 e^{\lambda_1 x} + C_2 e^{\lambda_2 x} \tag{2.57}$$

となります．ここで C_1，C_2 は積分定数です．

例題 2.5

　微分方程式 $y'' - 3y' + 2y = 0$ の一般解を求めなさい．

答え

　設問の微分方程式の特性方程式は

$$\lambda^2 - 3\lambda + 2 = 0$$

となります．この判別式は $a^2 - 4b = (-3)^2 - 8 = 1 > 0$ となるので，2 つの実根をもちます．その根は以下のように因数分解できるので

$$(\lambda - 2)(\lambda - 1) = 0$$

となり，$\lambda_1 = 2$，$\lambda_2 = 1$ ですから，その一般解は

$$y = C_1 e^{2x} + C_2 e^x$$

となります．

(2)　$a^2 - 4b = 0$ のとき

　この場合は，特性方程式は重根をもち，$\lambda_1 = \lambda_2 = -\dfrac{a}{2}$ なので，$-\dfrac{a}{2} = \lambda$ とおくと基本解の 1 つは

$$y_1 = e^{\lambda x}$$

になります．一方，一般解を求めるためにはもう 1 つの解が必要ですから，以下の**定数変化法**によりこれを求めます．すなわち，もう 1 つの基本解を

$$y_2 = c(x)\, y_1(x) = c(x) e^{\lambda x} \tag{2.58}$$

とし，これを $y_2 = y$ として式 (2.52) に代入して解きます．すると

$$y_2'' + ay_2' + by_2 = (c(x)e^{\lambda x})'' + a(c(x)e^{\lambda x})' + bc(x)e^{\lambda x}$$
$$= c''(x)e^{\lambda x} + \lambda c'(x)e^{\lambda x} + \lambda c'(x)e^{\lambda x} + \lambda^2 c(x)e^{\lambda x}$$
$$+ ac'(x)e^{\lambda x} + a\lambda c(x)e^{\lambda x} + bc(x)e^{\lambda x}$$
$$= c''(x)e^{\lambda x} + (2\lambda + a)c'(x)e^{\lambda x} + (\lambda^2 + a\lambda + b)c(x)e^{\lambda x}$$
$$= (c''(x) + (2\lambda + a)c'(x) + (\lambda^2 + a\lambda + b)c(x))e^{\lambda x}$$

ここで，$e^{\lambda x} \neq 0$ ですから，上式は

$$c''(x) + (2\lambda + a)c'(x) + (\lambda^2 + a\lambda + b)c(x) = 0 \tag{2.59}$$

となり，さらに $\lambda = -\dfrac{a}{2}$，$b = \dfrac{a^2}{4}$ から

$$2\lambda + a = -2 \cdot \frac{a}{2} + a = 0$$
$$\lambda^2 + a\lambda + b = \left(-\frac{a}{2}\right)^2 + a\left(-\frac{a}{2}\right) + \frac{a^2}{4} = 0$$

なので，式 (2.59) から $c'(x)$ と $c(x)$ は消えて

$$c''(x) = 0$$

となります.

これを x で2回積分して $c(x)$ を求めると，$c(x) = c_3 x + c_4$ が得られます. さらに，ここでは y_1 と独立な基本解を求めればよいので，$c(x) = x$ として式 (2.58) に代入すると $y_2 = xy_1(x) = xe^{\lambda x}$ となります. したがって，一般解は

$$y = (C_1 + C_2 x)e^{-\frac{a}{2}x} \tag{2.60}$$

になります.

例題 2.6

$y'' - 6y' + 9y = 0$ の一般解を求めなさい.

答え

　設問の微分方程式の特性方程式は

$$\lambda^2 - 6\lambda + 9 = 0$$

であり，根の判別式は $a^2 - 4b = (-6)^2 - 36 = 0$ となるので重根となります．

　$a = -6$，$\lambda = -\dfrac{a}{2} = 3$ であるので，基本解の 1 つは $y_1 = e^{3x}$，もう 1 つは定数変化法により，$y_2 = xe^{3x}$ となるので，この一般解 $y(x)$ は

$$y = (C_1 + C_2 x)e^{3x}$$

となります．

(3) $a^2 - 4b < 0$ のとき

　この場合は根の判別式 $a^2 - 4b$ が負となり複素共役な根となるので

$$\lambda_1 = \frac{-a + \sqrt{a^2 - 4b}\,i}{2}, \quad \lambda_2 = \frac{-a - \sqrt{a^2 - 4b}\,i}{2}$$

単に連立方程式を計算しただけだね．

となります．ここで，i は虚数単位であり，$i = \sqrt{-1}$ です．さらに，$\alpha = -\dfrac{a}{2}$，

$\beta = \sqrt{b - \dfrac{a^2}{4}}$ とすると

$$\lambda_{1,2} = \alpha \pm i\beta$$

と整理されます．この 2 つの基本解をオイラーの公式（式 (1.166)，87 ページ）により展開すると

$$y_{11} = e^{\lambda_1 x} = e^{(\alpha + i\beta)x} = e^{\alpha x}(\cos \beta x + i \sin \beta x)$$
$$y_{22} = e^{\lambda_2 x} = e^{(\alpha - i\beta)x} = e^{\alpha x}(\cos \beta x - i \sin \beta x)$$

となります．さらに，実部と虚部とをそれぞれ求め，y_r, y_i とすると

$$
\begin{cases}
y_r = \dfrac{y_{11} + y_{22}}{2} = e^{\alpha x} \cos \beta x \\
y_i = \dfrac{y_{11} - y_{22}}{2} = e^{\alpha x} \sin \beta x
\end{cases}
$$

となります．これらは一次独立な基本解ですので，したがって一般解 y は

$$
y = e^{\alpha x}(C_1 \cos \beta x + C_2 \sin \beta x) \tag{2.61}
$$

となります．

例題 2.7

$y'' - 2y' + 3y = 0$ の一般解を求めなさい．

答え

　この微分方程式の特性方程式は

$$
\lambda^2 - 2\lambda + 3 = 0
$$

であり，根の判別式 $a^2 - 4b = (-2)^2 - 12 = -8$ なので複素共役根をもちます．具体的な根 λ_1, λ_2 は

$$
\begin{cases}
\lambda_1 = \dfrac{-(-2) + \sqrt{(-2)^2 - 12}}{2} = 1 + i\sqrt{2} \\
\lambda_2 = \dfrac{-(-2) - \sqrt{(-2)^2 - 12}}{2} = 1 - i\sqrt{2}
\end{cases}
$$

となります．したがって $\alpha = 1$, $\beta = \sqrt{2}$ となり式 (2.61) より一般解 y は

$$
y = e^x(C_1 \cos \sqrt{2}x + C_2 \sin \sqrt{2}x)
$$

になります．

2.3.3　2 階線形非同次微分方程式

　2 階線形非同次微分方程式の解法は，1 階線形非同次微分方程式の解法（式 (2.8)，101 ページ）と同様に求めることができます．

$$y'' + p(x)\, y' + q(x)\, y = r(x) \tag{2.62}$$

式 (2.62) の一般解 $y(x)$ は，この式で $r(x) = 0$ とおいた同次方程式

$$y'' + p(x)\, y' + q(x)\, y = 0$$

の一般解 $z(x)$ とし，非同次方程式 (2.62) の 1 つの特殊解 $u(x)$ との和として

$$y = z(x) + u(x) \tag{2.63}$$

と求められます．同次方程式の解法自体は前節で述べたので，ここでは 2 階線形非同次微分方程式の特殊解 $u(x)$ を求めます．さて，これには未定係数法と定数変化法の 2 つの方法がありますが，本書では未定係数法について述べます．

未定係数法は以下の定数係数の微分方程式

$$y'' + ay' + by = r(x) \tag{2.64}$$

において，この右辺 $r(x)$ が初等関数である指数関数，多項式，余弦関数，正弦関数，またはこれらの関数の積や和で表される場合に，その表された $r(x)$ に係数をかけたものを特殊解と仮定して，解を求める方法です．

したがって，仮定する特殊解は $r(x)$ に係数が付加されているだけで，$r(x)$ に近い関数となります．さらに，この係数は式 (2.64) を満たすように決定されます．一般的な解法としては，複雑ですが，定数係数法が利用されます．

未定係数法は簡単そうだけど，限定された $r(x)$ の関数のみに適用範囲が限定されちゃうんだね．

未定係数法は，微分方程式の特性根と $r(x)$ の関数形とにより，仮定する特殊解が決まります．以下に，$r(x)$ の関数別にその解法を具体的な例によって説明します．

なお，2 階線形非同次微分方程式（式 (2.64)）を同次形とした特性方程式を $y' = \dfrac{dy}{dx} = \lambda$ とおいて

$$\lambda^2 + a\lambda + b = 0 \tag{2.65}$$

とします.

例 2.6

$r(x) = A \cos \beta x$ または $r(x) = A \sin \beta x$ で,特性方程式が実根のとき,$r(x)$ が $A \cos \beta x$ または $A \sin \beta x$ だけでも特殊解 $u(x)$ を

$$u(x) = K \cos \beta x + L \sin \beta x \tag{2.66}$$

と仮定します.ここで,A, β は定数,K, L は係数です.これを特殊解 $u(x)$ に対する式 (2.64) に代入すると

$$
\begin{aligned}
u''&(x) + au'(x) + bu(x) \\
&= (K \cos \beta x + L \sin \beta x)'' + a(K \cos \beta x + L \sin \beta x)' \\
&\quad + b(K \cos \beta x + L \sin \beta x) \\
&= -\beta^2(K \cos \beta x + L \sin \beta x) - a\beta K \sin \beta x + a\beta L \cos \beta x \\
&\quad + bK \cos \beta x + bL \sin \beta x \\
&= \{(b - \beta^2)K + a\beta L\} \cos \beta x + \{(b - \beta^2)L - a\beta K\} \sin \beta x
\end{aligned}
$$

となります.したがって

$$
\begin{aligned}
&\{(b - \beta^2)K + a\beta L\} \cos \beta x + \{(b - \beta^2)L - a\beta K\} \sin \beta x \\
&= A \cos \beta x,\ \text{または,}\ A \sin \beta x \tag{2.67}
\end{aligned}
$$

と求められます.この両辺を比較して K と L を決めます.

具体的に $r(x) = A \cos \beta x$ を考えると,$A \cos \beta x$ から A と β が決まります.また,左右両辺における $\cos \beta x$ の係数項の比較により

$$(b - \beta^2)K + \alpha\beta L = A \tag{2.68}$$

となり,さらに,左辺には $\sin \beta x$ 項がないですが,$\sin \beta x$ 項があっても係数が 0 と考えれば,$\sin \beta x$ 項から

$$(b - \beta^2)L - \alpha\beta K = 0 \tag{2.69}$$

となります.最後に式 (2.68) と式 (2.69) の連立方程式を解いて K と L を決めます.

例題 2.8

$r(x) = A \cos \beta x$ または $r(x) = A \sin \beta x$ で，特性方程式が実根のとき，$y'' + y' - 3y = 5 \cos x$ の特殊解を求めなさい．

答え

$r(x) = 5 \cos x$ ですから $A = 5$，$\beta = 1$ となります．ゆえに $i\beta = i$ に対応する同次方程式の特性方程式 $\lambda^2 + \lambda - 3 = 0$ の解ではないので，特殊解 $u(x)$ を

$$u(x) = K \cos x + L \sin x$$

とします．次に，これを特殊解に対応する非同次線形微分方程式 (2.64) に代入すると

$$
\begin{aligned}
u''&(x) + u'(x) - 3u(x) \\
&= (K \cos x + L \sin x)'' + (K \cos x + L \sin x)' \\
&\quad - 3(K \cos x + L \sin x) \\
&= -K \cos x - L \sin x - K \sin x + L \cos x - 3K \cos x - 3L \sin x \\
&= (-4K + L) \cos x - (K + 4L) \sin x
\end{aligned}
$$

となります．この結果である右辺と設問の右辺から $A = 5$ となり，次式が立てられます．

$$
\begin{cases}
-4K + L = 5 \\
K + 4L = 0
\end{cases}
$$

この方程式を解くと $K = -\dfrac{20}{17}$，$L = \dfrac{5}{17}$ となります．

したがって，特殊解 $u(x)$ は次のように求まります．

$$u(x) = -\frac{20}{17} \cos x + \frac{5}{17} \sin x$$

例 2.7

$r(x) = A \cos \beta x$ または $r(x) = A \sin \beta x$ で，特性方程式の根が $\pm i\beta$ のとき，特性方程式が $a = 0$ かつ $b = \beta^2$ なので，$\cos \beta x$，$\sin \beta x$ は同次方程式の基本解となり，式 (2.66) は一般解となります．

したがって，特殊解を求めるためには，式 (2.66) を利用できません．このような場合は，下記の特殊解を利用します．

$$u(x) = Kx \cos \beta x + Lx \sin \beta x$$

これを，このときの特殊解に対応する非同次線形微分方程式に代入します．

$$
\begin{aligned}
u(x)'' + bu(x) &= (Kx \cos \beta x + Lx \sin \beta x)'' + bu(x) \\
&= -K\beta \sin \beta x - K\beta \sin \beta x - Kx\beta^2 \cos \beta x \\
&\quad + L\beta \cos \beta x + L\beta \cos \beta x - Lx\beta^2 \sin \beta x + bu(x) \\
&= -2K\beta \sin \beta x + 2L\beta \cos \beta x \\
&\quad - \beta^2 (Kx \cos \beta x + Lx \sin \beta x) + bu(x)
\end{aligned}
$$

ここで $Kx \cos \beta x + Lx \sin \beta x = u(x)$，また $b = \beta^2$ ですから，上式は

$$
\begin{aligned}
&-2K\beta \sin \beta x + 2L\beta \cos \beta x - \beta^2 u(x) + \beta^2 u(x) \\
&= -2K\beta \sin \beta x + 2L\beta \cos \beta x
\end{aligned}
$$

となり，これから

$$-2K\beta \sin \beta x + 2L\beta \cos \beta x = A \cos \beta x, \quad \text{または，} \quad A \sin \beta x$$

となります．この式の両辺を比較して，前述のように式 (2.68)，(2.69) から連立方程式を得たのと同様に，K と L の連立方程式を立てて計算し，特殊解を求めます．

例題 2.9

$r(x) = A \cos \beta x$ または $r(x) = A \sin \beta x$ で，特性方程式の根が $\pm i\beta$ のとき，$y'' + y = 6 \cos x$ の特殊解を求めなさい．

答え

$r(x) = 6 \cos x$ ですから $A = 6$, $\beta = 1$ となります．このとき，同次方程式の特性方程式は $a = 0$ ですので

$$\lambda^2 + 1 = 0$$

となります．この根は $\lambda = \pm i$ ですので，$i\beta = i$ が特性方程式の根になります．したがって，仮定する特殊解 $u(x)$ の右辺には x を付けなければなりません．$u(x)$ は

$$u(x) = Kx \cos x + Lx \sin x$$

となります．次にこれを特殊解に対応する非同次線形微分方程式(式 (2.64))に代入すると

$$\begin{aligned}
u''(x) + u(x) &= (Kx \cos x + Lx \sin x)'' + Kx \cos x + Lx \sin x \\
&= -K \sin x - K \sin x - Kx \cos x + L \cos x \\
&\quad + L \cos x - Lx \sin x + Kx \cos x + Lx \sin x \\
&= -2K \sin x + 2L \cos x
\end{aligned}$$

となります．$u''(x) + u(x) = r(x)$ なので

$$-2K \sin x + 2L \cos x = 6 \cos x$$

となり，この式の両辺を比較します．

$$\begin{cases} -2K = 0 \\ 2L = 6 \end{cases}$$

これより，$K = 0$, $L = 3$ となります．
したがって，特殊解 $u(x)$ は

$$u(x) = 3x \sin x$$

となります．

例 2.8

定数係数非同次微分方程式の右辺が

$$r(x) = Ae^{\alpha x} \tag{2.70}$$

である場合，この A, α は定数です．

ここで，未定係数法では，この $r(x)$ に係数 K を付けて特殊解として仮定し

$$u(x) = Ke^{\alpha x}$$

とおきます．これを特殊解 $u(x)$ に対する式 (2.64) に代入すると

$$
\begin{aligned}
u''(x) + au'(x) + bu(x) &= (Ke^{\alpha x})'' + a(Ke^{\alpha x})' + b(Ke^{\alpha x}) \\
&= \alpha^2 Ke^{\alpha x} + \alpha a Ke^{\alpha x} + bKe^{\alpha x} \\
&= (\alpha^2 + \alpha a + b)Ke^{\alpha x} \\
&= P(\alpha)Ke^{\alpha x}
\end{aligned}
\tag{2.71}
$$

となります．ただし，$P(\alpha) = \alpha^2 + \alpha a + b$ とします．

ここで，式 (2.70) と式 (2.71) の右辺は等しくなるはずですから

$$P(\alpha)Ke^{\alpha x} = Ae^{\alpha x}$$

となり，これより係数 K は

$$K = \frac{A}{P(\alpha)}$$

と決まります．これから特殊解 $u(x)$ は

$$u(x) = Ke^{\alpha x} \tag{2.72}$$

となります．ただし，$K = \dfrac{A}{P(\alpha)}$ です．

例題 2.10

定数係数非同次微分方程式の右辺が $r(x) = Ae^{\alpha x}$ のとき，$y'' - 6y' + 8y = 5e^{-3x}$ の特殊解を求めなさい．

答え

設問の $r(x)$ は

$$r(x) = 5e^{-3x}$$

であり，これから，$A = 5$，$\alpha = -3$ となります.

また，与式に対応する同次方程式の特性方程式は

$$\lambda^2 - 6\lambda + 8 = 0$$

$$(\lambda - 2)(\lambda - 4) = 0$$

となります. これは 2 つの異なる実根 $\lambda_1 = 2$，$\lambda_2 = 4$ をもちます. また，$\alpha = -3$ であり，したがって同次方程式の特性方程式の解ではありません.

このために特殊解 $u(x)$ は

$$u(x) = Ke^{-3x}$$

とします. 次に，これを特殊解に対応する非同次線形微分方程式 (式 (2.64)，124 ページ) に代入します.

$$
\begin{aligned}
u''(x) - 6u'(x) + 8u(x) &= (Ke^{-3x})'' - 6(Ke^{-3x})' + 8Ke^{-3x} \\
&= 9Ke^{-3x} - 6(-3)Ke^{-3x} + 8Ke^{-3x} \\
&= 35Ke^{-3x}
\end{aligned}
$$

この結果と $r(x) = 5e^{-3x}$ の比較から

$$35Ke^{-3x} = 5e^{-3x}$$

$$K = \frac{1}{7}$$

であることがわかります. したがって，特殊解 $u(x)$ は

$$u(x) = \frac{1}{7}e^{-3x}$$

と求まります.

例 2.9

$r(x) = Ae^{\alpha x}$ かつ α が特性方程式の根のとき，α が特性方程式の解となるために，$P(\alpha) = 0$ となり，特殊解の係数 K を決められないので，式 (2.72) を利用できません．そのために，式 (2.58) の場合で利用したように，係数を x の関数であるとして，特殊解を次のように仮定して計算します．

$$u(x) = Kc(x)e^{\alpha x}$$

この式を式 (2.64) の左辺に，$y = u(x)$ として代入して計算すると

$$
\begin{aligned}
u''(x) + au'(x) + bu(x) &= (Kc(x)e^{\alpha x})'' + a(Kc(x)e^{\alpha x})' + b(Kc(x)e^{\alpha x}) \\
&= Kc''(x)e^{\alpha x} + \alpha Kc'(x)e^{\alpha x} + \alpha Kc'(x)e^{\alpha x} \\
&\quad + \alpha^2 Kc(x)e^{\alpha x} + aKc'(x)e^{\alpha x} + a\alpha Kc(x)e^{\alpha x} \\
&\quad + bKc(x)e^{\alpha x} \\
&= Kc''(x)e^{\alpha x} + (2\alpha + a)Kc'(x)e^{\alpha x} \\
&\quad + (\alpha^2 + \alpha b + b)Kc(x)e^{\alpha x}
\end{aligned}
$$

となります．ここで $P(\alpha) = \alpha^2 + \alpha a + b$ とおくと，$P'(\alpha) = 2\alpha + a$ となるので上式は

$$Kc''(x)e^{\alpha x} + P'(\alpha)Kc'(x)e^{\alpha x} + P(\alpha)Kc(x)e^{\alpha x}$$

となり，さらに，$P(\alpha) = 0$ であるために

$$Kc''(x)e^{\alpha x} + P'(\alpha)Kc'(x)e^{\alpha x} = (Kc''(x) + P'(\alpha)Kc'(x))e^{\alpha}x$$

となります．この右辺は $r(x)$ なので式 (2.70) より

$$(Kc''(x) + P'(\alpha)Kc'(x))e^{\alpha x} = Ae^{\alpha x}$$
$$Kc''(x) + P'(\alpha)Kc'(x) = A \tag{2.73}$$

となります．

これは，特性方程式 $P(\lambda) = 0$ の根の数によって，特殊解がどのようになるかを導出したものとなっています．したがって，以下，式 (2.73) を利用して場合分けします．

①　特性方程式 $P(\lambda)$ が異なる実根 λ_1, λ_2 をもつ場合

α がこの実根のどちらかに等しいとき，例として式 (2.73) を満たす簡単な解には

$$c(x) = x \qquad (c''(x) = 0, \ c'(x) = 1)$$

があります．この場合は特殊解を次のようにおいて解きます．

$$u(x) = Kxe^{\alpha x} \qquad \left(\text{ただし}, \quad K = \frac{A}{P'(x)}\right) \tag{2.74}$$

②　特性方程式 $P(\lambda)$ が重根 $\lambda = \alpha$ をもつ場合

この場合は，$P(\alpha) = 0$, $P'(\alpha) = 0$ であるときの式 (2.73) は

$$Kc''(x) = A$$

となります．例として，これを満たす簡単な解には

$$c(x) = x^2 \qquad (c''(x) = 2, \ c'(x) = 2x)$$

があります．したがって，特殊解は次のようにおいて解きます．

$$u(x) = Kx^2 e^{\alpha x} \qquad (\text{ただし} \quad K = \frac{A}{2})$$

このように，特性方程式の根により，式 (2.74) を使って適当な係数を探すことができます．

例題 2.11

$r(x) = Ae^{\alpha x}$，かつ，特性方程式の根が α のとき，$y'' - 6y' + 8y = 6e^{4x}$ の特殊解を求めなさい．

答え

設問の $r(x)$ は

$$r(x) = 6e^{4x}$$

なので，これより，$A = 6$, $\alpha = 4$ となります．

また，与えられた式に対応する同次方程式の特性方程式は

$$\lambda^2 - 6\lambda + 8 = 0$$

$$(\lambda - 2)(\lambda - 4) = 0$$

となります．これは 2 つの異なる実根 $\lambda_1 = 2$，$\lambda_2 = 4$ をもちます．また，$\alpha = 4$ は同次方程式の特性方程式における 1 つの根と同じです．

このために特殊解は

$$u(x) = Kxe^{4x}$$

とできます．次に，これを特殊解に対応する非同次線形微分方程式 (2.64) に代入します．

$$
\begin{aligned}
u''(x) - 6u'(x) + 8u(x) &= (Kxe^{4x})'' - 6(Kxe^{4x})' + 8(Kxe^{4x}) \\
&= 4Ke^{4x} + 4Ke^{4x} + 16Kxe^{4x} \\
&\quad - 6Ke^{4x} - 24Kxe^{4x} + 8Kxe^{4x} \\
&= 2Ke^{4x}
\end{aligned}
$$

この結果と $r(x) = 6e^{4x}$ の比較から

$$
\begin{cases}
2Ke^{4x} = 6e^{4x} \\
K = 3
\end{cases}
$$

であることがわかります．したがって，特殊解 $u(x)$ は，$u(x) = 3xe^{4x}$ と求まります．

章 末 問 題

2.1 次の 1 階常微分方程式を解きなさい.

(1)　$y' = e^x$

(2)　$y' = xy(x+2)$

(3)　$y' = \dfrac{\sin x}{\sin y}$

(4)　$y' = \dfrac{x-y}{x+y}$

(5)　$y' = -\dfrac{2xy}{x^2 - y^2}$

(6)　$y' = x - y$

(7)　$y' = x^2 y^6 - \dfrac{y}{x}$

(8)　$y' - y = x + 1$

(9)　$y' + 2y = x^2$

(10)　$y' + y = -\dfrac{y}{x}$

(11)　$(y + 3x)\,dx + x\,dy = 0$

(12)　$(x - y)\,dx + \left(\dfrac{1}{y^2} - x \right) dy = 0$

(13)　$2xy\,dx - (y^2 - x^2)\,dy = 0$

(14)　$(x^2 + y^2)\,dx + 2xy\,dy = 0$

2.2 次の 2 階微分方程式を解きなさい.

(1)　$y'' - 2y' - 3y = 0$

(2)　$y'' - 3y' - 4y = 0$

(3)　$y'' + 4y' + 4y = 0$

(4)　$y'' + 6y' + 9y = 0$

(5)　$y'' - 3y' + 4y = 0$

(6)　$y'' - 2y' + 4y = 0$

(7)　$y'' - 5y' + 6y = 17e^{-3x}$

(8)　$y'' - y' - 3y = 10e^{-3x}$

(9)　$y'' - 4y' + 3y = 5e^{3x}$

(10)　$y'' + 4y' - 12y = 4e^{2x}$

(11)　$y'' + y' - 12y = 10 \cos x$

(12)　$y'' + y' = 5 \cos x$

第 **3** 章

ラプラス変換

理工学の問題，例えば電気回路にみられる過渡現象を解析すると
き，ラプラス変換はとても有効な手法です．その基本となる RLC 回
路で導かれる 2 階の常微分方程式は，ラプラス変換することで，簡
単な 2 次方程式に変換されます．

この方程式を代数計算で解き，その解をラプラス逆変換することで
微分方程式の解が得られます．

本章では，ラプラス変換の定義，性質などの基礎を学んだ後，微分
方程式の解法手順にしたがい，具体的なラプラス変換，その後の代数
処理，そしてラプラス逆変換と解説を進めます．

また，微分方程式のラプラス変換で生成された像関数は伝達関数と
呼ばれ，線形システムを扱ううえで重要な関数です．本章では伝達関
数に言及します．

3.1 ラプラス変換の基礎

3.1.1 ラプラス変換の定義

$0 \leq t < \infty$ の任意区間で積分可能な関数 $f(t)$ について

$$F(s) = \int_0^\infty e^{-st} f(t)\, dt \tag{3.1}$$

となる積分変換を定義します．ここで s は**複素変数**を表し，$f(t)$ を**原関数**，

$F(s)$ を**像関数**と呼ばれます.

このとき,関数 $F(s)$ をもとの関数 $f(t)$ の**ラプラス変換**と呼び,次のように記号 $\mathscr{L}$ を使って表します.

$$\mathscr{L}\{f(t)\} = F(s) = \int_0^\infty e^{-st} f(t)\, dt$$

また,$F(s)$ の**ラプラス逆変換**は関数 $f(t)$ となり

$$f(t) = \mathscr{L}^{-1}(F(s)) \tag{3.2}$$

と表されます.

例 3.1

基本的な関数のラプラス変換を,その定義にしたがい求めてみましょう.

関数 $f(t) = t$ のラプラス変換 $F(s)$ は

$$F(s) = \int_0^\infty e^{-st} f(t)\, dt = \int_0^\infty e^{-st} t\, dt$$

となります.この計算は次の部分積分の公式を用いて行います.

$$\int u'(t)\, v(t)\, dt = u(t)\, v(t) - \int u(t)\, v'(t)\, dt \tag{3.3}$$

ここで

$$u' = e^{-st}, \quad v = t$$

とすると

$$u = -\frac{1}{s} e^{-st}, \quad v' = 1$$

となります.よって

$$F(s) = \int_0^\infty e^{-st} t\, dt = \left[-\frac{1}{s} e^{-st}\, t \right]_0^\infty - \int_0^\infty \left(-\frac{1}{s} e^{-st} \right) dt$$

$$= \left[-e^{-st} \left(\frac{1}{s} t + \frac{1}{s^2} \right) \right]_0^\infty = \frac{1}{s^2}$$

$$\therefore\ \mathscr{L}\{t\} = \frac{1}{s^2}$$

となります.関数 $f(t) = t^2$ の場合,t も同様に部分積分を 2 回適用し

$$F(s) = \int_0^\infty e^{-st} f(t) \, dt$$
$$= \int_0^\infty e^{-st} t^2 \, dt = \left[-\frac{1}{s} e^{-st} t^2 \right]_0^\infty$$
$$- \int_0^\infty \left(-\frac{1}{s} e^{-st} \cdot 2t \right) dt$$
$$= \left[-\frac{1}{s} e^{-st} t^2 \right]_0^\infty - \left(-\frac{2}{s} \right) \int_0^\infty e^{-st} t \, dt$$
$$= \left[-e^{-st} \left(\frac{1}{s} t^2 + \frac{2}{s^2} t + \frac{2}{s^3} \right) \right]_0^\infty = \frac{2!}{s^3}$$
$$\therefore \ \mathscr{L}\{t^2\} = \frac{2!}{s^3}$$

となります.

また，$f(t) = t^n$（n は自然数）のラプラス変換は上と同様の過程を繰り返すことで導出できます．したがって，解は帰納的に

$$\mathscr{L}\{t^n\} = \int_0^\infty e^{-st} t^n \, dt = \frac{n!}{s^{n+1}} \tag{3.4}$$

となります.

例題 3.1

$f(t) = e^{at}$ のラプラス変換が

$$\mathscr{L}\{e^{at}\} = \frac{1}{s-a}$$

となることを証明しなさい.

答え

ラプラス変換の定義より

$$F(s) = \int_0^\infty e^{-st} f(t) \, dt$$
$$= \int_0^\infty e^{-st} e^{at} \, dt$$
$$= \int_0^\infty e^{-(s-a)t} \, dt = \left[\frac{-1}{s-a} e^{-(s-a)t} \right]_0^\infty = \frac{1}{s-a}$$

$$\therefore \ \mathscr{L}\{e^{at}\} = \frac{1}{s-a}$$

例題 3.2

$f(t) = \cos at$ および $g(t) = \sin at$ のラプラス変換を求めなさい.

答え

ラプラス変換の定義より，部分積分を用いると

$$\begin{aligned}
F(s) &= \int_0^\infty e^{-st} f(t)\, dt \\
&= \int_0^\infty e^{-st} \cos at\, dt \\
&= \int_0^\infty \left(-\frac{1}{s} e^{-st}\right)' \cos at\, dt \\
&= \left[-\frac{1}{s} e^{-st} \cos at\right]_0^\infty - \int_0^\infty \left(-\frac{1}{s} e^{-st}\right)(-a \sin at)\, dt \\
&= \left[-\frac{1}{s} e^{-st} \cos at\right] - \frac{a}{s} \int_0^\infty e^{-st} \sin at\, dt \\
&= \left[-\frac{1}{s} e^{-st} \cos at\right]_0^\infty \\
&\quad - \frac{a}{s}\left\{\left[-\frac{1}{s} e^{-st} \sin at\right]_0^\infty + \frac{a}{s} \int_0^\infty e^{-st} \cos at\, dt\right\} \\
&= \left[-\frac{1}{s} e^{-st} \cos at + \frac{a}{s^2} e^{-st} \sin at\right]_0^\infty \\
&\quad - \frac{a^2}{s^2} \int_0^\infty e^{-st} \cos at\, dt \\
&= \left[-\frac{1}{s} e^{-st} \cos at + \frac{a}{s^2} e^{-st} \sin at\right]_0^\infty - \frac{a^2}{s^2} F(s)
\end{aligned}$$

よって

$$\frac{s^2 + a^2}{s^2} F(s) = \left[-\frac{1}{s} e^{-st} \cos at + \frac{a}{s^2} e^{-st} \sin at\right]_0^\infty = \frac{1}{s}$$

$$\therefore \ \mathscr{L}[\cos at] = \frac{s}{s^2 + a^2} \tag{3.5}$$

次に $g(t) = \sin at$ のラプラス変換を $G(s)$ とすると

$$G(s) = \int_0^\infty e^{-st} g(t)\, dt = \int_0^\infty e^{-st} \sin at\, dt$$

ここで $\mathscr{L}\{\cos at\}$ の導出過程より

$$F(s) = \left[-\frac{1}{s} e^{-st} \cos at \right]_0^\infty - \frac{a}{s} \int_0^\infty e^{-st} \sin at\, dt$$

$$= \left[-\frac{1}{s} e^{-st} \cos at \right]_0^\infty - \frac{a}{s} G(s) = \frac{1}{s} - \frac{a}{s} G(s)$$

よって

$$G(s) = \frac{s}{a} \left(\frac{1}{s} - F(s) \right)$$

$$= \frac{s}{a} \left(\frac{1}{s} - \frac{s}{s^2 + a^2} \right)$$

$$= \frac{1}{a} \left(1 - \frac{s^2}{s^2 + a^2} \right) = \frac{a}{s^2 + a^2}$$

$$\therefore\ \mathscr{L}[\sin at] = \frac{a}{s^2 + a^2} \tag{3.6}$$

ラプラス変換などの積分変換では部分積分の公式を使う機会が
頻繁に出てくるよ.

3.1.2 ラプラス変換の基本的性質

$f(t)$ と $g(t)$ のラプラス変換が存在するとき，任意の定数 a，b に対し，次の
関係が成り立ちます.

$$\mathscr{L}\{af(t) + bg(t)\} = a \cdot \mathscr{L}\{f(t)\} + b \cdot \mathscr{L}\{g(t)\} \qquad \textbf{(線形性)} \tag{3.7}$$

$$\mathscr{L}\{f(at)\} = \frac{1}{a} F\left(\frac{s}{a} \right) \qquad \textbf{(相似性)} \tag{3.8}$$

$$\mathscr{L}\{e^{at} f(t)\} = F(s - a) \qquad \textbf{(第一移動定理)} \tag{3.9}$$

これらの関係はラプラス変換，ラプラス逆変換を行うときに役立ちます.

式 (3.7), (3.8), (3.9) の関係について定義式 (3.1) をもとに証明しておきましょう.

例 3.2

〔線形性の証明〕

$$\mathscr{L}\{af(t) + bg(t)\} = \int_0^\infty e^{-st}(af(t) + bg(t))\,dt$$
$$= a\int_0^\infty e^{-st}f(t)\,dt + b\int_0^\infty e^{-st}g(t)\,dt$$
$$= a\cdot\mathscr{L}\{f(t)\} + b\cdot\mathscr{L}\{g(t)\}$$

〔相似性の証明〕

$$\mathscr{L}\{f(at)\} = \int_0^\infty e^{-st}f(at)\,dt$$

ここで $at = x$ とし置換積分を行うと

$$\int_0^\infty e^{-st}f(at)\,dt = \int_0^\infty e^{-\frac{s}{a}x}f(x)\frac{dx}{a} = \frac{1}{a}\int_0^\infty e^{-\frac{s}{a}x}f(x)\,dx$$
$$= \frac{1}{a}F\left(\frac{s}{a}\right)$$
$$\therefore\ \ \mathscr{L}\{f(at)\} = \frac{1}{a}F\left(\frac{s}{a}\right)$$

〔第一移動定理の証明〕

$$\mathscr{L}\{e^{at}f(t)\} = \int_0^\infty e^{-st}e^{at}f(t)\,dt = \int_0^\infty e^{-(s-a)t}f(t)\,dt = F(s-a)$$

また, このラプラス逆変換は

$$\mathscr{L}^{-1}\{F(s-a)\} = e^{at}f(t) \tag{3.10}$$

となります.

この関係は, 常微分方程式を解くときによく用いられるそうだよ.

3.1.3 導関数のラプラス変換

関数 $f(t)$ が $t \geq 0$ で連続，かつ任意区間でその導関数が積分可能であるとき，関数 $f(t)$ の導関数 $f'(t)$，および $f''(t)$ のラプラス変換は，$f(t)$ のラプラス変換を $F(s)$ とすると次のとおりになります．

$$\mathscr{L}(f'(t)) = sF(s) - f(0) \tag{3.11}$$

$$\mathscr{L}(f''(t)) = s^2 F(s) - sf(0) - f'(0) \tag{3.12}$$

導関数のラプラス変換は，常微分方程式を解くときに適用されます．

例 3.3

ラプラス変換の定義式 (3.1) をもとに，関数 $f(t)$ の導関数 $f'(t)$ のラプラス変換を求めてみましょう．やはり部分積分（式 (3.3)）を用いることにより，以下のとおり導かれます．

$$\mathscr{L}(f') = \int_0^\infty e^{-st} f'(t)\, dt$$
$$= [e^{-st} f(t)]_0^\infty - \int_0^\infty (e^{-st})' f(t)\, dt$$
$$= (0 - f(0)) + s \int_0^\infty e^{-st} f(t)\, dt$$
$$\therefore \ \mathscr{L}\{f'(t)\} = sF(s) - f(0)$$

例題 3.3

2 階導関数 $f''(t)$ のラプラス変換を求めよ．

答え

部分積分を適用し，$f'(t)$ のラプラス変換を利用すると

$$\mathscr{L}\{f''(t)\} = \int_0^\infty e^{-st} f''(t)\, dt$$
$$= [e^{-st} f'(t)]_0^\infty - \int_0^\infty (e^{-st})' f'(t)\, dt$$
$$= (0 - f'(0)) + s \int_0^\infty e^{-st} f'(t)\, dt$$

$$= -f'(0) + s\mathscr{L}\{f'(t)\}$$
$$= s[sF(s) - f(0)] - f'(0) = s^2 F(s) - sf(0) - f'(0)$$

となります.

さらに, n 階の導関数に適用すると

$$\mathscr{L}(f^{(n)}) = s^n \mathscr{L}(f) - s^{n-1} f(0) - s^{n-2} f'(0) - \cdots - f^{(n-1)}(0) \tag{3.13}$$

が帰納的に求まります.

3.1.4　積分関数のラプラス変換

次に $f(t)$ の積分関数のラプラス変換についてみていきましょう. $f(t)$ のラプラス変換を $F(s)$ とすると, 積分関数のラプラス変換は

$$\mathscr{L}\left\{ \int_0^t f(\tau)\,d\tau \right\} = \frac{1}{s} F(s) \tag{3.14}$$

となります. この関係を部分積分 (式 (3.3), 136 ページ) を使って導出します.

$$\mathscr{L}\left\{ \int_0^t f(\tau)\,d\tau \right\} = \int_0^\infty e^{-st} \left\{ \int_0^t f(\tau)\,d\tau \right\} dt$$
$$= \underbrace{\left[-\frac{1}{s} e^{-st} \left\{ \int_0^t f(\tau)\,d\tau \right\} \right]_0^\infty}_{=0} - \int_0^\infty \left\{ -\frac{1}{s} e^{-st} \right\} \underbrace{\left\{ \int_0^t f(\tau)\,d\tau \right\}'}_{=f(t)} dt$$
$$= \frac{1}{s} \int_0^\infty e^{-st} f(t)\,dt$$
$$= \frac{1}{s} F(s)$$

また, この場合のラプラス逆変換は

$$\mathscr{L}^{-1}\left\{ \frac{1}{s} F(s) \right\} = \int_0^t f(\tau)\,d\tau \tag{3.15}$$

となります.

代表的な関数 $f(t)$ について, そのラプラス変換との対応を表 3.1 にまとめます.

表 3.1 ラプラス変換の対応表

	$f(t)$ $(t>0)$	$F(s)$		$f(t)$ $(t>0)$	$F(s)$
①	1	$\dfrac{1}{s}$	⑨	$t\cos at$	$\dfrac{s^2-a^2}{(s^2+a^2)^2}$
②	t^n	$\dfrac{n!}{s^{n+1}}$	⑩	$f(t)e^{at}$	$F(s-a)$
③	e^{at}	$\dfrac{1}{s-a}$	⑪	$f(t-a)$ $(t>a)$	$e^{-as}F(s)$
④	$\dfrac{e^{at}-e^{bt}}{a-b}$	$\dfrac{1}{(s-a)(s-b)}$	⑫	$f(at)$	$\dfrac{1}{a}F\left(\dfrac{s}{a}\right)$
⑤	$\cos at$	$\dfrac{s}{s^2+a^2}$	⑬	$f'(t)$	$sF(s)-f(0)$
⑥	$\sin at$	$\dfrac{a}{s^2+a^2}$	⑭	$f''(t)$	$s^2F(s)-sf(0)-f'(0)$
⑦	$e^{at}\cos bt$	$\dfrac{s-a}{(s-a)^2+b^2}$	⑮	$\displaystyle\int_0^t f(\tau)\,d\tau$	$\dfrac{1}{s}F(s)$
⑧	$e^{at}\sin bt$	$\dfrac{b}{(s-a)^2+b^2}$	⑯	$tf(t)$	$-F'(s)$

3.2　常微分方程式のラプラス変換による解法

　ラプラス変換を用いた常微分方程式とその初期値問題，境界値問題の解法は，以下に示す 3 つのステップで行われます．

① 常微分方程式のラプラス変換
② ラプラス変換で得られた補助方程式の代数処理による $F(s)$ の導出
③ $F(s)$ のラプラス逆変換による解の導出

　ここで初期値は，ラプラス変換のとき補助方程式に組み込まれています．この手順を図 3.1 にまとめます．解法の過程を，理工学でよくみられる 2 階線形同次常微分方程式を例題にして，みていきましょう．

3.2.1　常微分方程式のラプラス変換による解法の手順

　2 階線形同次常微分方程式

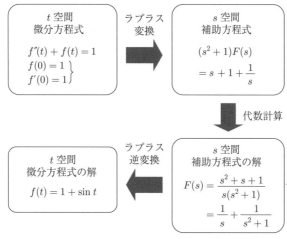

図 3.1　常微分方程式の解法

$$\frac{d^2}{dt^2}y(t) + 4\frac{d}{dx}y(t) + 13y(t) = 0$$

を，初期値 $y(0) = 3$, $y'(0) = 2$ について，ラプラス変換を用いて解いていきます.

ステップ 1：ラプラス変換

微分方程式

$$y''(t) + 4y'(t) + 13y(t) = 0$$

にラプラス変換を施すと

$$\mathscr{L}\{y''(t)\} + 4\mathscr{L}\{y'(t)\} + 13\mathscr{L}\{y(t)\} = 0$$

となり，ここで $y(t)$ のラプラス変換 $\mathscr{L}\{y(t)\} = Y(s)$ とすると

$$\{s^2 Y(s) - sy(0) - y'(0)\} + 4\{sY(s) - y(0)\} + 13Y(s) = 0$$

となります．次に $Y(s)$ について整理すると

$$(s^2 + 4s + 13)\,Y(s) - (s + 4)y(0) - y'(0) = 0$$

となり，これを**補助方程式**と呼びます．

ステップ 2：補助方程式の代数処理

次に初期値 $y(0) = 3$, $y'(0) = 5$ を補助方程式に代入し，$Y(s)$ について整理すると

$$(s^2 + 4s + 13)\, Y(s) = (s + 4)\, y(0) + y'(0)$$

$$(s^2 + 4s + 13)\, Y(s) = 3(s + 4) + 2 = 3s + 14$$

$$\therefore\ Y(s) = \frac{3s + 14}{s^2 + 4s + 13}$$

となり，s の有理関数の形をとります．ここでラプラス逆変換（表 3.1 の⑦，⑧）を考慮し

$$
\begin{aligned}
Y(s) &= \frac{3s + 14}{s^2 + 4s + 13} \\
&= \frac{3(s + 2) + 8}{(s + 2)^2 + 9} \\
&= 3 \cdot \frac{s + 2}{(s + 2)^2 + 9} + \frac{8}{3} \cdot \frac{3}{(s + 2)^2 + 9}
\end{aligned}
$$

と展開できます．

ステップ 3：ラプラス逆変換

代数処理した補助方程式をラプラス逆変換すると

$$
\begin{aligned}
y(t) &= \mathscr{L}^{-1}\{Y(s)\} \\
&= 3 \cdot \mathscr{L}^{-1}\left\{\frac{s + 2}{(s + 2)^2 + 9}\right\} + \frac{8}{3} \cdot \mathscr{L}^{-1}\left\{\frac{3}{(s + 2)^2 + 9}\right\} \\
&= 3e^{-2t} \mathscr{L}^{-1}\left\{\frac{s}{s^2 + 9}\right\} + \frac{8}{3} e^{-2t} \mathscr{L}^{-1}\left\{\frac{3}{s^2 + 9}\right\} \\
&= 3e^{-2t} \cos 3t + \frac{8}{3} e^{-2t} \sin 3t \\
\therefore\ y(t) &= e^{-2t}\left(3 \cos 3t + \frac{8}{3} \sin 3t\right)
\end{aligned}
$$

となり，常微分方程式の解が求まります．

この解法では，補助方程式の代数処理の段階ですでに初期値が代入されているから，一般解を求めずに直接，特殊解が求まるのね．

次に各ステップについて，いくつかの例をみていきましょう．

3.2.2　常微分方程式のラプラス変換

ここでは導関数のラプラス変換が主役です．

例題 3.4

常微分方程式 $y''(t) + 4y'(t) + 3y(t) = 6$ について，初期条件 $y(0) = 0$, $y'(0) = 0$ のとき，$y(t)$ のラプラス変換を求めよ．

答え

常微分方程式 $y''(t) + 4y'(t) + 3y(t) = 6$ の両辺をラプラス変換すると

$$\mathscr{L}\{y''(t)\} + 4\mathscr{L}\{y'(t)\} + 3\mathscr{L}\{y(t)\} = \mathscr{L}\{6\}$$

ここで $y(t)$ のラプラス変換を $\mathscr{L}\{y(t)\} = Y(s)$ として，初期条件を代入すると

$$\{s^2 Y(s) - sy(0) - y'(0)\} + 4\{sY(s) - y(0)\} + 3Y(s) = \frac{6}{s}$$

$$(s^2 + 4s + 3)\,Y(s) = \frac{6}{s}$$

$$\therefore\ Y(s) = \frac{6}{s(s^2 + 4s + 3)}$$

例題 3.5

$$y'(t) + 2y(t) + 5\int_0^t y(\tau)\,d\tau = 2$$ について，初期条件 $y(0) = 0$ のとき，$y(t)$ のラプラス変換を求めよ．

答え

微分方程式の両辺をラプラス変換すると

$$\mathscr{L}\{y'(t)\} + 2\mathscr{L}\{y(t)\} + 5\mathscr{L}\left\{\int_0^t y(\tau)\,d\tau\right\} = \mathscr{L}\{2\}$$

ここで $y(t)$ のラプラス変換 $\mathscr{L}\{y(t)\} = Y(s)$ として初期条件を代入すると

$$\{sY(s) - y(0)\} + 2Y(s) + \frac{5Y(s)}{s} = \frac{2}{s}$$
$$\left(s + 2 + \frac{5}{s}\right)Y(s) = \frac{2}{s}$$
$$\therefore\ Y(s) = \frac{2}{s^2 + 2s + 5}$$

例題 3.6

$y''(t) + 25y(t) = 2\cos 5t$ について，初期条件 $y(0) = 0$, $y'(0) = 0$ のとき，$y(t)$ のラプラス変換を求めよ．

答え

常微分方程式の両辺をラプラス変換すると

$$\mathscr{L}\{y''(t)\} + 25\mathscr{L}\{y(t)\} = 2\mathscr{L}\{\cos 5t\}$$

ここで，$y(t)$ のラプラス変換を $\mathscr{L}\{y(t)\} = Y(s)$ として，初期条件を代入すると

$$\{s^2 Y(s) - sy(0) - y'(0)\} + 25Y(s) = \frac{2s}{s^2 + 25}$$
$$(s^2 + 25)\,Y(s) = \frac{2s}{s^2 + 25}$$
$$\therefore\ Y(s) = \frac{2s}{(s^2 + 25)^2}$$

3.2.3 補助方程式の代数処理とラプラス逆変換

補助方程式のラプラス逆変換を行ううえでの基本的な代数処理について例を示していきましょう．

例題 3.7

$Y(s) = \dfrac{1}{(s+1)^3}$ のラプラス逆変換を求めなさい.

答え

第一移動定理を考慮すると

$$
\begin{aligned}
y(t) &= \mathscr{L}^{-1}\{Y(s)\} \\
&= \mathscr{L}^{-1}\left\{\frac{1}{(s+1)^3}\right\} \\
&= e^{-t} \cdot \mathscr{L}^{-1}\left\{\frac{1}{s^3}\right\} \\
&= e^{-t} \cdot \frac{1}{2!} \underbrace{\mathscr{L}^{-1}\left\{\frac{2!}{s^3}\right\}}_{=t^2} = \frac{1}{2} t^2 e^{-t}
\end{aligned}
$$

となります.

例題 3.8

$Y(s) = \dfrac{1}{s^2 + 5s + 6}$ のラプラス逆変換を求めなさい.

答え

分母が因数分解できることに注目し

$$
Y(s) = \frac{1}{s^2 + 5s + 6} = \frac{1}{(s+2)(s+3)} = \frac{1}{s+2} - \frac{1}{s+3}
$$

と変形することができます. したがって

$$
\begin{aligned}
y(t) &= \mathscr{L}^{-1}\{Y(s)\} \\
&= \mathscr{L}^{-1}\left\{\frac{1}{s+2}\right\} - \mathscr{L}^{-1}\left\{\frac{1}{s+3}\right\} \\
&= e^{-2t} - e^{-3t}
\end{aligned}
$$

となります.

例題 3.9

$Y(s) = \dfrac{2}{s^2 + 2s + 5}$ のラプラス逆変換を求めなさい.

答え

第一移動定理（式 (3.9), 139 ページ）を考慮すると,

$$
\begin{aligned}
y(t) = \mathscr{L}^{-1}\{Y(s)\} &= \mathscr{L}^{-1}\left\{\frac{2}{s^2 + 2s + 5}\right\} \\
&= \mathscr{L}^{-1}\left\{\frac{2}{(s+1)^2 + 4}\right\} \\
&= e^{-t}\mathscr{L}^{-1}\left\{\frac{2}{s^2 + 4}\right\} = e^{-t}\sin 2t
\end{aligned}
$$

となります.

例題 3.10

$F(s) = \dfrac{5}{s(s^2 + 25)}$ のラプラス逆変換を求めなさい.

答え

〔解 1〕 $\dfrac{1}{s}$ に着目し, 積分のラプラス変換公式（表 3.1⑮）を用います.

$$
G(s) = \frac{5}{s^2 + 25}
$$

とすると, このラプラス逆変換は $g(t) = \sin 5t$ となります. $F(s)$ のラプラス逆変換について積分のラプラス変換公式を適用すると

$$
\begin{aligned}
\mathscr{L}^{-1}\{F(s)\} &= \mathscr{L}^{-1}\left\{\frac{1}{s}G(s)\right\} \\
&= \int_0^t g(\tau)\,d\tau \\
&= \int_0^t \sin 5\tau\,d\tau = \left[\frac{1}{5}(-\cos 5\tau)\right]_0^t = \frac{1}{5}(1 - \cos 5t)
\end{aligned}
$$

となります.

〔**解 2**〕　$F(s)$ について部分分数に展開します.

$$F(s) = \frac{5}{s(s^2 + 25)} = \frac{a}{s} + \frac{bs + c}{s^2 + 25}$$

とおいて，係数比較から a, b, c を求めると

$$F(s) = \frac{5}{s(s^2 + 25)}$$
$$= \frac{1}{5} \cdot \frac{1}{s} - \frac{1}{5} \cdot \frac{s}{s^2 + 25} = \frac{1}{5} \left(\frac{1}{s} - \frac{s}{s^2 + 25} \right)$$

となります. したがって

$$\mathscr{L}^{-1}\{F(s)\} = \frac{1}{5} \mathscr{L}^{-1} \left(\frac{1}{s} - \frac{s}{s^2 + 25} \right)$$
$$= \frac{1}{5}(1 - \cos 5t)$$

となり，解 1 と同じ答えが得られます.

> ラプラス変換を用いた常微分方程式は，s の有理関数となる補助方程式の代数処理（3.2.1 項のステップ 2，145 ページ）で逆変換が簡単な項（変換表〔表 3.1〕に記されている）の和に変形することがポイントだね.

　解 2 の部分分数を使った解法は**ヘビサイド展開**と呼ばれており，3.4 節で詳しく解説します.

3.3　ラプラス変換を究める

　前節ではラプラス変換を用いた常微分方程式の初期値問題の解法について説明しました. しかし，これらの問題は第 2 章で示した通常の方法でも簡単に解くことができます.

　ここでは，ステップ関数を定義し，パルス信号の生成およびそのラプラス変換を示します. さらに，デルタ関数のラプラス変換を導出します.

3.3.1 ステップ関数とデルタ関数

(1) ステップ関数

単位ステップ関数を次のように定義します.

$$u(t-a) = \left\{ \begin{array}{ll} 0 & (t < a) \\ 1 & (t > a) \end{array} \right. \quad (a \geq 0) \tag{3.16}$$

この単位ステップ関数 $u(t-a)$ は図 3.2 に示すとおり, $t = a$ で電気回路の
スイッチが ON になる動作に対応します. この関数のラプラス変換は定義式
(3.1) より次のようになります.

$$\begin{aligned} \mathscr{L}\{u(t-a)\} &= \int_0^\infty e^{-st} u(t-a)\, dt \\ &= \int_a^\infty e^{-st}\, dt = \left[-\frac{1}{s} e^{-st} \right]_a^\infty = \frac{e^{-as}}{s} \end{aligned} \tag{3.17}$$

(2) 原関数の移動：第二移動定理

次に, $t = a\ (a \geq 0)$ で任意信号 $f(t)$ がスタートする場合を考えてみましょ
う. これはステップ関数 $u(t-a)$ との積

$$f(t-a)\, u(t-a)$$

で表すことができます. これはステップ関数を用いることで, 原関数 $f(t)$ が
移動できる（をずらすことができる）ことを示しています. $f(t)$ のラプラス変
換を $F(s)$ とすると, この関数のラプラス変換は

$$\mathscr{L}\{f(t-a)\, u(t-a)\} = e^{-as} F(s) \tag{3.18}$$

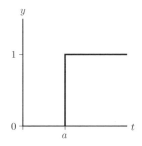

図 3.2 ステップ関数 $u(t-a)$

となり，その逆変換は

$$\mathcal{L}^{-1}\{e^{-as}F(s)\} = f(t-a)u(t-a) \tag{3.19}$$

と表されます．これは**第二移動定理**と呼ばれています．

例 3.4

式 (3.19) の第二移動定理を証明しておきましょう．

ここで $x = t - a$ の変数変換を利用します．ラプラス変換の定義から

$$\mathcal{L}\{f(t-a)\,u(t-a)\} = \int_a^\infty e^{-st}f(t-a)\,u(t-a)\,dt$$
$$= \int_{-a}^\infty e^{-s(x+a)}f(x)\,u(x)\,dx$$
$$= e^{-as}\left[\int_{-a}^0 e^{-sx}f(x)\,u(x)\,dx + \int_0^\infty e^{-sx}f(x)\,u(x)\,dx\right]$$
$$= e^{-as}\int_0^\infty e^{-sx}f(x)\,u(x)\,dx = e^{-as}f(s)$$
$$(\because\ x < 0 \quad \Rightarrow \quad u(x) = 0)$$
$$\therefore\ \mathcal{L}\{f(t-a)\,u(t-a)\} = e^{-as}F(s)$$

例題 3.11

次の関数のグラフを図示し，そのラプラス変換を求めなさい．

(1) $u(t-1)\,\sin\left(\dfrac{\pi}{2}t\right)$ 　　　　　　(2) $u(t-1)\,\sin\left\{\dfrac{\pi}{2}(t-1)\right\}$

答え

図 3.3 にそれぞれの関数のグラフを示します．$t = 1$ で原関数がスタートする様子が示されています．

関数 (1) のラプラス変換は

$$\mathcal{L}\left\{u(t-1)\,\sin\left(\dfrac{\pi}{2}t\right)\right\} = \int_0^\infty e^{-st}u(t-1)\,\sin\left(\dfrac{\pi}{2}t\right)dt$$

となります．ここで $x = t - 1$ に変数変換すると

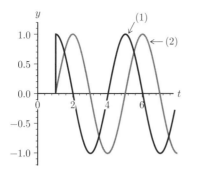

図 3.3 例題 3.11 の関数のグラフ

(1) $u(t-1)\sin\left(\dfrac{\pi}{2}\,t\right)$

(2) $u(t-1)\sin\left(\dfrac{\pi}{2}\,(t-1)\right)$

$$\int_{-1}^{\infty} e^{-s(x+1)}u(x)\,\sin\left\{\frac{\pi}{2}(x+1)\right\}dx$$

$$= e^{-s}\left[\int_{-1}^{0} e^{-sx}u(x)\,\sin\left\{\frac{\pi}{2}(x+1)\right\}dx\right.$$

$$\left.+\int_{0}^{\infty} e^{-sx}\,\sin\left\{\frac{\pi}{2}(x+1)\right\}dx\right]$$

$$= e^{-s}\int_{0}^{\infty} e^{-sx}\,\sin\left\{\frac{\pi}{2}(x+1)\right\}dx$$

$$= e^{-s}\int_{0}^{\infty} e^{-sx}\,\cos\left(\frac{\pi}{2}x\right)dx = e^{-s}\frac{s}{s^2+\left(\dfrac{\pi}{2}\right)^2} = \frac{4s\cdot e^{-s}}{4s^2+\pi^2}$$

となります.

関数 (2) のラプラス変換は第二移動定理から

$$\mathscr{L}\left[u(t-1)\,\sin\left\{\frac{\pi}{2}(t-1)\right\}\right]$$

$$= \int_{0}^{\infty} e^{-st}u(t-1)\,\sin\left\{\frac{\pi}{2}(t-1)\right\}dt$$

$$= e^{-as}\int_{0}^{\infty} e^{-sx}\,\sin\left(\frac{\pi}{2}x\right)dx = e^{-as}\cdot\frac{\dfrac{\pi}{2}}{s^2+\left(\dfrac{\pi}{2}\right)^2} = \frac{2\pi\cdot e^{-as}}{4s^2+\pi^2}$$

(3) パルス信号の生成とラプラス変換

単位ステップ関数を使うと,例えば電気回路のスイッチの ON, OFF の機

能を数式で表すことができます．つまり，この関数を組み合わせることで，パルス信号を生成することができます．

例 3.5

次の単位ステップ関数の組み合わせ $f(t)$ を考えてみましょう．

$$f(t) = u(t-a) - u(t-b) \qquad (a < b) \tag{3.20}$$

図 3.4 にこの関数を図示します．この関数は，$t = a$ から b の幅で，高さ 1 をもつパルス信号を表します．この関数のラプラス変換は次のように求まります．

$$
\begin{aligned}
\mathscr{L}\{u(t-a) - u(t-b)\} &= \int_a^\infty e^{-st}\,dt - \int_b^\infty e^{-st}\,dt \\
&= \left[-\frac{e^{-st}}{s}\right]_a^\infty - \left[-\frac{e^{-st}}{s}\right]_b^\infty \\
&= \frac{e^{-as}}{s} - \frac{e^{-bs}}{s} = \frac{e^{-as} - e^{-bs}}{s}
\end{aligned}
\tag{3.21}
$$

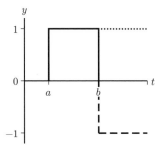

図 3.4 パルス信号 $f(t)$ の合成（実線）（点線：$u(t-a)$, 破線：$-u(t-b)$）

例題 3.12

$y'(t) + 6y(t) = u(t-1) - u(t-2)$ について，$y(0) = 0$, $y'(0) = 0$ のとき，$y(t)$ のラプラス変換 $Y(s)$ を求めなさい．また $Y(s)$ の逆変換により y を導きなさい．

答え

$y'(t) + 6y(t) = u(t-1) - u(t-2)$ について，初期値 $y(0) = 0$, $y'(0) = 0$ を考慮し，式 (3.21) を使って両辺をラプラス変換すると

$$\mathscr{L}\{y' + 6y\} = sY(s) - y(0) + 6Y(s)$$
$$= sY(s) + 6Y(s) = (s+6)Y(s)$$
$$= \frac{e^{-s} - e^{-2s}}{s}$$

となります．これを $Y(s)$ についてまとめると

$$Y(s) = \frac{e^{-s} - e^{-2s}}{s(s+6)}$$

となる．ここで右辺の分母について $F(s)$ とし，部分分数を考慮して代数処理すると

$$F(s) = \frac{1}{s(s+6)} = \frac{1}{6}\left(\frac{1}{s} - \frac{1}{s+6}\right)$$

$F(s)$ をラプラス逆変換すると，その原関数 $f(t)$ は

$$f(t) = \mathscr{L}^{-1}\{F(s)\} = \mathscr{L}^{-1}\left\{\frac{1}{6}\left(\frac{1}{s} - \frac{1}{s+6}\right)\right\} = \frac{1}{6}(1 - e^{-6t})$$

となります．したがって $Y(s)$ のラプラス逆変換 y は次のように求められます．

$$y = \mathscr{L}^{-1}\{Y\} = \mathscr{L}^{-1}\{(e^{-s} - e^{-2s}) \cdot F(s)\}$$
$$= f(t-1)\,u(t-1) - f(t-2)\,u(t-2)$$
$$= \frac{1}{6}(1 - e^{-6(t-1)}) \cdot u(t-1)$$
$$\quad - \frac{1}{6}(1 - e^{-6(t-2)}) \cdot u(t-2)$$

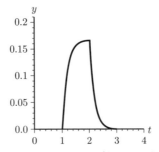

図 3.5　例題 3.12 のパルス応答波形

$$\therefore \quad y = \begin{cases} 0 & (0 < t \le 1) \\ \dfrac{1}{6}(1 - e^{-6(t-1)}) & (1 < t \le 2) \\ \dfrac{1}{6}(e^{-6(t-2)} - e^{-6(t-1)}) & (2 < t) \end{cases}$$

　図 3.5 に例題 3.12 の微分方程式のパルス応答波形を示します．図から，パルス波形の立ち上がりに対し，応答波形は過渡的に増加し，パルス信号が OFF になるとともに応答波形は減衰していることがわかります．

(4)　デルタ関数のラプラス変換

　理工学の分野では，ある 1 点に集中した理想的な電荷や荷重，また衝撃波などのインパルスを表現するために便宜上使われる理想的な関数として，デルタ関数 $\delta(t - a)$ を用います．この**デルタ関数**は次の性質をもつ関数として定義されます．

$$\begin{cases} \delta(t - a) = \begin{cases} \infty & (t = a) \\ 0 & (t \ne a) \end{cases} \\ \displaystyle\int_0^\infty \delta(t - a)\,dt = 1 \end{cases} \tag{3.22}$$

例 3.6

　デルタ関数 $\delta(t - a)$ のラプラス変換を単位ステップ関数を用いて求めてみましょう．

$t = a$ においてパルス幅 k $(k > 0)$，その積分が 1 のパルス関数 $f_k(t - a)$ は単位ステップ関数 $u(t - a)$ を用いて

$$f_k(t - a) = \frac{1}{k}[u(t - a) - u\{t - (a + k)\}]$$

と表すことができます．ここで $k \to 0$ としたときの $f_k(t - a)$ の極限はデルタ関数 $\delta(t - a)$ を与えます（図 3.6）．

$$\lim_{k \to 0} f_k(t - a) = \delta(t - a)$$

このとき $f_k(t - a)$ のラプラス変換は

$$\mathscr{L}\{f_k(t - a)\} = \frac{1}{ks}[e^{-as} - e^{-(a+k)s}] = e^{-as}\frac{1 - e^{-ks}}{ks}$$

となります．したがってデルタ関数 $\delta(t - a)$ のラプラス変換は，$f_k(t - a)$ のラプラス変換の極限より

$$\lim_{k \to 0}[\mathscr{L}\{f_k(t - a)\}] = e^{-as} \lim_{k \to 0} \frac{1 - e^{-ks}}{ks}$$
$$= e^{-as}$$
$$\therefore \ \ \mathscr{L}\{\delta(t - a)\} = e^{-as} \tag{3.23}$$

となります．

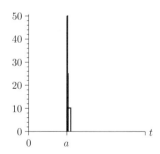

図 3.6 デルタ関数の生成（$k = 0.1, 0.04, 0.02$）

例題 3.13

$y''(t) + 5y'(t) + 6y(t) = \delta(t-1)$ について，$y(0) = 0$, $y'(0) = 0$ のとき，$y(t)$ のラプラス変換 $Y(s)$ を求めなさい．また，$Y(s)$ の逆変換により，$y(t)$ を導きなさい．

答え

$y(t)$ のラプラス変換を $\mathscr{L}\{y\} = Y(s)$ とすると

$$\begin{aligned} \mathscr{L}\{y'' + 5y' + 6y\} &= s^2 Y(s) - sy(0) - y'(0) + 5sY(s) - 5y(0) + 6Y(s) \\ &= s^2 Y(s) + 5sY(s) + 6Y(s) = (s^2 + 5s + 6)\,Y(s) \\ &= e^{-s} \end{aligned}$$

となり，これを $Y(s)$ についてまとめると

$$Y(s) = \frac{e^{-s}}{s^2 + 5s + 6} = \frac{e^{-s}}{(s+2)(s+3)}$$

となります．ここで右辺について

$$F(s) = \frac{1}{(s+2)(s+3)}$$

とし部分分数を考慮すると

$$f(t) = \mathscr{L}^{-1}\left\{ \frac{1}{s+2} - \frac{1}{s+3} \right\} = e^{-2t} - e^{-3t}$$

となります．したがって，$Y(s)$ のラプラス逆変換 y は次のように求められます．

$$\begin{aligned} y = \mathscr{L}^{-1}\{Y\} &= \mathscr{L}^{-1}\{e^{-s} \cdot F(s)\} \\ &= f(t-1)\,u(t-1) = (e^{-2(t-1)} - e^{-3(t-1)}) \cdot u(t-1) \end{aligned}$$

$$\therefore\ y = \begin{cases} 0 & (0 < t < 1) \\ e^{-2(t-1)} - e^{-3(t-1)} & (1 < t) \end{cases}$$

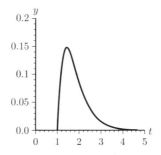

図 3.7　例題 3.13 のインパルス応答波形

例題 3.13 の応答波形を図 **3.7** に示します．図からわかるように，y は $t = 1$ のインパルスに対する応答波形になっていることがわかります．

ラプラス変換を用いた解法が威力を発揮するのは，電気回路などの線形システムで，ON/OFF スイッチで使われるステップ関数やデルタ関数を含む問題とかだね．

3.3.2　ラプラス変換の微分積分

ラプラス変換 $F(s)$ を s で微分積分した場合の原関数 $f(t)$ との関係を考えてみましょう．

(1)　ラプラス変換の微分

ラプラス変換の定義式から出発します．

$$\mathscr{L}\{f(t)\} = F(s) = \int_0^\infty e^{-st} f(t)\, dt$$

これを s で微分すると

$$F'(s) = \frac{d}{ds} \int_0^\infty e^{-st} f(t)\, dt$$

$$= \int_0^\infty \frac{d}{ds} e^{-st} f(t)\, dt$$

$$= \int_0^\infty (-te^{-st})f(t)\,dt = -\int_0^\infty e^{-st}tf(t)\,dt$$

$$\therefore\ \ \mathscr{L}\{tf(t)\} = \int_0^\infty e^{-st}tf(t)\,dt = -F'(s) \tag{3.24}$$

となります．したがって，この逆変換は

$$\mathscr{L}^{-1}\{F'(s)\} = -tf(t) \tag{3.25}$$

と表されます．式 (3.25) より，n 次導関数のときのラプラス変換，および逆変換は，帰納的に

$$\mathscr{L}\{t^n f(t)\} = (-1)^n F^{(n)}(s)$$

$$\mathscr{L}^{-1}\{F^{(n)}(s)\} = (-1)^n t^n f(t)$$

と求まります．

例題 3.14

$f(t) = \dfrac{t \cdot \sin at}{2}$ のラプラス変換を求めなさい．

答え

sin at のラプラス変換は，表 3.1 (143 ページ) より

$$\mathscr{L}\{\sin at\} = \frac{a}{s^2 + a^2}$$

です．これに，ラプラス変換の微分を適用すると

$$\mathscr{L}\left\{\frac{t \cdot \sin at}{2}\right\} = \frac{1}{2} \cdot \mathscr{L}\{t \cdot \sin at\}$$

$$= -\frac{1}{2}\left(\frac{a}{s^2 + a^2}\right)' = -\frac{1}{2}\frac{-2as}{(s^2 + a^2)^2} = \frac{as}{(s^2 + a^2)^2}$$

となります．

(2) ラプラス変換の積分

ラプラス変換 $F(s)$ の積分についても求めてみましょう．ラプラス変換の定義式を s から ∞ まで定積分すると

$$\int_s^\infty F(s)\,ds = \int_s^\infty \left(\int_0^\infty e^{-st} f(t)\,dt\right) ds$$

$$= \int_0^\infty \left(\int_s^\infty e^{-st}\,ds\right) f(t)\,dt$$

$$= \int_0^\infty e^{-st}\frac{f(t)}{t}\,dt = \mathscr{L}\left\{\frac{f(t)}{t}\right\}$$

したがって

$$\mathscr{L}\left\{\frac{f(t)}{t}\right\} = \int_s^\infty f(s)\,ds$$

および

$$\mathscr{L}^{-1}\left[\int_s^\infty F(s)\,ds\right] = \frac{f(t)}{t} \tag{3.26}$$

の関係が成り立ちます.

ここまでに解説した移動定理やラプラス変換の微分積分について，原関数 $f(t)$ と像関数 $F(s)$ との対応関係を表 3.2 にまとめておきます.

表 3.2　移動定理，ラプラス変換における微分，積分のまとめ

$f(t)$ $(t>0)$	$F(s)$		$f(t)$ $(t>0)$	$F(s)$
$f(t)e^{at}$	$F(s-a)$	**移動定理**	$f(t-a)$ 厳密には $[f(t-a)\,u(t-a)]$	$e^{-as}F(s)$
$tf(t)$	$-F'(s)$	**微　分**	$f'(t)$	$sF(s)-f(0)$
$\dfrac{f(t)}{t}$	$\displaystyle\int_s^\infty F(s)\,ds$	**積　分**	$\displaystyle\int_0^t f(\tau)\,d\tau$	$\dfrac{1}{s}F(s)$

3.4　ラプラス逆変換を究める

3.4.1　ラプラス変換した常微分方程式の本質

さて，電気回路や力学系でみられる一般的な 2 階線形非同次常微分方程式

$$ay'' + by' + cy = r(t) \tag{3.27}$$

を考えます．ここで a, b, c は定数です．

　$r(t)$ は回路などの線形システムに加えられた入力や外力に相当し，$y(t)$ はその応答に対応します．$y(t)$ および $r(t)$ のラプラス変換を $Y(s)$ および $R(s)$ として，微分方程式（式 (3.27)）のラプラス変換を行います．これを $Y(s)$ についてまとめると

$$a[s^2 Y(s) - sy(0) - y'(0)] + b[sY(s) - y(0)] + cY(s) = R(s)$$
$$(as^2 + bs + c)Y(s) = (as + b)y(0) + ay'(0) + R(s)$$
$$\therefore \ Y(s) = \frac{(as + b)\,y(0) + ay'(0) + R(s)}{as^2 + bs + c}$$

となります．ここで

$$H(s) = \frac{1}{as^2 + bs + c} \tag{3.28}$$

とすると

$$Y(s) = \underbrace{[(as + b)\,y(0) + ay'(0)] \cdot H(s)}_{Y_1(s)} + \underbrace{R(s) \cdot H(s)}_{Y_2(s)} \tag{3.29}$$

となります．なお，右辺第 1 項 $Y_1(s)$ は初期条件により定まり，その逆変換は線形同次常微分方程式の特殊解となるので，同次方程式の一般解を求める必要がありません．第 2 項 $Y_2(s)$ から，入力信号関数 $r(t)$ の応答となる特殊解が得られます．

　したがって $Y(s)$ のラプラス逆変換により求まる $y(t)$ は，初期値問題の解を与えます．

　初期条件 $y(0) = y'(0) = 0$ のとき $Y_1(s) = 0$ となるので

$$Y(s) = R(s)\,H(s) \tag{3.30}$$

の関係が得られます．これは線形システムの入出力関係を表します．このとき

$$H(s) = \frac{Y(s)}{R(s)} = \frac{\mathscr{L}\{y(t)\}}{\mathscr{L}\{r(t)\}} \tag{3.31}$$

は**伝達関数**と呼ばれ，線形システムを特徴づける定数 a, b, c だけに依存します．

例 3.7

式 (3.27) で入力信号 $r(t)$ にデルタ関数 $\delta(t)$ を与えてみましょう. このとき, 入力信号のラプラス変換は

$$R(s) = \mathscr{L}\{\delta(t)\} = e^{-0 \cdot s} = 1$$

となります. したがって, 初期条件 $y(0) = y'(0) = 0$ のとき

$$Y(s) = R(s) \cdot H(s) = H(s) \tag{3.32}$$

となり, $Y(s)$ は伝達関数を与えます.

$Y(s)$ のラプラス逆変換は, 原関数とそのラプラス変換の対応関係 (表 3.1) を用いて求めることが一般的です. 上式で $Y_1(s)$ をみてみると, s の有理関数 (多項式の比) であることがわかります. したがって逆変換を求めるとき, この有理関数をラプラス変換に対応するよう部分分数に展開していきます. これを**ヘビサイド展開**と呼び, 3.4.2 節で詳しく解説します.

さらに, $Y_2(s)$ に注目すると, $R(s)\,H(s)$ とラプラス変換の積になっています. このとき, $Y_2(s)$ が有理関数になれば, $Y_1(s)$ と同じくヘビサイド展開が適用できます. しかし, 単純な有理関数にならない場合, **たたみ込み積分**が有効な手段となります. これについては 3.4.3 項で解説します.

3.4.2 ヘビサイド展開

微分方程式のラプラス変換は多項式の有理関数となります. この商を部分分数に分解してラプラス逆変換をすると, その対応関係から, 形式的に解が得られます. この方法を**ヘビサイド展開定理**と呼びます.

また, 式 (3.28) の伝達関数 $H(s)$ を表す式をみて気づくと思いますが, この分母 $as^2 + bs + c$ は 2 階微分方程式の特性方程式に対応しています. 第 2 章で述べたとおり, この特性方程式 (2 次方程式) の解に応じて, 微分方程式の一般解の型が変わることを思い出してください.

このとき, ①実数解になる ($b^2 - 4ac > 0$) 場合, ②重複解がある ($b^2 - 4ac = 0$) 場合, ③複素解になる ($b^2 - 4ac < 0$) 場合の 3 通りが考えられます. 次元が増えればこれらの組み合わせになります.

特性方程式の場合分けをもとに，部分分数への展開をみていきましょう.

例 3.8　**分母が重複しない一次の因数に分解できる場合**（$b^2 - 4ac > 0$）
例として

$$\mathscr{L}^{-1}\{F(s)\} = \mathscr{L}^{-1}\left\{\frac{s}{s^2 - 5s + 6}\right\}$$

を求めます. この場合，分母の因数分解が可能です. 分解した一次の因数を使って，$F(s)$ を次の部分分数に展開します.

$$F(s) = \frac{s}{(s-2)(s-3)} = \frac{p}{s-2} + \frac{q}{s-3}$$

として，$p,\ q$ を係数比較により求めます.

$$F(s) = \frac{p}{s-2} + \frac{q}{s-3} = \frac{p(s-3) + q(s-2)}{(s-2)(s-3)}$$

ここで，分子について $s = 2$ を代入すると

$$p \cdot (-1) = 2 \qquad \therefore\ p = -2$$

$s = 3$ を代入すると

$$q \cdot (1) = 3 \qquad \therefore\ q = 3$$

したがって

$$F(s) = \frac{p}{s-2} + \frac{q}{s-3} = \frac{-2}{s-2} + \frac{3}{s-3}$$

となります. ここで，第一移動定理を適用して，ラプラス逆変換を行うと

$$\mathscr{L}^{-1}\{F(s)\} = \mathscr{L}^{-1}\left\{\frac{-2}{s-2} + \frac{3}{s-3}\right\} = -2e^{2t} + 3e^{3t}$$

$$\therefore\ f(t) = -2e^{2t} + 3e^{3t}$$

が導かれます.

例 3.9 **分母に重複する因数 $(s-a)^n$ を含む場合 $(b^2 - 4ac = 0)$**

例として

$$\mathscr{L}^{-1}\{F(s)\} = \mathscr{L}^{-1}\left\{\frac{2s^2 + 4s + 1}{(s-2)^3}\right\}$$

を求めます．この場合

$$F(s) = \frac{2s^2 + 4s + 1}{(s-2)^3} = \frac{p}{(s-2)^3} + \frac{q}{(s-2)^2} + \frac{r}{s-2}$$

として，p, q, r を係数比較します．

$$F(s) = \frac{p}{(s-2)^3} + \frac{q}{(s-2)^2} + \frac{r}{s-2} = \frac{p + q(s-2) + r(s-2)^2}{(s-2)^3}$$

まず，s^2 の係数を比較すると，$r = 2$ となります．

このとき，s の係数を比較すると

$$q - 4r = 4 \qquad \therefore \ q = 12$$

となり，分子について $s = 2$ を代入すると

$$p = 2 \cdot 2^2 + 4 \cdot 2 + 1 = 17$$

が得られます．したがって

$$F(s) = \frac{2s^2 + 4s + 1}{(s-2)^3} = \frac{17}{(s-2)^3} + \frac{12}{(s-2)^2} + \frac{2}{s-2}$$

となります．ここで，第一移動定理を適用して，ラプラス逆変換を行うと

$$\begin{aligned}
\mathscr{L}^{-1}\{F(s)\} &= \mathscr{L}^{-1}\left\{\frac{17}{(s-2)^3} + \frac{12}{(s-2)^2} + \frac{2}{s-2}\right\} \\
&= e^{2t}\mathscr{L}^{-1}\left\{\frac{17}{s^3} + \frac{12}{s^2} + \frac{2}{s}\right\} \\
&= e^{2t}\left(\frac{17}{2}t^2 + 12t + 2\right) \\
\therefore \ f(t) &= e^{2t}\left(\frac{17}{2}t^2 + 12t + 2\right)
\end{aligned}$$

となり，ラプラス変換によって求められた解に，t の多項式が含まれていることがわかります．

例 3.10　**分母を特性方程式としたとき，その解が複素数になる場合**
　　　　　　$(b^2 - 4ac < 0)$

例として

$$\mathscr{L}^{-1}\{F(s)\} = \mathscr{L}^{-1}\left\{ \frac{s+1}{s^2+2s+5} \right\}$$

を求めます．この場合，分母 $s^2+2s+5 = 0$ は複素解をもちます．したがって

$$F(s) = \frac{s+1}{s^2+2s+5} = \frac{s+1}{(s+1)^2+4}$$

と変形が可能なので，第一移動定理を考慮し，三角関数のラプラス変換を適用すると

$$\mathscr{L}^{-1}\{F(s)\} = \mathscr{L}^{-1}\left\{ \frac{s+1}{(s+1)^2+4} \right\} = e^{-t}\mathscr{L}^{-1}\left\{ \frac{s}{s^2+4} \right\}$$
$$= e^{-t}\cos 2t$$
$$\therefore \quad f(t) = e^{-t}\cos 2t$$

となります．

特性方程式が複素解をもつ場合，原関数に三角関数が現れるんだね．

例 3.11　**非重複因子，重複因子の複合する場合**

例として

$$\mathscr{L}^{-1}\{F(s)\} = \mathscr{L}^{-1}\left\{ \frac{2s^2+3s+3}{(s+1)(s+3)^3} \right\}$$

を求めます．この場合

$$F(s) = \frac{2s^2+3s+3}{(s+1)(s+3)^3} = \frac{a}{s+1} + \frac{b}{(s+3)^3} + \frac{c}{(s+3)^2} + \frac{d}{s+3}$$

として $a,\ b,\ c,\ d$ を係数比較します．

$$F(s) = \frac{a}{s+1} + \frac{b}{(s+3)^3} + \frac{c}{(s+3)^2} + \frac{d}{s+3}$$

$$= \frac{a(s+3)^3 + b(s+1) + c(s+1)(s+3) + d(s+1)(s+3)^2}{(s+1)(s+3)^3}$$

分子について $s = -1$ を代入すると

$$a(-1+3)^3 = 2(-1)^2 + 3(-1) + 3$$
$$8a = 2$$
$$\therefore \ a = \frac{1}{4}$$

となり，$s = -3$ を代入すると

$$b(-3+1) = 2(-3)^2 + 3(-3) + 3$$
$$-2b = 12$$
$$\therefore \ b = -6$$

となります．ここで，s^3 の係数を比較すると

$$a + d = 0 \qquad \therefore \ d = -a = -\frac{1}{4}$$

が得られます．分子の定数項を比較すると

$$27a + b + 3c + 9d = 3$$
$$27 \cdot \frac{1}{4} - 6 + 3c - 9 \cdot \frac{1}{4} = 3$$
$$\therefore \ c = \frac{3}{2}$$

となります．したがって

$$F(s) = \frac{2s^2 + 3s + 3}{(s+1)(s+3)^3}$$
$$= \frac{1}{4} \cdot \frac{1}{s+1} - \frac{6}{(s+3)^3} + \frac{3}{2} \cdot \frac{1}{(s+3)^2} - \frac{1}{4} \cdot \frac{1}{s+3}$$

となり，ここで第一移動定理を適用してラプラス逆変換を行うと，以下の結果が得られます．

$$\mathscr{L}^{-1}\{F(s)\}$$
$$= \mathscr{L}^{-1}\left\{ \frac{1}{4} \cdot \frac{1}{s+1} - \frac{6}{(s+3)^3} + \frac{3}{2} \cdot \frac{1}{(s+3)^2} - \frac{1}{4} \cdot \frac{1}{s+3} \right\}$$

$$= \frac{1}{4}e^{-t}\mathscr{L}^{-1}\left\{\frac{1}{s}\right\} + e^{-3t}\mathscr{L}^{-1}\left\{-\frac{6}{s^3} + \frac{3}{2}\cdot\frac{1}{s^2} - \frac{1}{4}\cdot\frac{1}{s}\right\}$$

$$= \frac{1}{4}e^{-t} + e^{-3t}\left(-3t^2 + \frac{3}{2}t - \frac{1}{4}\right)$$

$$\therefore \quad f(t) = \frac{1}{4}e^{-t} + e^{-3t}\left(-3t^2 + \frac{3}{2}t - \frac{1}{4}\right)$$

> 部分分数に展開した場合，ラプラス変換の線形性から，その解はラプラス逆変換の線形結合になるんだね.

3.4.3 たたみ込み積分

ラプラス変換の積の逆変換は原関数の**たたみ込み積分**から求めることができます. 原関数 $f(t)$ と $g(t)$ のたたみ込み積分は $f(t) * g(t)$ で表され，次のように定義されます.

$$f(t) * g(t) = \int_0^t f(x)\,g(t-x)\,dx \tag{3.33}$$

例 3.12

原関数 $f(t)$ と $g(t)$ のラプラス変換 $F(s)$ と $G(s)$ の積を考えてみましょう.

$$F(s)\cdot G(s) = \mathscr{L}\{f(x)\}\cdot\mathscr{L}\{g(y)\}$$

$$= \int_0^\infty e^{-sx}f(x)\,dx\int_0^\infty e^{-sy}g(y)\,dy$$

$$= \int_0^\infty\int_0^\infty e^{-s(x+y)}f(x)g(y)\,dx\,dy$$

ここで $x + y = t$, $x = u$ とおくと

$$F(s)\cdot G(s) = \int_0^\infty\int_0^t e^{-st}f(u)g(t-u)\,du\,dt$$

$$= \int_0^\infty e^{-st}\left\{\int_0^t f(u)\,g(t-u)\,du\right\}dt$$

$$= \mathscr{L}\{f(t) * g(t)\}$$

となり

$$\mathscr{L}^{-1}\{F(s) \cdot G(s)\} = f(t) * g(t) \tag{3.34}$$

の関係が得られます.

例題 3.15

$f(t) = e^{-at}$, $g(t) = e^{-bt}$ $(a > b > 0)$ のとき, $f * g$ を求めなさい. また, $\mathscr{L}\{f\} \cdot \mathscr{L}\{g\}$ を求め, その原関数（ラプラス逆変換）を求めなさい.

答え

式 (3.33) より, たたみ込み積分 $f * g$ は

$$
\begin{aligned}
f * g &= \int_0^t f(x)\,g(t-x)\,dx \\
&= \int_0^t e^{-ax} e^{-b(t-x)}\,dx \\
&= e^{-bt} \int_0^t e^{-ax} e^{bx}\,dx \\
&= e^{-bt} \int_0^t e^{-(a-b)x}\,dx \\
&= e^{-bt} \left[-\frac{1}{a-b} e^{-(a-b)x} \right]_0^t = \frac{e^{-bt}}{a-b}\{1 - e^{-(a-b)t}\} = \frac{e^{-bt} - e^{-at}}{a-b}
\end{aligned}
$$

となります. このとき, f および g のラプラス変換

$$
\begin{cases}
\mathscr{L}\{f\} = \mathscr{L}\{e^{-ax}\} = \dfrac{1}{s+a} \\
\mathscr{L}\{g\} = \mathscr{L}\{e^{-bx}\} = \dfrac{1}{s+b}
\end{cases}
$$

から

$$\mathscr{L}\{f\} \cdot \mathscr{L}\{g\} = \frac{1}{s+a} \cdot \frac{1}{s+b} = \frac{1}{(s+a)(s+b)}$$

となります. これを部分分数に展開します.

$$\mathscr{L}\{f\} \cdot \mathscr{L}\{g\} = \frac{1}{(s+a)(s+b)} = \frac{1}{a-b}\left(\frac{-1}{s+a} + \frac{1}{s+b} \right)$$

したがって

$$\mathscr{L}^{-1}\{\mathscr{L}\{f\} \cdot \mathscr{L}\{g\}\} = \frac{1}{a-b}(-e^{-at} + e^{-bt}) = \frac{e^{-bt} - e^{-at}}{a-b}$$

$$\therefore \ \mathscr{L}^{-1}\{\mathscr{L}\{f\} \cdot \mathscr{L}\{g\}\} = f * g$$

となります.

例題 3.16

$\mathscr{L}^{-1}\left\{\dfrac{as}{(s^2 + a^2)^2}\right\}$ を求めなさい.

答え

　ラプラス変換の積を考えると

$$\mathscr{L}^{-1}\left\{\frac{as}{(s^2 + a^2)^2}\right\} = \mathscr{L}^{-1}\left\{\frac{a}{s^2 + a^2} \cdot \frac{s}{s^2 + a^2}\right\}$$
$$= \mathscr{L}^{-1}\{\mathscr{L}[\sin(at)] \cdot \mathscr{L}[\cos(at)]\}$$

となります. ここで, $\sin(at)$ と $\cos(at)$ のたたみ込み積分を適用すると, 次のようになります.

$$\mathscr{L}^{-1}\left\{\frac{as}{(s^2 + a^2)^2}\right\} = \int_0^t \sin(ax) \cdot \cos\{a(t-x)\}\,dx$$
$$= \int_0^t \sin(at) - \sin\{a(t-2x)\}\,dx$$
$$= \frac{1}{2}\left[x \cdot \sin(at) - \frac{1}{2a}\cos\{a(t-2x)\}\right]_0^t$$
$$= \frac{1}{2}\left\{t \cdot \sin(at) - \frac{1}{2a}\cos(at) + \frac{1}{2a}\cos(at)\right\}$$
$$= \frac{t \cdot \sin(at)}{2}$$

　ここで, 式の変形には三角関数の加法定理を用いています. この問題は前節ですでに像関数の微分を使ってラプラス逆変換を求めています (例題 3.14, 160 ページ参照).

（1） 常微分方程式への適用

例 3.13

次の常微分方程式について，たたみ込み積分を用いて解いていきましょう.

$$y''(t) + 3y'(t) + 2y(t) = r(t)$$

ここで

$$\begin{cases} r(t) = u(t) - u(t-1) \\ y(0) = 0, \qquad y'(0) = 0 \end{cases}$$

とします.

$y(t)$ および $r(t)$ のラプラス変換を，$Y(s)$ および $R(s)$ として，この常微分方程式をラプラス変換すると

$$(s^2 + 3s + 2)\, Y(s) = R(s)$$

となり，$Y(s)$ についてまとめると

$$Y(s) = \frac{R(s)}{s^2 + 3s + 2} = H(s)\, R(s)$$

となります. ここで，$H(s) = (s^2 + 3s + 2)^{-1}$ は伝達関数です.

$Y(s)$ はラプラス変換の積になっているので，$y(t)$ はたたみ込み積分を用いて求めることができます.

$H(s)$ の原関数 $h(t)$ はヘビサイド展開より

$$\begin{aligned} h(t) &= \mathscr{L}^{-1}\{H(s)\} \\ &= \mathscr{L}^{-1}\left\{\frac{1}{(s+1)(s+2)}\right\} = \mathscr{L}^{-1}\left\{\frac{1}{s+1}\right\} - \mathscr{L}^{-1}\left\{\frac{1}{s+2}\right\} \\ &= e^{-t} - e^{-2t} \end{aligned}$$

と求めることができます.

次に，ラプラス変換の積 $H(s)\, R(s)$ について，たたみ込み積分によるラプラス逆変換を行うと

$$y(t) = \mathscr{L}^{-1}\{H(s)\, R(s)\} = h(t) * r(t) = \int_0^t r(x)\, h(t-x)\, dx$$

となります. ここで

$$r(x) = u(x) - u(x-1)$$

なので，積分範囲 $0 < x < t$ に対し，$r(x)$ を考慮した t の場合分けが必要です．

$0 < x \leq 1$ の範囲で，$r(x) = 1$，$1 < x$ の範囲で，$r(x) = 0$ となるので，積分範囲 $[0, t]$ について，i) $0 < t \leq 1$ と，ii) $1 < t$ に場合分けを行う必要があります．

① $0 < t \leq 1$ のとき

$0 < x < t$ のすべての積分範囲で $r(x) = 1$ となるので

$$\begin{aligned}
y(t) &= \int_0^t r(x)\, h(t-x)\, dx = \int_0^t (e^{-(t-x)} - e^{-2(t-x)})\, dx \\
&= e^{-t} \int_0^t e^x\, dx - e^{-2t} \int_0^t e^{2x}\, dx \\
&= e^{-t}[e^x]_0^t - e^{-2t}\left[\frac{1}{2}e^{2x}\right]_0^t \\
&= 1 - e^{-t} - \frac{1}{2} + \frac{1}{2}e^{-2t} = \frac{1}{2} - e^{-t} + \frac{1}{2}e^{-2t}
\end{aligned}$$

② $1 < t$ のとき

積分範囲 $0 < x \leq 1$ で $r(x) = 1$，$1 < x \leq t$ で $r(x) = 0$ となるので

$$\begin{aligned}
y(t) &= \int_0^1 r(x)\, h(t-x)\, dx \\
&= \int_0^1 (e^{-(t-x)} - e^{-2(t-x)})\, dx \\
&= e^{-t} \int_0^1 e^x\, dx - e^{-2t} \int_0^1 e^{2x}\, dx \\
&= e^{-t}[e^x]_0^1 - e^{-2t}\left[\frac{1}{2}e^{2x}\right]_0^1 = (e-1)e^{-t} - \frac{1}{2}(e^2 - 1)e^{-2t}
\end{aligned}$$

となります．以上をまとめると

$$y(t) = \begin{cases}
\dfrac{1}{2} - e^{-t} + \dfrac{1}{2}e^{-2t} & (0 < t \leq 1) \\[2mm]
(e-1)e^{-t} - \dfrac{1}{2}(e^2 - 1)e^{-2t} & (1 < t)
\end{cases}$$

となります．

この常微分方程式の解法の過程では，$r(t)$ のラプラス変換を使ってないね．

図 3.8 に入力パルスに対する上の例で求めた応答波形 $y(t)$（実線），および，伝達関数の原関数 $h(t)$（破線）を示します．$0 < t \leq 1$ では，ON パルスによる立ち上がりがみられ，$t = 1$ でパルス信号は OFF となり，その後に応答波形は減衰を始めます．これに対し，$h(t)$ は 3.4.1 項（161 ページ）で示したとおり，インパルス $\delta(t)$ の応答に対応しています．

(2) 積分方程式への適用

次式で表される**ポアソン型積分方程式**においては，ラプラス変換が有効です．

$$y(t) - \underbrace{\int_0^t g(t-\tau)\,y(\tau)\,d\tau}_{\text{たたみ込み}} = f(t) \tag{3.35}$$

ここで，原関数のラプラス変換をそれぞれ $\mathscr{L}\{y(t)\} = Y(s)$，$\mathscr{L}\{g(t)\} = G(s)$，$\mathscr{L}\{f(t)\} = F(s)$ として式 (3.35) にラプラス変換を施すと

$$Y(s) - G(s)Y(s) = F(s)$$

$$\therefore \ Y(s) = \frac{F(s)}{1 - G(s)}$$

となり，$Y(s)$ のラプラス逆変換より，$y(s)$ が求まります．

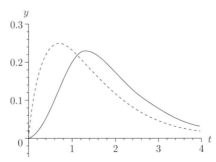

図 3.8 パルス応答波形 $y(t)$（実線）および $h(t)$（破線）

例題 3.17

$y(t) + \displaystyle\int_0^t (t - x)\, y(x)\, dx = t$ を解きなさい.

答え

$y(t)$ のラプラス変換を $Y(s)$ として，積分方程式の両辺をラプラス変換します.

$$Y(s) + \mathscr{L}\{t\} Y(s) = \mathscr{L}\{t\}$$
$$Y(s) + \frac{1}{s^2} Y(s) = \frac{1}{s^2}$$
$$Y(s)(s^2 + 1) = 1$$
$$Y(s) = \frac{1}{s^2 + 1}$$
$$\therefore\ y(t) = \sin t$$

3.5　ラプラス変換の実践

　第 2 章で示したとおり，線形回路の応答波形は微分方程式を解くことによって得られます. ここでは，例として電気回路の解析にラプラス変換を適用します.

　なお，電気回路の解析では，パルス信号などを入力とする線形非同次微分方程式が回路方程式として扱われます.

3.5.1　パルス応答への適用

　抵抗 R とコンデンサ C で構成される RC 直列回路のパルス応答について，ラプラス変換を用いて解いていきましょう. 図 3.9(a) に示す RC 回路の方程式は，電流応答を $i(t)$ とすると

$$Ri(t) + \frac{q(t)}{C} = Ri(t) + \frac{1}{C} \int_0^t i(\tau)\, d\tau = e(t) \tag{3.36}$$

となります. ここで初期条件として蓄積電荷 $q(0) = 0$, $i(0) = 0$ とします.

　また，入力信号 $e(t)$ を図 3.9(b) に示す単一パルス信号とし，2 つのステッ

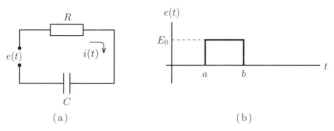

図 3.9 *RC* 回路 (a) と印加方形パルス波 (b)

プ関数で表すと

$$e(t) = E_0\{u(t-a) - u(t-b)\} \qquad (0 < a < b)$$

となります. $i(t)$ のラプラス変換を $I(s)$ とすると, 回路方程式のラプラス変換は

$$RI(s) + \frac{1}{sC}I(s) = \frac{E_0}{s}(e^{-as} - e^{-bs})$$

$$\left(R + \frac{1}{sC}\right)I(s) = \frac{E_0}{s}(e^{-as} - e^{-bs})$$

$$\therefore \ \ I(s) = \frac{E_0}{R}\frac{1}{s + \dfrac{1}{RC}}(e^{-as} - e^{-bs})$$

となります. ここで

$$H(s) = \frac{E_0}{R}\frac{1}{s + \dfrac{1}{RC}}$$

とすると

$$I(s) = H(s)(e^{-as} - e^{-bs}) = e^{-as}H(s) - e^{-bs}H(s)$$

となります. 一方, $H(s)$ の原関数 $h(t)$ は

$$h(t) = \mathscr{L}^{-1}\{H(s)\} = \frac{E_0}{R}e^{-\frac{t}{RC}}$$

となるので, $I(s)$ に第二移動定理を適用することにより

$$i(t) = \mathscr{L}^{-1}\{I(s)\} = \mathscr{L}^{-1}\{e^{-as}H(s)\} - \mathscr{L}^{-1}\{e^{-bs}H(s)\}$$

$$= h(t-a)\,u(t-a) - h(t-b)\,u(t-b)$$

$$= \frac{E_0}{R}\left\{e^{\frac{-(t-a)}{RC}} \cdot u(t-a) - e^{\frac{-(t-b)}{RC}} \cdot u(t-b)\right\}$$

$$\therefore\ i(t) = \begin{cases} 0 & (0 < t < a) \\ \dfrac{E_0}{R}e^{\frac{-(t-a)}{RC}} & (a < t < b) \\ \dfrac{E_0}{R}\left\{e^{\frac{-(t-a)}{RC}} - e^{\frac{-(t-b)}{RC}}\right\} & (b < t) \end{cases}$$

が得られます．この応答波形は図 3.10 のようになります．

3.5.2　過渡応答への適用

図 3.11 に示す抵抗 R，コイル L，コンデンサ C で構成される RLC 直列回路の方程式は，電流応答を $i(t)$ とすると

$$L\frac{di(t)}{dt} + Ri(t) + \frac{1}{C}\int_0^t i(\tau)\,d\tau = e(t) \tag{3.37}$$

となります．以下，入力信号 $e(t)$ に対する過渡応答 $i(t)$ を求めてみましょう．

$t=0$ でスイッチ SW を閉じ，回路に直流電流 E_0 が接続されたとすると

$$e(t) = E_0$$

となることから，このときの回路方程式のラプラス変換は，次のようになります．

$$L\{sI(s) - i(0)\} + RI(s) + \frac{1}{sC}I(s) = \mathscr{L}\{e(t)\} = \frac{E_0}{s}$$

$t=0$ での過渡応答として，電流 $i(0) = 0$ とすると，

$$\left(sL + R + \frac{1}{sC}\right)I(s) = \frac{E_0}{s}$$

$$\therefore\ I(s) = \frac{E_0}{L\left(s^2 + \dfrac{sR}{L} + \dfrac{1}{LC}\right)}$$

となります．ここで

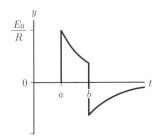

図 3.10 微分方程式（式(3.36)）のパルス応答波形

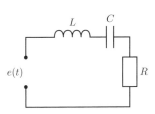

図 3.11 RLC 直列回路

$$\begin{cases} 2a \equiv \dfrac{R}{L} \\ b^2 \equiv \dfrac{1}{LC} - \dfrac{R^2}{4L^2} \end{cases}$$

とおくと

$$I(s) = \frac{E_0}{L} \frac{1}{(s+a)^2 + b^2}$$

の形になります．この像関数のラプラス逆変換は，b^2 の符号により，場合分けが必要になります．

① $b^2 > 0$ **のとき**

$$i(t) = \mathscr{L}^{-1}\{I(s)\} = \frac{E_0}{L}\mathscr{L}^{-1}\left\{\frac{1}{(s+a)^2 + b^2}\right\} = \frac{E_0}{bL}e^{-at}\sin bt$$

② $b^2 = 0$ **のとき**

$$i(t) = \mathscr{L}^{-1}\{I(s)\} = \frac{E_0}{L}\mathscr{L}^{-1}\left\{\frac{1}{(s+a)^2}\right\} = \frac{E_0}{L}t \cdot e^{-at}$$

③ $b^2 < 0$ **のとき**

$$\mathscr{L}^{-1}\{I(s)\} = \frac{E_0}{L}\mathscr{L}^{-1}\left\{\frac{1}{(s+a)^2 + b^2}\right\} = \frac{E_0}{L}e^{-at}\mathscr{L}^{-1}\left\{\frac{1}{s^2 + b^2}\right\}$$

ここで，$b^2 = -\beta^2$ とすると

$$\frac{1}{s^2 + b^2} = \frac{1}{s^2 - \beta^2} = \frac{1}{2\beta}\left(\frac{1}{s-\beta} - \frac{1}{s+\beta}\right)$$

となるので

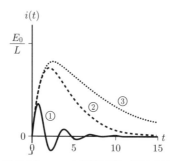

図 3.12 RLC 直列回路の過渡応答

$$\mathcal{L}^{-1}\{I(s)\} = \frac{1}{2} \cdot \frac{E_0}{\beta L} e^{-at} \mathcal{L}^{-1}\left\{\frac{1}{s-\beta} - \frac{1}{s+\beta}\right\}$$

$$= \frac{E_0}{\beta L} e^{-at} \cdot \frac{1}{2}(e^{\beta \cdot t} - e^{-\beta \cdot t}) \qquad (\beta < a)$$

したがって

$$i(t) = \frac{E_0}{\sqrt{-b^2} \cdot L} e^{-at} \cdot \sinh \sqrt{-b^2} \cdot t$$

となります.

このときの応答波形を図 3.12 に示します. $b^2 > 0$ では減衰振動がみられるのに対し,ほかの 2 つの場合は初期の増加の後,指数関数的に減衰していく様子がみられます.一方,$b^2 < 0$ では,信号増加の項が指数関数項になっているため,減少がゆるやかになっています.

3.5.3 インパルス応答への適用

図 3.11 (177 ページ)に示す RLC 直列回路の方程式について,入力信号 $e(t)$ を

$$e(t) = \delta(t - t_0)$$

のインパルス信号とし,初期条件として蓄積電荷 $q(0) = 0$,$i(0) = 0$ とすると,回路方程式のラプラス変換は

$$\left(sL + R + \frac{1}{sC}\right)I(s) = e^{-t_0 \cdot s}$$

$$\therefore\quad I(s) = \frac{s \cdot e^{-t_0 \cdot s}}{s^2 L + sR + \dfrac{1}{C}}$$

となります．ここで伝達関数 $H(s)$ を

$$H(s) = \frac{s}{s^2 L + sR + \dfrac{1}{C}} = \frac{s}{L\left(s^2 + \dfrac{R}{L}s + \dfrac{1}{LC}\right)}$$

として

$$\begin{cases} 2a \equiv \dfrac{R}{L} \\[3mm] b^2 \equiv \dfrac{1}{LC} - \dfrac{R^2}{4L^2} \end{cases}$$

とおくと

$$\begin{aligned} H(s) &= \frac{1}{L}\frac{s}{s^2 + 2as + a^2 + b^2} \\ &= \frac{1}{L}\frac{s}{(s+a)^2 + b^2} \\ &= \frac{1}{L}\left[\frac{s+a}{(s+a)^2 + b^2} - \frac{a}{b}\frac{b}{(s+a)^2 + b^2}\right] \end{aligned}$$

の形になります．したがって，$H(s)$ の原関数 $h(t)$ を求めるとき，ここでも b^2 についての場合分けが必要になります．

① $b^2 > 0$ のとき

$$\begin{aligned} h(t) &= \mathscr{L}^{-1}\{H(s)\} \\ &= \frac{1}{L} \cdot \mathscr{L}^{-1}\left\{\frac{s+a}{(s+a)^2 + b^2} - \frac{a}{b}\frac{b}{(s+a)^2 + b^2}\right\} \\ &= \frac{1}{L} \cdot e^{-at}\mathscr{L}^{-1}\left\{\frac{s}{s^2 + b^2} - \frac{a}{b}\frac{b}{s^2 + b^2}\right\} \\ &= \frac{1}{L} \cdot e^{-at}\left(\cos bt - \frac{a}{b}\sin bt\right) \end{aligned}$$

となります．したがって

$$\begin{aligned} i(t) &= \mathscr{L}^{-1}\{I(s)\} \\ &= \mathscr{L}^{-1}\{H(s) \cdot e^{-t_0 \cdot s}\} \end{aligned}$$

$$= h(t - t_0) \cdot u(t - t_0)$$

$$= \frac{1}{L} \cdot e^{-a(t-t_0)} \left\{ \cos b(t - t_0) - \frac{a}{b} \sin b(t - t_0) \right\} \cdot u(t - t_0)$$

② $b^2 = 0$ **のとき**

$$h(t) = \mathscr{L}^{-1}\{H(s)\}$$

$$= \frac{1}{L} \cdot \mathscr{L}^{-1} \left\{ \frac{s + a}{(s + a)^2} - \frac{a}{(s + a)^2} \right\}$$

$$= \frac{1}{L} \cdot e^{-at} \mathscr{L}^{-1} \left\{ \frac{1}{s} - \frac{a}{s^2} \right\} = \frac{1}{L} \cdot e^{-at}(1 - at)$$

となります．したがって

$$i(t) = \mathscr{L}^{-1}\{I(s)\}$$

$$= \mathscr{L}^{-1}\{H(s) \cdot e^{-t_0 \cdot s}\}$$

$$= h(t - t_0) \cdot u(t - t_0) = \frac{1}{L} \cdot e^{-a(t-t_0)}\{1 - a(t - t_0)\} \cdot u(t - t_0)$$

③ $b^2 < 0$ **のとき**

$$h(t) = \mathscr{L}^{-1}\{H(s)\}$$

$$= \frac{1}{L} \cdot \mathscr{L}^{-1} \left\{ \frac{s + a}{(s + a)^2 + b^2} - \frac{a}{b} \frac{b}{(s + a)^2 + b^2} \right\}$$

$$= \frac{1}{L} \cdot e^{-at} \mathscr{L}^{-1} \left\{ \frac{s}{s^2 + b^2} - \frac{a}{b} \frac{b}{s^2 + b^2} \right\}$$

となります．ここで $b^2 = -\beta^2$ とすると

$$\frac{1}{s^2 + b^2} = \frac{1}{s^2 - \beta^2} = \frac{1}{2\beta} \left(\frac{1}{s - \beta} - \frac{1}{s + \beta} \right)$$

$$\frac{s}{s^2 + b^2} = \frac{s}{s^2 - \beta^2} = \frac{1}{2} \left(\frac{1}{s - \beta} + \frac{1}{s + \beta} \right)$$

となるので

$$h(t) = \frac{1}{L} \cdot e^{-at} \mathscr{L}^{-1} \left\{ \frac{s}{s^2 + b^2} - \frac{a}{b} \frac{b}{s^2 + b^2} \right\}$$

$$= \frac{1}{L} \cdot e^{-at} \mathscr{L}^{-1} \left\{ \frac{1}{2} \left(\frac{1}{s - \beta} + \frac{1}{s + \beta} \right) \right.$$

$$- \frac{a}{2\beta} \left(\frac{1}{s-\beta} - \frac{1}{s+\beta} \right) \Big\}$$
$$= \frac{1}{2\beta L} \cdot e^{-at} \mathscr{L}^{-1} \left\{ \frac{\beta - a}{s - \beta} + \frac{\beta + a}{s + \beta} \right\}$$
$$= \frac{1}{2\beta L} \cdot e^{-at} \{ (\beta - a) \cdot e^{\beta \cdot t} + (\beta + a) \cdot e^{-\beta \cdot t} \}$$
$$= \frac{1}{\beta L} \cdot e^{-at} (\beta \cosh \beta \cdot t - a \sinh \beta \cdot t)$$

したがって

$$i(t) = \mathscr{L}^{-1} \{ I(s) \}$$
$$= \mathscr{L}^{-1} \{ H(s) \cdot e^{-t_0 \cdot s} \}$$
$$= h(t - t_0) \cdot u(t - t_0)$$
$$= \frac{1}{\beta L} \cdot e^{-a(t-t_0)} \{ \beta \cosh \beta \cdot (t - t_0) - a \sinh \beta \cdot (t - t_0) \} \cdot u(t - t_0)$$
$$= \frac{1}{\sqrt{-b^2} \cdot L} \cdot e^{-a(t-t_0)} \big\{ \sqrt{-b^2} \cosh \sqrt{-b^2} \cdot (t - t_0)$$
$$- a \sinh \sqrt{-b^2} \cdot (t - t_0) \big\} \cdot u(t - t_0)$$

となります.

図 3.13 にこの $t_0 = 1$ におけるインパルス応答波形を示します. インパルス信号に対し, $b^2 > 0$ では減衰振動がみられます. また, 抵抗 R の増加にと

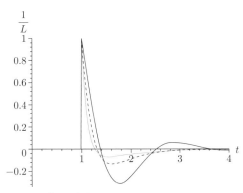

図 3.13 RLC 回路のインパルス応答:
減衰振動 ($b^2 > 0$:実線), 臨界減衰 ($b^2 = 0$:破線), 過減衰 ($b^2 < 0$:点線)

もない，$b^2 = 0$ の条件では臨界減衰，$b^2 < 0$ では過減衰と移り変わる様子がみられます．

章 末 問 題

3.1　(1)　表 3.1（143 ページ）の①のラプラス変換を，定義をもとに導きなさい．

　　　(2)　表 3.1 の③のラプラス変換を，表 3.1 の⑩を用いて導きなさい．

　　　(3)　表 3.1 の④のラプラス変換を，表 3.1 の③を用いて導きなさい．

　　　(4)　表 3.1 の⑤のラプラス変換を，オイラーの公式を用いて導きなさい．

　　　(5)　表 3.1 の⑥のラプラス変換を，表 3.1 の⑭を用いて導きなさい．

　　　(6)　表 3.1 の⑦のラプラス変換を，定義をもとに導きなさい．

　　　(7)　表 3.1 の⑧のラプラス変換を，表 3.1 の⑥，⑩をもとに導きなさい．

3.2　次のラプラス逆変換を求めなさい．

　　(1) $Y(s) = \dfrac{1}{s^2 + 4s}$ 　　　　　　(2) $Y(s) = \dfrac{2s + 12}{s^2 + 6s + 10}$

　　(3) $Y(s) = \dfrac{6}{s(s^2 + 4s + 3)}$

3.3　$y''(t) + 5y'(t) + 6y(t) = 0$ を，$y(0) = 2$，$y'(0) = 3$ のもとで解きなさい．

3.4　$y''(t) + 4y'(t) + 4y(t) = 0$ を，$y(0) = 1$，$y'(0) = 0$ のもとで解きなさい．

3.5　$y''(t) + 6y'(t) + 13y(t) = 0$ を，$y(0) = 2$，$y'(0) = 4$ のもとで解きなさい．

3.6　$y''(t) + 2y'(t) = 4$ を，$y(0) = 0$，$y'(0) = 0$ のもとで解きなさい．

3.7　$y'(t) + \omega^2 \displaystyle\int_0^t y(\tau)\,d\tau = a$ を，$y(0) = b$ のもとで解きなさい．

3.8　$y''(t) + 6y'(t) + 18y(t) = 3e^{-3t}$ を，$y(0) = 0$，$y'(0) = 0$ のもとで解きなさい．

3.9　(1)　$f(t) = u(t - 1) + u(t - 2) - 2u(t - 3)$ のラプラス変換を求めなさい．

　　　(2)　$f(t) = t \cos t$ のラプラス変換を求めなさい．また，2 階導関数のラプラス変換を利用し，得られた結果が同じになることを確認しなさい．

　　　(3)　$f(t) = t \cdot e^{bt} \sin at$ のラプラス変換を求めなさい．

3.10　次のラプラス逆変換を求めなさい．

(1) $Y(s) = \dfrac{2s}{(s^2 + 25)^2}$　　　　(2) $Y(s) = \dfrac{2s + 6}{(s^2 + 6s + 10)^2}$

(3) $Y(s) = \dfrac{e^{-s} + 3}{s^2 + 4s + 5}$

3.11 $y''(t) + 4y'(t) + 5y(t) = 2e^{-2t} \cos t$ を，$y(0) = 0$，$y'(0) = 0$ のもとで解きなさい．

3.12 $y''(t) + 4y'(t) = u(t) - u(t - 1)$ を，$y(0) = 1$，$y'(0) = 0$ のもとで解きなさい．

3.13 $y''(t) + 4y'(t) + 5y(t) = \delta(t - 1)$ を，$y(0) = 1$，$y'(0) = 3$ のもとで解きなさい．

3.14 次のラプラス逆変換をヘビサイド展開，および，たたみ込み積分を用いて求めなさい．

(1) $\mathscr{L}^{-1}\left\{\dfrac{2}{s^3(s - 1)}\right\}$　　　　(2) $\mathscr{L}^{-1}\left\{\dfrac{s^2}{(s^2 + a^2)^2}\right\}$

(3) $\mathscr{L}^{-1}\left\{\dfrac{2}{(s - 1)(s^2 + 4)}\right\}$

3.15 $y''(t) + 9y(t) = r(t)$ を，以下の条件について解きなさい

(1) $r(t) = e^{-t}$，および，$y(0) = 0$，$y'(0) = 0$

(2) $r(t) = \delta(t - 1)$，および，$y(0) = 0$，$y'(0) = 0$

(3) $r(t) = u(t - 1) - u(t - 2)$，および，$y(0) = 0$，$y'(0) = 0$

3.16 RC 直列回路において電源 $e(t)$ を接続したとき，回路に流れる電流 $i(t)$ に関する常微分方程式は次のようになる．

$$Ri(t) + \frac{1}{C} \int_0^t i(\tau)\,d\tau = e(t)$$

(1) $t = 0$ でスイッチ SW を閉じ，$e(t) = E_0$ としたとき，電流 $i(t)$ を求めなさい．ここで SW を閉じる直前で回路に流れる電流 $i(0)$，および，コンデンサに蓄えられた電荷はゼロとする．

(2) $e(t) = E_0 \sin \omega t$ の交流信号を入れたとき，電流 $i(t)$ を求めなさい．ここで初期電荷はゼロとする．

3.17 RL 直列回路において電源 $e(t)$ を接続したとき，回路に流れる電流 $i(t)$ に関する常微分方程式は次のようになる．

$$L\frac{d}{dt}i(t) + Ri(t) = e(t)$$

(1) $t = 0$ でスイッチ SW を閉じ，$e(t) = E_0$ としたとき，電流 $i(t)$ を求めなさい．ここで電流 $i(0)$ はゼロとする．

(2) $e(t) = E_0[u(t-1) - u(t-2)]$ のパルス信号を入れたとき，電流 $i(t)$ を求めなさい．

(3) $e(t) = \delta(t-1)$ のインパルス信号を入れたとき，電流 $i(t)$ を求めなさい．

第 **4** 章

フーリエ解析

　フーリエ解析は，フーリエ級数展開やフーリエ変換にもとづく現代科学での重要な解析手法です．

　理工学の問題で広く現れる線形システムに入力する信号は，適当な周期関数の和で表すことができます．このとき，フーリエ級数展開を適用すると，任意の周期関数は最も基本的な周期関数である三角関数の和で表されます．

　本章では，フーリエ級数の成り立ち，考え方について学びます．

　次に，フーリエ級数の考え方を無限周期に発展させ，周期的でない関数への適用について考えます．

　さらに，三角関数から複素関数に展開し，フーリエ変換を導きます．フーリエ変換の定義や性質を含む基礎的な事項を学び，信号解析への応用を考えます．

4.1　周期関数と直交関数系

4.1.1　周期関数の性質

　まず周期関数について考えていきましょう．すべての x に対して

$$f(x) = f(x + p) \tag{4.1}$$

が成り立つ正の数 p が存在するとき，$f(x)$ は周期的であるといいます．また**周期関数** $f(x)$ は任意の整数 n に対して

$$f(x) = f(x + np) \tag{4.2}$$

が成り立ちます．さらに，周期 p をもつ関数 $f(x)$，$g(x)$ に対し，a, b を任意の定数とすると，2 つの関数の線形結合

$$h(x) = af(x) + bg(x) \tag{4.3}$$

も，周期 p をもつ周期関数となります．

例 4.1

代表的な周期関数は，三角関数（$\sin x$, $\cos x$）です．式 (4.3) の周期関数の性質を三角関数を例にみていきましょう．$f(x) = \sin x$ としたとき，周期 $p = 2\pi$ なので

$$f(x) = \sin x = \sin(x + 2\pi)$$

であり，さらに

$$f(x) = \sin x = \sin(x + 2n\pi)$$

となります．さらに，$g(x) = \cos x$ としたときの線形結合は

$$\begin{aligned} h(x) = af(x) + bg(x) &= a\sin(x) + b\cos(x) \\ &= \sqrt{a^2 + b^2}\,\sin(x + \phi) \end{aligned}$$

となります．ここで

$$\tan\phi = \frac{a}{b}$$

となり，ϕ は定数になります．したがって

$$h(x + 2n\pi) = \sqrt{a^2 + b^2}\,\sin\{(x + \phi) + 2n\pi\} = \sqrt{a^2 + b^2}\,\sin(x + \phi)$$

$$\therefore\ h(x + 2n\pi) = h(x)$$

となるので，同じ周期をもつ三角関数の和も，やはり同様の周期関数となります．

三角関数の線形結合を用いることで，同じ周期をもつ任意の周期関数を表す

ことが可能です．三角関数は物理的には，ばねの振動や音波・光など，波を表現するために用いられますが，あらゆる信号波形を三角関数の重ね合わせ，すなわち**三角級数**で表現することができるという大きな特長があります．

この準備として，次の式で表される三角級数についてみていきましょう．

$$
\frac{a_0}{2} + a_1 \cos x + b_1 \sin x + a_2 \cos 2x + b_2 \sin 2x + \cdots
$$

$$
= \frac{a_0}{2} + \sum_{n=1}^{\infty} (a_n \cos nx + b_n \sin nx) \tag{4.4}
$$

ここで，$a_0, a_1, a_2, \cdots, b_1, b_2, \cdots$ は実定数です．

$\sin nx$ および $\cos nx$ もまた 2π の周期をもつので，前述の線形性より，この三角級数も 2π の周期をもつことになります．したがって，a_n と b_n を選ぶことにより，周期 2π の任意の関数を表すことができます．

このように任意の周期関数を三角級数で表すことを**フーリエ級数展開**といい，a_n および b_n を**フーリエ係数**と呼びます．

4.1.2　直交性

任意の周期関数 $f(x)$ に対し，式 (4.4) のフーリエ級数展開を完成させるためには，フーリエ係数 a_n と b_n を決定しなければなりません．このとき，三角関数の**直交性**が使われます．ここで互いに直交する関数（**直交関数系**）についてみていきましょう．

区間 $[-\pi, \pi]$ において定義される連続関数 f, g について

$$
\int_{-\pi}^{\pi} f(x)\, g(x)\, dx = 0 \tag{4.5}
$$

が成り立つとき，これらの関数は互いに**直交関係**にあるといいます．

例題 4.1

整数 m, n について，$f(x) = \sin mx$，$g(x) = \sin nx$ としたとき，区間 $[-\pi, \pi]$ におけるこれらの関数の直交性を調べなさい．

答え

区間 $[-\pi, \pi]$ における $f(x)\,g(x)$ の積分は

$$\int_{-\pi}^{\pi} f(x)\,g(x)\,dx = \int_{-\pi}^{\pi} \sin mx \sin nx\,dx$$
$$= \int_{-\pi}^{\pi} \frac{\cos(m-n)x - \cos(m+n)x}{2}\,dx$$

ここで，$m \neq n$ のとき

$$\int_{-\pi}^{\pi} f(x)\,g(x)\,dx = 0$$

となり，2 つの関数は直交します．一方，$m = n$ のとき

$$\int_{-\pi}^{\pi} f(x)\,g(x)\,dx = \int_{-\pi}^{\pi} \frac{1 - \cos 2nx}{2}\,dx = \pi$$

となります．

　次節では，この直交性を利用して，フーリエ係数を求めていきましょう．

4.2　フーリエ級数

4.2.1　周期 2π の関数のフーリエ級数展開

　周期 2π をもつ周期関数 $f(x)$ $(f(x + 2\pi) = f(x))$ が，次の三角級数で表されているとします．

$$f(x) = \frac{a_0}{2} + \sum_{n=1}^{\infty} (a_n \cos nx + b_n \sin nx) \tag{4.6}$$

ここで係数 a_n，b_n を三角関数の直交性を利用して求めていきましょう．
$f(x)$ は区間 $[-\pi, \pi]$ で積分可能であるとし，項別積分を行うと

$$\int_{-\pi}^{\pi} f(x)\,dx = \int_{-\pi}^{\pi} \left[\frac{a_0}{2} + \sum_{n=1}^{\infty} (a_n \cos nx + b_n \sin nx) \right] dx$$
$$= \frac{a_0}{2} \int_{-\pi}^{\pi} dx$$

$$+ \sum_{n=1}^{\infty} \left(a_n \int_{-\pi}^{\pi} \cos nx \, dx + b_n \int_{-\pi}^{\pi} \sin nx \, dx \right)$$

$$= \pi a_0$$

となり，したがって

$$a_0 = \frac{1}{\pi} \int_{-\pi}^{\pi} f(x) \, dx \tag{4.7}$$

が得られます．次に式 (4.6) の両辺に $\cos kx$ をかけて項別積分を行うと

$$\int_{-\pi}^{\pi} f(x) \cos kx \, dx$$

$$= \frac{a_0}{2} \int_{-\pi}^{\pi} \cos kx \, dx$$

$$+ \sum_{n=1}^{\infty} \left\{ a_n \int_{-\pi}^{\pi} \cos nx \cos kx \, dx + b_n \int_{-\pi}^{\pi} \sin nx \cos kx \, dx \right\}$$

$$= a_k \int_{-\pi}^{\pi} \cos^2 kx \, dx = \pi a_k \qquad (\because \ n = k)$$

となり，直交関係から級数の無限にある $\cos nx$ 項のうち，$n = k$ となる項だけを残して，ほかはゼロとなります．したがって

$$a_k = \frac{1}{\pi} \int_{-\pi}^{\pi} f(x) \cos kx \, dx \tag{4.8}$$

が得られます．式 (4.6) の両辺に $\sin kx$ をかけて項別積分を行う場合も同様に

$$\int_{-\pi}^{\pi} f(x) \sin kx \, dx$$

$$= \frac{a_0}{2} \int_{-\pi}^{\pi} \sin kx \, dx$$

$$+ \sum_{n=1}^{\infty} \left\{ a_n \int_{-\pi}^{\pi} \cos nx \sin kx \, dx + b_n \int_{-\pi}^{\pi} \sin nx \sin kx \, dx \right\}$$

$$= b_k \int_{-\pi}^{\pi} \sin^2 kx \, dx = \pi b_k$$

となります．したがって

$$b_k = \frac{1}{\pi} \int_{-\pi}^{\pi} f(x) \sin kx \, dx \tag{4.9}$$

が得られます．以上をまとめると

$$f(x) = \frac{a_0}{2} + \sum_{n=1}^{\infty} (a_n \cos nx + b_n \sin nx)$$

$$\begin{cases} a_n = \dfrac{1}{\pi} \displaystyle\int_{-\pi}^{\pi} f(x) \cos nx\, dx & (n = 0,\, 1,\, 2,\, \cdots) \\[3mm] b_n = \dfrac{1}{\pi} \displaystyle\int_{-\pi}^{\pi} f(x) \sin nx\, dx & (n = 1,\, 2,\, 3,\, \cdots) \end{cases} \tag{4.10}$$

となります．ここで求めた $a_0,\, a_1,\, a_2,\, \cdots,\, b_1,\, b_2,\, \cdots$ を関数 $f(x)$ の**フーリエ係数**といい，この係数をもつ三角級数を**フーリエ級数**と呼んでいます．

　一般には区間 $[-\pi,\, \pi]$ で積分可能な周期関数 $f(x)$ が与えられたとき，関数 $f(x)$ からフーリエ係数を求めて，フーリエ級数を決定します．このフーリエ級数を求める過程を**フーリエ級数展開**といいます．

例題 4.2

関数 $f(x)$ が周期 2π の周期関数として次式で与えられているとき，関数 $f(x)$ をフーリエ級数展開しなさい．

$$f(x) = \begin{cases} 0 & (-\pi < x < 0) \\ 1 & (x = 0,\, \pi) \\ 2 & (0 < x < \pi) \end{cases}$$

答え

　関数 $f(x)$ を図 4.1(a) に示します．$f(x)$ よりフーリエ係数を求めると

$$a_0 = \frac{1}{\pi} \int_{-\pi}^{\pi} f(x)\, dx = \frac{1}{\pi} \int_{0}^{\pi} 2\, dx = \frac{2}{\pi} [x]_{0}^{\pi} = 2$$

$$a_n = \frac{1}{\pi} \int_{-\pi}^{\pi} f(x) \cos nx\, dx$$

$$= \frac{1}{\pi} \int_{0}^{\pi} 2 \cos nx\, dx = \frac{2}{\pi} \left[\frac{\sin nx}{n} \right]_{0}^{\pi} = 0$$

$$b_n = \frac{1}{\pi} \int_{-\pi}^{\pi} f(x) \sin nx\, dx$$

$$= \frac{1}{\pi} \int_{0}^{\pi} 2 \sin nx\, dx$$

$$= \frac{2}{\pi} \left[\frac{-\cos nx}{n} \right]_0^\pi = \frac{2}{n\pi} \{1 - (-1)^n\}$$

となります．ここで整数 n に対し

$$\cos n\pi = (-1)^n$$

の関係を用いています．したがって $f(x)$ は次のように展開されます．

$$f(x) \approx \frac{a_0}{2} + \sum_{n=1}^{\infty} (a_n \cos nx + b_n \sin nx)$$

$$= 1 + \frac{2}{\pi} \sum_{n=1}^{\infty} \frac{1 - (-1)^n}{n} \sin nx$$

$$= 1 + \frac{4}{\pi} \left(\sin x + \frac{1}{3} \sin 3x + \frac{1}{5} \sin 5x + \cdots \right)$$

上記の例題で求めたフーリエ級数の第 N 項までの部分和

$$S_N = 1 + \frac{2}{\pi} \sum_{n=1}^{N} \frac{1 - (-1)^n}{n} \sin nx \qquad (N > 0)$$

を計算した結果を図 4.1(b) に示します．N が大きくなるにしたがい，S_N が $f(x)$ に近づいていく様子がわかります．また，$f(x)$ が不連続な点 $(x = 0)$ で，$\frac{1}{2}(f(x+0) + f(x-0))$ $(= 1)$ に収束していることがわかります．

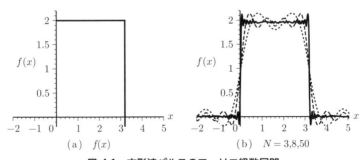

(a) $f(x)$ (b) $N = 3, 8, 50$

図 4.1 方形波パルスのフーリエ級数展開

例題 4.3

　関数 $f(x)$ が周期 2π の周期関数として次式で与えられるとき，関数 $f(x)$ を図示し，フーリエ級数展開しなさい．

$$f(x) = \begin{cases} 0 & (-\pi < x < 0) \\ x & (0 < x < \pi) \\ \dfrac{\pi}{2} & (x = \pi) \end{cases}$$

答え

　関数 $f(x)$ を図 4.2(a) に示します．$f(x)$ よりフーリエ係数を求めると

$$a_0 = \frac{1}{\pi} \int_{-\pi}^{\pi} f(x)\,dx = \frac{1}{\pi} \int_{0}^{\pi} x\,dx = \frac{1}{\pi} \left[\frac{1}{2} x^2 \right]_0^{\pi} = \frac{\pi}{2}$$

$$\begin{aligned} a_n &= \frac{1}{\pi} \int_{-\pi}^{\pi} f(x) \cos nx\,dx \\ &= \frac{1}{\pi} \int_{0}^{\pi} x \cos nx\,dx \\ &= \frac{1}{\pi} \left[\frac{nx \cdot \sin nx + \cos nx}{n^2} \right]_0^{\pi} = \frac{1}{\pi} \cdot \frac{1(-1)^n - 1}{n^2} \end{aligned}$$

$$\begin{aligned} b_n &= \frac{1}{\pi} \int_{-\pi}^{\pi} f(x) \sin nx\,dx \\ &= \frac{1}{\pi} \int_{0}^{\pi} x \sin nx\,dx \\ &= \frac{1}{\pi} \left[\frac{-nx \cdot \cos nx + \sin nx}{n^2} \right]_0^{\pi} = -\frac{(-1)^n}{n} \end{aligned}$$

となります．したがって $f(x)$ は次のようにフーリエ級数展開されます．

$$\begin{aligned} f(x) &\approx \frac{a_0}{2} + \sum_{n=1}^{\infty} (a_n \cos nx + b_n \sin nx) \\ &= \frac{\pi}{4} + \sum_{n=1}^{\infty} \left\{ \frac{(-1)^n - 1}{\pi n^2} \cos nx - \frac{(-1)^n}{n} \sin nx \right\} \end{aligned}$$

　上記の例題で求めたフーリエ級数の第 N 項までの部分和

$$S_N = \frac{\pi}{4} + \sum_{n=1}^{N} \left[\frac{(-1)^n - 1}{\pi n^2} \cos nx - \frac{(-1)^n}{n} \sin nx \right] \qquad (N > 0)$$

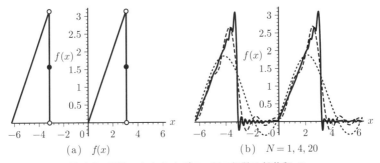

図 4.2 関数 $f(x)$ およびフーリエ級数の部分和 S_N

(a) $f(x)$　　　　(b) $N = 1, 4, 20$

を計算した結果を図 4.2(b) に示します．N を大きくするにしたがい，S_N が $f(x)$ に近づいていく様子がわかります．

$x = \pi$ における不連続部では級数の収束が悪く，細かな振動を繰り返していることがわかるね．

4.2.2　周期 T の関数のフーリエ級数展開

次に，任意周期の関数について，フーリエ級数展開をみていきましょう．

周期 T の周期関数 $f(t)$ では

$$f(t) = f(t + nT) \qquad (n = 0, \pm 1, \pm 2, \cdots) \tag{4.11}$$

となる性質をもっています．したがって，関数 $f(t)$ が区間 $\left[-\dfrac{T}{2}, \dfrac{T}{2}\right]$ で積分可能ならば周期 2π のフーリエ級数展開について $t \to \dfrac{2\pi}{T}t$ の変数変換をすることにより

$$f(t) = \frac{a_0}{2} + \sum_{n=1}^{\infty} \left(a_n \cos \frac{2n\pi}{T}t + b_n \sin \frac{2n\pi}{T}t\right) \tag{4.12}$$

が得られます．このとき，$f(t)$ のフーリエ級数展開は，周期 2π の関数のフーリエ級数展開と同様に，直交関係から

$$
\begin{cases}
a_n = \dfrac{2}{T} \displaystyle\int_{-\frac{T}{2}}^{\frac{T}{2}} f(t) \cos \dfrac{2n\pi}{T} t \, dt & (n = 0,\, 1,\, 2,\, \cdots) \\[4mm]
b_n = \dfrac{2}{T} \displaystyle\int_{-\frac{T}{2}}^{\frac{T}{2}} f(t) \sin \dfrac{2n\pi}{T} t \, dt & (n = 1,\, 2,\, 3,\, \cdots)
\end{cases}
\tag{4.13}
$$

と求めることができます.

例題 4.4

　周期 2 をもつ関数 $f(t) = e^t$ （$|t| < 1$）を図示し, フーリエ級数展開しなさい.

答え

　関数 $f(t)$ を図 4.3(a) に示します. $f(t)$ よりフーリエ係数を求めると

$$
\begin{aligned}
a_n &= \frac{2}{T} \int_{-\frac{T}{2}}^{\frac{T}{2}} f(t) \cos \frac{2n\pi}{T} t \, dt \\
&= \int_{-1}^{1} e^t \cos n\pi t \, dt \\
&= \frac{1}{1 + n^2\pi^2} [e^t \cos n\pi t + n\pi e^t \sin n\pi t]_{-1}^{1} \\
&= \frac{\cos n\pi}{1 + n^2\pi^2} (e - e^{-1}) = \frac{(-1)^n}{1 + n^2\pi^2} (e - e^{-1}) \\
b_n &= \frac{2}{T} \int_{-\frac{T}{2}}^{\frac{T}{2}} f(t) \sin \frac{2n\pi}{T} t \, dt \\
&= \int_{-1}^{1} e^t \sin n\pi t \, dt \\
&= \frac{1}{1 + n^2\pi^2} [-n\pi e^t \cos n\pi t + e^t \sin n\pi t]_{-1}^{1} \\
&= -\frac{n\pi \cdot \cos n\pi}{1 + n^2\pi^2} (e - e^{-1}) = -\frac{n\pi (-1)^n}{1 + n^2\pi^2} (e - e^{-1})
\end{aligned}
$$

となります. したがって, $f(t)$ のフーリエ級数展開は

$$
f(t) \approx \frac{a_0}{2} + \sum_{n=1}^{\infty} (a_n \cos n\pi t + b_n \sin n\pi t)
$$

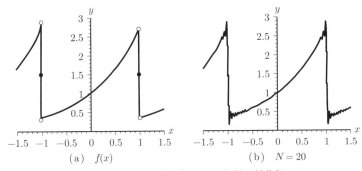

図 4.3 関数 $f(t)$ およびフーリエ級数の部分和 S_{20}

$$\begin{cases} a_n = \dfrac{(-1)^n}{1+n^2\pi^2}(e-e^{-1}) & (n = 0,\, 1,\, 2,\, \cdots) \\[3mm] b_n = -\dfrac{n\pi(-1)^n}{1+n^2\pi^2}(e-e^{-1}) & (n = 1,\, 2,\, 3,\, \cdots) \end{cases}$$

となります.

このフーリエ級数の第 20 項までの部分和を計算した結果を図 4.3(b) に示します. $t = 1$ の不連続部では,やはり級数の収束が悪く,細かな振動を繰り返していることがわかります.

例題 4.5

周期 2 の周期関数

$$f(x) = \begin{cases} 0 & (-1 < x \leq 0) \\ \sin \pi x & (0 < x \leq 1) \end{cases}$$

を図示し,フーリエ級数展開しなさい.

答え

図 4.4(a) に示します[1]. 設問の $f(x)$ のフーリエ級数 a_n は以下のようになります.

---

[1] この $f(x)$ は交流をダイオードで半波整流したときの波形を表しています.

$$a_n = \frac{2}{T} \int_0^{\frac{T}{2}} \sin \pi x \cdot \cos \frac{2n\pi}{T} x \, dx$$

$$= \int_0^1 \sin \pi x \cdot \cos n\pi x \, dx$$

$$= \int_0^1 \frac{\sin(n+1)\pi x - \sin(n-1)\pi x}{2} \, dx$$

$$= \frac{1}{2} \left[\frac{-1}{n+1} \cos(n+1)\pi x + \frac{1}{n-1} \cos(n-1)\pi x \right]_0^1$$

$$= \frac{1}{2} \left[\frac{1 - (-1)^{n+1}}{(n+1)\pi} - \frac{1 - (-1)^{n-1}}{(n-1)\pi} \right] = -\frac{1}{\pi} \frac{1 + (-1)^n}{n^2 - 1}$$

ここで, $n = 1$ のとき

$$a_1 = \int_0^1 \frac{\sin(n+1)\pi x - \sin(n-1)\pi x}{2} \, dx = \frac{1}{2} \int_0^1 \sin 2\pi x \, dx = 0$$

となり, また $n = 2m + 1$ $(m = 1, 2, 3, \cdots)$ のとき $a_n = 0$ となるので, $n = 2m$ のときを考えると a_n は次のようになります.

$$a_n = -\frac{1}{\pi} \frac{1 + (-1)^n}{n^2 - 1} = -\frac{1}{\pi} \frac{1 + (-1)^{2m}}{(2m)^2 - 1} = -\frac{2}{\pi} \frac{1}{4m^2 - 1}$$

また, フーリエ級数 b_n は

$$b_n = \frac{2}{T} \int_0^{\frac{T}{2}} \sin \pi x \cdot \sin \frac{2n\pi}{T} x \, dx$$

$$= \frac{1}{2} \int_0^1 \sin \pi x \cdot \sin n\pi x \, dx = \int_0^1 \frac{\cos(n-1)\pi x - \cos(n+1)\pi x}{2} \, dx$$

となります. ここで $n = 1$ のとき

$$b_1 = \int_0^1 \frac{\cos(n-1)\pi x - \cos(n+1)\pi x}{2} \, dx$$

$$= \frac{1}{2} \int_0^1 (1 - \cos 2\pi x) \, dx = \frac{1}{2} \int_0^1 dx = \frac{1}{2}$$

となり, $n > 1$ のとき

$$b_n = \int_0^1 \frac{\cos(n-1)\pi x - \cos(n+1)\pi x}{2} \, dx$$

$$= \frac{1}{2}\left[\frac{1}{n-1}\sin(n-1)\pi x - \frac{1}{n+1}\sin(n+1)\pi x\right]_0^1 = 0$$

となります．したがって，関数 $f(x)$ のフーリエ級数は

$$f(x) \approx \frac{a_0}{2} + \sum_{n=1}^{\infty}\left\{a_n\cos\frac{2n\pi}{T}x + b_n\sin\frac{2n\pi}{T}x\right\}$$

$$= \frac{1}{\pi} + b_1\sin\pi x - \frac{2}{\pi}\sum_{n=1}^{\infty}\left\{\frac{1+(-1)^n}{n^2-1}\right\}\cos n\pi x$$

$$= \frac{1}{\pi} + \frac{1}{2}\sin\pi x - \frac{2}{\pi}\sum_{m=1}^{\infty}\left\{\frac{1}{4m^2-1}\right\}\cos 2m\pi x$$

となります．

図 4.4(b) に，フーリエ級数の第 4 項までの部分和の計算結果を示します．

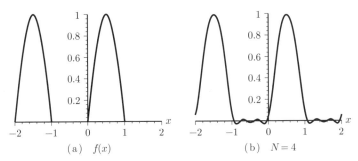

(a) $f(x)$ (b) $N=4$

図 4.4 半波整流波形のフーリエ級数展開の部分和 S_4

今度は，級数の収束が比較的いいね．

4.2.3 関数の偶奇性のフーリエ解析への適用

$\cos t$ は偶関数，$\sin t$ は奇関数（2 ページ参照）なので，フーリエ解析では

解析を簡単にするため，関数の偶奇性（偶関数か奇関数か，およびその性質）は大いに役立ちます．

周期 T の周期関数 $g(t)$ が偶関数ならばその区間積分は

$$\int_{-\frac{T}{2}}^{\frac{T}{2}} g(t)\, dt = 2 \int_{0}^{\frac{T}{2}} g(t)\, dt \tag{4.14}$$

となります．周期関数 $h(t)$ が奇関数の場合

$$\int_{-\frac{T}{2}}^{\frac{T}{2}} h(t)\, dt = 0 \tag{4.15}$$

になります．これらの関数の偶奇性をもとにフーリエ級数展開をみてみると，$f(t)$ が偶関数の場合，フーリエ係数は

$$\begin{cases} a_n = \dfrac{2}{T} \displaystyle\int_{-\frac{T}{2}}^{\frac{T}{2}} f(t) \cos \dfrac{2n\pi}{T} t\, dt = \dfrac{4}{T} \displaystyle\int_{0}^{\frac{T}{2}} f(t) \cos \dfrac{2n\pi}{T} t\, dt \\ \qquad\qquad\qquad\qquad\qquad\qquad\qquad\qquad (n = 0,\, 1,\, 2,\, \cdots) \\ b_n = \dfrac{2}{T} \displaystyle\int_{-\frac{T}{2}}^{\frac{T}{2}} f(t) \sin \dfrac{2n\pi}{T} t\, dt = 0 \qquad (n = 1,\, 2,\, 3,\, \cdots) \end{cases}$$

となります．したがって偶関数のフーリエ級数展開は

$$\begin{cases} f(t) = \dfrac{a_0}{2} + \displaystyle\sum_{n=1}^{\infty} a_n \cos \dfrac{2n\pi}{T} t \\ a_n = \dfrac{4}{T} \displaystyle\int_{0}^{\frac{T}{2}} f(t) \cos \dfrac{2n\pi}{T} t\, dt \qquad (n = 0,\, 1,\, 2,\, \cdots) \end{cases} \tag{4.16}$$

と簡単になります．

$f(t)$ が奇関数の場合，偶奇性から $a_n = 0$ となるので，フーリエ級数展開は

$$\begin{cases} f(t) = \displaystyle\sum_{n=1}^{\infty} b_n \sin \dfrac{2n\pi}{T} t \\ b_n = \dfrac{4}{T} \displaystyle\int_{0}^{\frac{T}{2}} f(t) \sin \dfrac{2n\pi}{T} t\, dt \qquad (n = 1,\, 2,\, 3,\, \cdots) \end{cases} \tag{4.17}$$

と簡単になります．

例題 4.6

周期 T をもつ関数 $f(t) = t$ $(-\dfrac{T}{2} < t \leq \dfrac{T}{2})$ を図示し，フーリエ級数展開しなさい．

答え

$f(-t) = -t = -f(t)$ となるので，$f(t)$ は図 4.5(a) に示すとおり奇関数となります．したがって，フーリエ係数 b_n は次のようになります．

$$
\begin{aligned}
b_n &= \frac{4}{T} \int_0^{\frac{T}{2}} t \, \sin \frac{2n\pi}{T} t \, dt \\
&= \frac{T}{n^2 \pi^2} \left[\sin \frac{2n\pi}{T} t - \frac{2n\pi}{T} t \cdot \cos \frac{2n\pi}{T} t \right]_0^{\frac{T}{2}} \\
&= -\frac{T}{n\pi} \cos n\pi = -\frac{T}{n\pi}(-1)^n \qquad (n = 1, 2, 3, \cdots)
\end{aligned}
$$

よって，$f(t)$ のフーリエ級数展開は

$$
\begin{cases}
f(t) \approx \displaystyle\sum_{n=1}^{\infty} b_n \, \sin \frac{2n\pi}{T} t \\
b_n = -\dfrac{T}{n\pi}(-1)^n \qquad (n = 1, 2, 3, \cdots)
\end{cases}
$$

となります．

図 4.5(b) に，$T = 1$ としたフーリエ級数の第 40 項までの部分和の計算結果を示します．この場合も，やはり不連続部で級数の収束が悪く，細かな振動を繰り返していることがわかります．

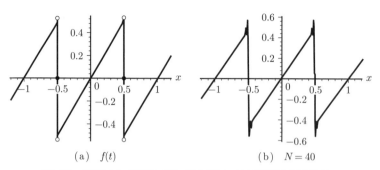

（a）　$f(t)$　　　　　　　（b）　$N = 40$

図 4.5　例題 4.6 の関数 $f(t)$ およびフーリエ級数の部分和 S_{40}

例題 4.7

　周期 T をもつ関数 $f(t) = t^2$ $\left(-\dfrac{T}{2} < t \leq \dfrac{T}{2}\right)$ をフーリエ級数展開しなさい.

答え

　$f(-t) = t^2 = f(t)$ となるので, $f(t)$ は偶関数となります. したがって, フーリエ係数 a_n は次のようになります.

$$a_0 = \frac{4}{T} \int_0^{\frac{T}{2}} t^2 \, dt = \frac{4}{T} \frac{1}{3}\left(\frac{T}{2}\right)^3 = \frac{T^2}{6}$$

$$\begin{aligned}
a_n &= \frac{4}{T} \int_0^{\frac{T}{2}} t^2 \cos \frac{2n\pi}{T} t \, dt \\
&= \frac{T^2}{2n^3\pi^3}\left[\left(\frac{2n\pi}{T}\right)^2 t^2 \cdot \sin \frac{2n\pi}{T} t - 2 \sin \frac{2n\pi}{T} t \right. \\
&\quad \left. + 2\frac{2n\pi}{T} t \cdot \cos \frac{2n\pi}{T} t\right]_0^{\frac{T}{2}} \\
&= \frac{T^2}{n^2\pi^2} \cdot \cos n\pi = \frac{T^2}{n^2\pi^2}(-1)^n \qquad (n = 1, 2, 3, \cdots)
\end{aligned}$$

よって, $f(t)$ のフーリエ級数展開は

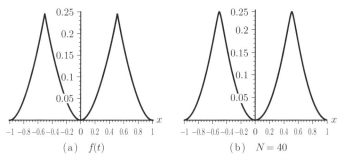

図 4.6 例題 4.7 の関数 $f(t)$ およびフーリエ級数の部分和 S_{40}

$$\begin{cases} f(t) \approx \dfrac{a_0}{2} + \displaystyle\sum_{n=1}^{\infty} a_n \cos \dfrac{2n\pi}{T} t \\ a_0 = \dfrac{T^2}{6} \\ a_n = \dfrac{T^2}{n^2\pi^2}(-1)^n \qquad (n = 1, 2, 3, \cdots) \end{cases}$$

となります.

　図 4.6(b) に $T = 1$ としたときの $f(t)$, およびフーリエ級数の第 40 項までの部分和の計算結果を示します. 図からこの関数の場合, 連続関数となっているため, 級数の収束が非常によいことがわかります.

4.2.4　フーリエ級数の性質

ここで, フーリエ級数の性質についてまとめておきましょう.
関数 $f(x)$ のフーリエ級数展開では

- 関数 $f(x)$ は任意の周期関数であり, 周期区間で積分が可能であること
- 積分区間内で連続か, 区分的に (変数 x に対して) 連続な関数であること

がフーリエ級数が収束する条件となっています.
　例題 4.4 についてあらためてみてみましょう. この関数では $x = 1$ が $f(x)$ の不連続点となっており, また左微分係数と右微分係数が異なります. しかし区分的に連続の条件を満たしているため, 積分可能となり, フーリエ級数は収束します.

　ここで，$f(x)$ の不連続点についてもう少し詳しくみてみましょう．フーリエ級数展開の部分和（図 4.7(b)）が示すとおり，$f(x)$ が，不連続な点では左極限値 $f(x_{0-})$ と右極限値 $f(x_{0+})$ の中間値 $\dfrac{1}{2}\{f(x_{0-}) + f(x_{0+})\}$ を通ることがわかります．このとき，フーリエ級数は三角級数であるため連続とならなければなりません．したがって，$f(x)$ の不連続点では急峻な傾き（大きな微分係数）が必要となる，すなわち n の大きな級数項が無視できなくなります．

　このため，$f(x)$ の不連続点近傍ではフーリエ級数の収束が悪く，細かな振動を繰り返すことになります．特に不連続点近傍では極限値を越える突起をともないます．こうした現象を**ギブスの現象**といいます．

　次に，フーリエ級数の収束について考えてみましょう．これまで与えられた周期関数 $f(x)$ を無限三角級数

$$f(x) = \frac{a_0}{2} + \sum_{n=1}^{\infty}(a_n \cos nx + b_n \sin nx)$$

で表し，項別積分可能として，三角関数の直交性を用いて，各項の最適値であるフーリエ係数を求めます．この三角級数が $n \to \infty$ で $f(x)$ に一様収束していく様子をみていきましょう．

　区間 $[-\pi, \pi]$ で定義された周期関数 $f(x)$ を，n の範囲を N までと固定した三角多項式

$$F_N(x) = \frac{c_0}{2} + \sum_{n=1}^{N}(c_n \cos n \cdot x + d_n \sin n \cdot x)$$

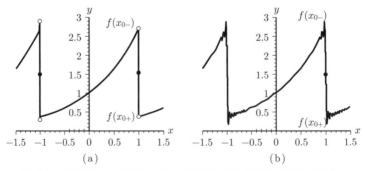

図 4.7　区分的に連続な関数 (a) とそのフーリエ級数展開の部分和 (b)

で近似します．このとき，$f(x)$ に対する $F_N(x)$ の全 2 乗誤差は

$$\delta_N{}^2 = \int_{-\pi}^{\pi} (f(x) - F_N(x))^2 \, dx$$

と表すことができます．したがって

$$\delta_N{}^2 = \int_{-\pi}^{\pi} \{f^2(x) - 2f(x)F_N(x) + F_N{}^2(x)\} \, dx$$

$$= \int_{-\pi}^{\pi} f^2(x) \, dx - 2 \int_{-\pi}^{\pi} f(x)F_N(x) \, dx + \int_{-\pi}^{\pi} F_N{}^2(x) \, dx$$

となります．ここで三角関数の直交性から

$$\int_{-\pi}^{\pi} F_N{}^2(x) \, dx = \int_{-\pi}^{\pi} \frac{c_0{}^2}{4} + \sum_{n=1}^{N} (c_n{}^2 \cos^2 n \cdot x + d_n{}^2 \sin^2 n \cdot x) \, dx$$

$$= \frac{c_0{}^2 \pi}{2} + \sum_{n=1}^{N} \left(c_n{}^2 \int_{-\pi}^{\pi} \cos^2 n \cdot x \, dx + d_n{}^2 \int_{-\pi}^{\pi} \sin^2 n \cdot x \, dx \right)$$

$$= \frac{c_0{}^2 \pi}{2} + \pi \sum_{n=1}^{N} (c_n{}^2 + d_n{}^2)$$

および

$$\int_{-\pi}^{\pi} f(x)F_N(x) \, dx$$

$$= \int_{-\pi}^{\pi} \frac{a_0 c_0}{4} + \sum_{n=1}^{N} (a_n c_n \cos^2 n \cdot x + b_n d_n \sin^2 n \cdot x) \, dx$$

$$= \frac{a_0 c_0 \pi}{2} + \sum_{n=1}^{N} \left(a_n c_n \int_{-\pi}^{\pi} \cos^2 n \cdot x \, dx + b_n d_n \int_{-\pi}^{\pi} \sin^2 n \cdot x \, dx \right)$$

$$= \frac{a_0 c_0 \pi}{2} + \pi \sum_{n=1}^{N} (a_n c_n + b_n d_n)$$

が導かれます．これらを全 2 乗誤差の式に代入すると

$$\delta_N{}^2 = \int_{-\pi}^{\pi} f^2(x) \, dx - 2\pi \left\{ \frac{a_0 c_0}{2} + \sum_{n=1}^{N} (a_n c_n + b_n d_n) \right\}$$

$$+ \pi \left\{ \frac{c_0{}^2}{2} + \sum_{n=1}^{N} (c_n{}^2 + d_n{}^2) \right\}$$

$$= \int_{-\pi}^{\pi} f^2(x)\,dx + \pi \left[\frac{(c_0 - a_0)^2}{2} + \sum_{n=1}^{N} \left\{ (c_n - a_n)^2 + (d_n - b_n)^2 \right\} \right]$$

$$- \pi \left\{ \frac{a_0{}^2}{2} + \sum_{n=1}^{N} (a_n{}^2 + b_n{}^2) \right\} \tag{4.18}$$

となり

$$c_n = a_n, \quad d_n = b_n$$

のとき，すなわち，フーリエ係数のとき，2 乗誤差は最小になります．また，全 2 乗誤差は $\delta_N{}^2 \geq 0$ なので

$$\delta_N{}^2 = \int_{-\pi}^{\pi} f^2(x)\,dx - \pi \left\{ \frac{a_0{}^2}{2} + \sum_{n=1}^{N} (a_n{}^2 + b_n{}^2) \right\} \geq 0 \tag{4.19}$$

が成り立ちます．この関係は，N がいくつの場合でも成り立ちますので

$$\frac{a_0{}^2}{2} + \sum_{n=1}^{\infty} (a_n{}^2 + b_n{}^2) \leq \frac{1}{\pi} \int_{-\pi}^{\pi} f^2(x)\,dx \tag{4.20}$$

が導き出されます．これを**ベッセルの不等式**といいます．

さらに，フーリエ級数が一様収束するとき，$f(x)$ とそのフーリエ級数の部分和 S_N の間には

$$\lim_{N \to \infty} \int_{-\pi}^{\pi} |f(x) - S_N(x)|^2 \, dx = 0 \tag{4.21}$$

が成り立ち，ベッセルの不等式において等号が成立します．これを**パーセバルの等式**といいます．

4.2.5　複素フーリエ級数展開

フーリエ級数にオイラーの公式を適用することにより，**複素フーリエ級数**を導くことができます．まずオイラーの公式を確認しておきましょう．

微分可能な関数 $f(x)$ に対し，そのテイラー展開は

$$f(x) = f(a) + f'(a)(x - a) + \frac{1}{2} f''(a)(x - a)^2 + \cdots$$

$$+ \frac{1}{n!} f^{(n)}(a)(x - a)^n + \cdots$$

で表すことができます．ここで, $a = 0$ として $\cos x$, $\sin x$, および e^x の3つの関数についてテイラー展開を求めます．

$$\begin{cases} \cos x = 1 - \dfrac{1}{2!}x^2 + \dfrac{1}{4!}x^4 - \dfrac{1}{6!}x^6 + \cdots \\ \sin x = x - \dfrac{1}{3!}x^3 + \dfrac{1}{5!}x^5 - \dfrac{1}{7!}x^7 + \cdots \\ e^{ix} = 1 + ix - \dfrac{1}{2!}x^2 - \dfrac{1}{3!}ix^3 + \dfrac{1}{4!}x^4 + \cdots + \dfrac{1}{n!}(ix)^n + \cdots \end{cases}$$

これらを整理すると**オイラーの公式**

$$e^{ix} = \cos x + i \sin x \tag{4.22}$$

が得られます．これより

$$\cos x = \frac{e^{ix} + e^{-ix}}{2}, \quad \sin x = \frac{e^{ix} - e^{-ix}}{2i} \tag{4.23}$$

の関係が導かれます．これをフーリエ級数展開に適用すると

$$\begin{aligned} f(x) &= \frac{a_0}{2} + \sum_{n=1}^{\infty}(a_n \cos nx + b_n \sin nx) \\ &= \frac{a_0}{2} + \sum_{n=1}^{\infty}\left(a_n \frac{e^{inx} + e^{-inx}}{2} + b_n \frac{e^{inx} - e^{-inx}}{2i}\right) \\ &= \frac{a_0}{2} + \sum_{n=1}^{\infty}\left(\frac{a_n - ib_n}{2}e^{inx} + \frac{a_n + ib_n}{2}e^{-inx}\right) \end{aligned}$$

となります．ここで

$$c_0 = \frac{a_0}{2}, \quad c_{+n} = \frac{a_n - ib_n}{2}, \quad c_{-n} = \frac{a_n + ib_n}{2}$$

とすると

$$f(x) = c_0 + \sum_{n=1}^{\infty}(c_{+n}e^{inx} + c_{-n}e^{-inx}) = \sum_{n=-\infty}^{\infty} c_n e^{inx} \tag{4.24}$$

が得られます．ここで n の範囲に注意してください．

この場合のフーリエ係数 c_n を求めてみましょう．まず区間 $[-\pi, \pi]$ での複素数の積分についてみていきます．

$$\int_{-\pi}^{\pi} e^{ikx}\,dx = \int_{-\pi}^{\pi} (\cos kx + i \sin kx)\,dx = \begin{cases} 0 & (k \neq 0) \\ 2\pi & (k = 0) \end{cases}$$

次に，フーリエ級数展開と同様に，次の項別積分を考えます．

$$\int_{-\pi}^{\pi} f(x)e^{-inx}\,dx = \int_{-\pi}^{\pi} \sum_{k=-\infty}^{\infty} c_k e^{ikx} e^{-inx}\,dx$$

$$= \sum_{k=-\infty}^{\infty} c_k \int_{-\pi}^{\pi} e^{i(k-n)x}\,dx$$

先の複素数積分を考慮すると，項別積分は $k = n$ のときだけ，2π の値をとります．したがって

$$\int_{-\pi}^{\pi} f(x)e^{-inx}\,dx = 2\pi c_n$$

$$\therefore\ c_n = \frac{1}{2\pi} \int_{-\pi}^{\pi} f(x)e^{-inx}\,dx$$

となります．これで**複素フーリエ係数** c_n が求まりました．

複素フーリエ級数展開をまとめると次のようになります．

$$\begin{cases} f(x) = \displaystyle\sum_{n=-\infty}^{\infty} c_n e^{inx} \\ c_n = \dfrac{1}{2\pi} \displaystyle\int_{-\pi}^{\pi} f(x)e^{-inx}\,dx \quad (n = 0, \pm 1, \pm 2, \cdots) \end{cases} \tag{4.25}$$

また，$f(x)$ が周期 T の周期関数のとき，複素フーリエ級数展開は

$$\begin{cases} f(t) = \displaystyle\sum_{n=-\infty}^{\infty} c_n e^{i\frac{2n\pi}{T}t} \\ c_n = \dfrac{1}{T} \displaystyle\int_{-\frac{T}{2}}^{\frac{T}{2}} f(t)e^{-i\frac{2n\pi}{T}t}\,dt \qquad (n = 0, \pm 1, \pm 2, \cdots) \end{cases} \tag{4.26}$$

になります．式 (4.26) で $\omega_0 = \dfrac{2\pi}{T}$ とおくと

$$\begin{cases} f(t) = \displaystyle\sum_{n=-\infty}^{\infty} c_n e^{in\omega_0 t} \\ c_n = \dfrac{1}{T} \displaystyle\int_{-\frac{T}{2}}^{\frac{T}{2}} f(t)e^{-in\omega_0 t}\,dt \qquad (n = 0, \pm 1, \pm 2, \cdots) \end{cases} \tag{4.27}$$

と表されます.

例題 4.8

以下の方形波パルス波形 $f(x)$（例題 4.2（190 ページ））を複素フーリエ級数で展開しなさい.

$$f(x) = \begin{cases} 0 & (-\pi < x < 0) \\ 1 & (x = 0) \\ 2 & (0 < x \leq \pi) \end{cases}$$

答え

まず，複素フーリエ係数 c_n を求めます.

(i) $n = 0$ のとき

$$c_0 = \frac{1}{2\pi} \int_0^\pi 2e^{-inx}\,dx = \frac{1}{\pi} \int_0^\pi dx = 1$$

(ii) $n \neq 0$ のとき

$$c_n = \frac{1}{2\pi} \int_0^\pi 2e^{-inx}\,dx = \frac{1}{\pi}\left[\frac{e^{-inx}}{-in}\right]_0^\pi = \frac{1}{-in\pi}(e^{-in\pi} - 1)$$

$$= \frac{i}{n\pi}(\cos n\pi - 1) = \frac{i}{n\pi}((-1)^n - 1)$$

となります. これらを複素フーリエ級数に代入すると

$$f(x) \approx \sum_{n=-\infty}^{\infty} c_n e^{inx} = c_0 + \sum_{\substack{n=-\infty \\ (n\neq 0)}}^{\infty} \frac{i}{n\pi}((-1)^n - 1) \cdot e^{inx}$$

$$= 1 + \frac{i}{\pi} \sum_{\substack{n=-\infty \\ (n\neq 0)}}^{\infty} \frac{(-1)^n - 1}{n} e^{inx}$$

が得られます. この結果をさらに変形すると

$$f(x) \approx 1 + \frac{i}{\pi} \sum_{\substack{n=-\infty \\ (n\neq 0)}}^{\infty} \frac{(-1)^n - 1}{n}(\cos nx + i \sin nx)$$

$$= 1 + \frac{i}{\pi} \left[\sum_{n=1}^{\infty} \frac{(-1)^n - 1}{n} (\cos nx + i \sin nx) \right.$$

$$\left. + \sum_{m=1}^{\infty} \frac{(-1)^{-m} - 1}{-m} (\cos(-mx) + i \sin(-mx)) \right]$$

$$= 1 + \frac{i}{\pi} \left[\sum_{n=1}^{\infty} \frac{(-1)^n - 1}{n} (\cos nx + i \sin nx) \right.$$

$$\left. - \sum_{m=1}^{\infty} \frac{(-1)^m - 1}{m} (\cos(mx) - i \sin(mx)) \right]$$

$$= 1 + \frac{i}{\pi} \sum_{n=1}^{\infty} \frac{(-1)^n - 1}{n} \cdot 2i \sin nx$$

$$= 1 + \frac{2}{\pi} \sum_{n=1}^{\infty} \frac{1 - (-1)^n}{n} \cdot \sin nx$$

となり，例題 4.2 と同じ解が得られます.

4.3　フーリエ変換

4.3.1　フーリエ積分： フーリエ級数展開の非周期関数への拡張

区間 $\left[-\dfrac{T}{2}, \ \dfrac{T}{2} \right]$ の周期関数 $f(t)$ のフーリエ級数展開

$$f(t) = \frac{a_0}{2} + \sum_{n=1}^{\infty} \left(a_n \cos \frac{2n\pi}{T} t + b_n \sin \frac{2n\pi}{T} t \right)$$

$$\begin{cases} a_n = \dfrac{2}{T} \displaystyle\int_{-\frac{T}{2}}^{\frac{T}{2}} f(t) \cos \dfrac{2n\pi}{T} t \, dt & (n = 0, 1, 2, \cdots) \\[4mm] b_n = \dfrac{2}{T} \displaystyle\int_{-\frac{T}{2}}^{\frac{T}{2}} f(t) \sin \dfrac{2n\pi}{T} t \, dt & (n = 1, 2, 3, \cdots) \end{cases}$$

に対し，T を無限大にすることにより，周期をもたない関数として扱うことができます. ここで $T \to \infty$ の極限を考えると

$$\lim_{T \to \infty} a_0 = \lim_{T \to \infty} \frac{2}{T} \int_{-\infty}^{\infty} f(t)\, dt \tag{4.28}$$

となります．このとき $f(t)$ の区間積分が存在する，すなわち $\displaystyle\int_{-\infty}^{\infty} |f(t)|\, dt = M < \infty$ となることから

$$\lim_{T \to \infty} a_0 = 0 \tag{4.29}$$

となります．さらに，$\dfrac{2\pi}{T} = \Delta\omega$ とおくと，$T \to \infty$ で $\Delta\omega \to 0$ となることから余弦項は

$$
\begin{aligned}
&\lim_{T \to \infty} \sum_{n=1}^{\infty} a_n \cos \frac{2n\pi}{T} t \\
&= \lim_{T \to \infty} \sum_{n=1}^{\infty} \left(\frac{2}{T} \int_{-\frac{T}{2}}^{\frac{T}{2}} f(\tau) \cos \frac{2n\pi}{T} \tau\, d\tau \right) \cos \frac{2n\pi}{T} t \\
&= \lim_{\substack{T \to \infty \\ \Delta\omega \to 0}} \sum_{n=1}^{\infty} \left\{ \left(\frac{1}{\pi} \int_{-\frac{T}{2}}^{\frac{T}{2}} f(\tau) \cos(n\Delta\omega \cdot \tau)\, d\tau \right) \cdot \cos(n\Delta\omega \cdot t) \cdot \Delta\omega \right\}
\end{aligned}
$$

となります．ここで $n\Delta\omega$ は連続変数となるので $n\Delta\omega = \omega$ とすると，級数和 $\displaystyle\sum_{n=1}^{\infty}$ は，連続変数 ω に関する積分で置き換えられます．

$$
\begin{aligned}
&\lim_{T \to \infty} \sum_{n=1}^{\infty} a_n \cos \frac{2n\pi}{T} t \\
&= \lim_{\substack{T \to \infty \\ \Delta\omega \to 0}} \sum_{n=1}^{\infty} \left\{ \left(\frac{1}{\pi} \int_{-\frac{T}{2}}^{\frac{T}{2}} f(\tau) \cos \omega\tau\, d\tau \right) \cdot \cos(\omega \cdot t) \cdot \Delta\omega \right\} \\
&= \frac{1}{\pi} \int_{0}^{\infty} \left(\int_{-\infty}^{\infty} f(\tau) \cos \omega\tau\, d\tau \right) \cos \omega t\, d\omega \\
&= \frac{1}{\pi} \int_{0}^{\infty} A(\omega) \cos \omega t\, d\omega
\end{aligned}
$$

ここで $A(\omega)$ はフーリエ係数に対応し

$$A(\omega) = \int_{-\infty}^{\infty} f(t) \cos \omega t\, dt$$

と表されます．正弦項も同様にして導出できるので，以上をまとめると

$$f(t) = \frac{1}{\pi} \int_0^\infty [A(\omega) \cos \omega t + B(\omega) \sin \omega t] \, d\omega$$

$$\begin{cases} A(\omega) = \displaystyle\int_{-\infty}^\infty f(t) \cos \omega t \, dt \\[2mm] B(\omega) = \displaystyle\int_{-\infty}^\infty f(t) \sin \omega t \, dt \end{cases} \tag{4.30}$$

が得られます．これを**フーリエ積分**といい，t を時間変数としたとき，ω は角周波数に対応します．

例題 4.9

次の関数 $f(t)$ を図示し，フーリエ積分表示を求めなさい．

$$f(t) = \begin{cases} 1 & (|t| < 1) \\ 0 & (|t| > 1) \end{cases}$$

答え

関数 $f(t)$ は図 4.8(a) のようになります．ここでフーリエ係数は

$$\begin{cases} A(\omega) = \displaystyle\int_{-1}^1 \cos \omega t \, dt = \left[\frac{1}{\omega} \sin \omega t \right]_{-1}^1 = \frac{2}{\omega} \sin \omega \\[3mm] B(\omega) = \displaystyle\int_{-1}^1 \sin \omega t \, dt = \left[-\frac{1}{\omega} \cos \omega t \right]_{-1}^1 = 0 \end{cases}$$

となります．フーリエ積分におけるフーリエ係数でも，偶奇性がみられることがわかります．したがってフーリエ積分は

$$f(t) = \frac{1}{\pi} \int_0^\infty A(\omega) \cos \omega t \, d\omega$$

$$A(\omega) = \frac{2}{\omega} \sin \omega$$

となります．

　ω の積分範囲を $[0, 50]$ として求めた $f(t)$ のフーリエ積分を図 4.8(b) に示します．

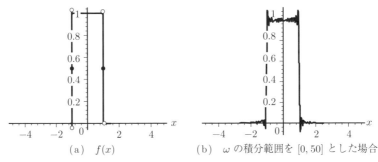

(a) $f(x)$ (b) ω の積分範囲を $[0, 50]$ とした場合

図 4.8 単一方形波パルスのフーリエ積分

フーリエ積分でも，不連続点でギブスの現象がみられるんだね．

例題 4.10

次の関数 $f(t)$ を図示し，フーリエ積分表示を求めなさい．

$$f(t) = \begin{cases} t & (|t| < 1), \\ 0 & (|t| > 1), \end{cases}$$

答え

　関数 $f(t)$ は図 4.9(a) のようになります．ここでフーリエ係数は $f(t)$ の偶奇性から

$$\begin{cases} A(\omega) = \displaystyle\int_{-1}^{1} f(t) \cos \omega t\, dt = \int_{-1}^{1} t \cos \omega t\, dt = 0 \\ B(\omega) = \displaystyle\int_{-1}^{1} f(t) \sin \omega t\, dt = \int_{-1}^{1} t \sin \omega t\, dt \\ \qquad = \left[\dfrac{\sin \omega t - \omega t \cos \omega t}{\omega^2} \right]_{-1}^{1} = \dfrac{2 \sin \omega - 2\omega \cos \omega}{\omega^2} \end{cases}$$

となります．したがってフーリエ積分は

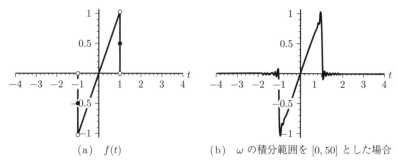

(a)　$f(t)$　　　　　　(b)　ω の積分範囲を $[0, 50]$ とした場合

図 4.9　$f(t)$ のフーリエ積分

$$f(t) = \frac{1}{\pi} \int_0^\infty B(\omega) \sin \omega t \, d\omega$$

$$B(\omega) = \frac{2 \sin \omega - 2\omega \cos \omega}{\omega^2}$$

となります.

　ω の積分範囲を $[0, 50]$ として求めた $f(t)$ のフーリエ積分を図 4.9(b) に示します.

4.3.2　フーリエ余弦変換とフーリエ正弦変換

　前項で, フーリエ積分について, フーリエ級数展開の場合と同じように偶奇性がみられることがわかりました. このとき, $f(t)$ が偶関数であれば $B(\omega) \equiv 0$ となり

$$A(\omega) = \int_{-\infty}^\infty f(t) \cos \omega t \, dt = 2 \int_0^\infty f(t) \cos \omega t \, dt$$

となるから

$$f(t) = \frac{2}{\pi} \int_0^\infty \left(\int_0^\infty f(t) \cos \omega t \, dt \right) \cos \omega t \, d\omega \tag{4.31}$$

と表すことができます. 式 (4.31) の定係数部分を $\dfrac{2}{\pi} = \sqrt{\dfrac{2}{\pi}} \cdot \sqrt{\dfrac{2}{\pi}}$ として新たに展開係数部分を

$$F_C(\omega) = \sqrt{\frac{2}{\pi}} \int_0^\infty f(t) \cos \omega t \, dt \tag{4.32}$$

とすると，$f(t)$ は $F_C(\omega)$ を用いて

$$f(t) = \sqrt{\frac{2}{\pi}} \int_0^\infty F_C(\omega) \cos \omega t \, d\omega \tag{4.33}$$

と表すことができます．この 2 つの式は $f(t)$ と $F_C(\omega)$ が入れかわった形をしています．このとき，$f(t)$ に対する積分操作を**フーリエ余弦変換**といいます．これは関数変換の一種であり，$f(t)$ を**原関数**，変換された $F_C(\omega)$ を**像関数**と呼びます．また，像関数 $F_C(\omega)$ より，原関数 $f(t)$ を求める積分操作を，**フーリエ余弦逆変換**と呼びます．

同様にして，関数 $f(t)$ が奇関数の場合，$A(\omega) \equiv 0$ となるのでフーリエ正弦変換対は次のようになります．

$$\begin{cases} F_S(\omega) = \sqrt{\dfrac{2}{\pi}} \displaystyle\int_0^\infty f(t) \sin \omega t \, dt \\[3mm] f(t) = \sqrt{\dfrac{2}{\pi}} \displaystyle\int_0^\infty F_S(\omega) \sin \omega t \, d\omega \end{cases} \tag{4.34}$$

ここで関数

$$f(t) = \begin{cases} \sin \pi t & (|t| < 1) \\ 0 & (|t| > 1) \end{cases}$$

(図 4.10(a) 実線) についてみていきましょう．

$f(t)$ は，奇関数なので $F_S(\omega)$ は

$$\begin{aligned} F_S(\omega) &= \sqrt{\frac{2}{\pi}} \int_0^\infty f(t) \sin \omega t \, dt \\ &= \sqrt{\frac{2}{\pi}} \int_0^1 \sin \pi t \sin \omega t \, dt \\ &= \sqrt{\frac{2}{\pi}} \int_0^1 \frac{1}{2} [\cos(\pi - \omega)t - \cos(\pi + \omega)t] dt \\ &= \frac{1}{\sqrt{2\pi}} \left[\frac{\sin(\pi - \omega)t}{\pi - \omega} - \frac{\sin(\pi + \omega)t}{\pi + \omega} \right]_0^1 \\ &= \frac{1}{\sqrt{2\pi}} \left[\frac{\sin(\pi - \omega)}{\pi - \omega} - \frac{\sin(\pi + \omega)}{\pi + \omega} \right] \end{aligned}$$

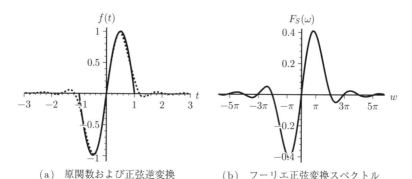

（a）原関数および正弦逆変換　　　（b）フーリエ正弦変換スペクトル

図 4.10　原関数および正弦逆変換，フーリエ正弦変換スペクトル

となります．$F_S(\omega)$ をプロットした結果を図 4.10(b) に示します．これは，関数 $f(t)$ の周波数成分の分布を表す振幅スペクトルとなっています．このとき，$f(t)$ に対する積分操作を**フーリエ正弦変換**といいます．また，フーリエ余弦変換と同じく，$f(t)$ を原関数，変換された $F_S(\omega)$ を像関数と呼び，原関数 $f(t)$ を求める操作を**フーリエ正弦逆変換**と呼びます．

　上式より，$\omega = \pm\pi$ が $F_S(\omega)$ の周波数の主成分になっており，原関数が反映されています．また，周波数のより高い成分（**高調波成分**）が，急激に減少していることがわかります．

　また，上式のフーリエ正弦逆変換

$$f(t) = \sqrt{\frac{2}{\pi}} \int_0^\infty F_S(\omega) \sin \omega t \, d\omega \tag{4.35}$$

について，積分区間 $[0, 2\pi]$ で計算した結果を図 4.10(a)（点線）に示します．図から，この逆変換は原関数をよく近似しており，収束が速いことがわかります．このことは，フーリエ変換における振幅スペクトルの高調波成分が少ないというフーリエ正弦変換 $F_S(\omega)$ でわかることと一致しています．

例題 4.11

　次の単一方形パルス $f(t)$ を図示し，フーリエ余弦変換を求めなさい．

$$f(t) = \begin{cases} 1 & (|t| < 1) \\ 0 & (|t| > 1) \end{cases}$$

答え

図 4.11(a) に関数 $f(t)$ を示します. $f(t)$ は偶関数となるので, フーリエ余弦変換を適用すると

$$\begin{aligned}
F_C(\omega) &= \sqrt{\frac{2}{\pi}} \int_0^\infty f(t)\,\cos \omega t\,dt \\
&= \sqrt{\frac{2}{\pi}} \int_0^1 \cos \omega t\,dt \\
&= \sqrt{\frac{2}{\pi}} \left[\frac{1}{\omega}\,\sin \omega t \right]_0^1 = \sqrt{\frac{2}{\pi}} \cdot \frac{\sin \omega}{\omega}
\end{aligned}$$

となります.

図 4.11(b) に像関数 $F_C(\omega)$ を示します. $\omega \to \infty$ に対し, 一様収束していく様子が示されています.

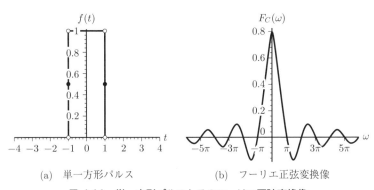

(a) 単一方形パルス   (b) フーリエ正弦変換像

図 4.11　単一方形パルスとそのフーリエ正弦変換像

例題 4.12

次の関数 $f(t)$ を図示し, フーリエ正弦変換を求めなさい.

$$f(t) = \begin{cases}
-1 & (-1 < t < 0) \\
0 & (t = 0) \\
1 & (0 < t < 1) \\
0 & (|t| > 1)
\end{cases}$$

答え

　図 4.12(a) に関数 $f(t)$ を示します．$f(t)$ は奇関数となるので，フーリエ正弦変換を適用すると，次のようになります．

$$
\begin{aligned}
F_S(\omega) &= \sqrt{\frac{2}{\pi}} \int_0^\infty f(t)\,\sin \omega t\,dt \\
&= \sqrt{\frac{2}{\pi}} \int_0^1 \sin \omega t\,dt \\
&= \sqrt{\frac{2}{\pi}} \left| -\frac{\cos \omega t}{\omega} \right|_0^1 = \sqrt{\frac{2}{\pi}} \left(\frac{1 - \cos \omega}{\omega} \right)
\end{aligned}
$$

図 4.12(b) に像関数 $F_S(\omega)$ を示します．

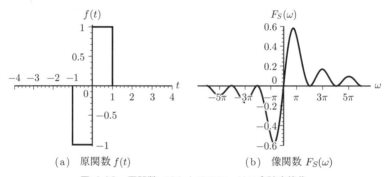

(a)　原関数 $f(t)$　　　　　　(b)　像関数 $F_S(\omega)$

図 4.12　原関数 $f(t)$ とそのフーリエ余弦変換像

4.3.3　フーリエ変換

　関数 $f(t)$ のフーリエ積分において，加法定理を適用すると

$$
\begin{aligned}
& A(\omega)\,\cos \omega t + B(\omega)\,\sin \omega t \\
&= \int_{-\infty}^\infty f(\tau)\{\cos \omega \tau \,\cos \omega t + \sin \omega \tau \,\sin \omega t\}\,d\tau \\
&= \int_{-\infty}^\infty f(\tau)\,\cos(t - \tau)\omega\,d\tau
\end{aligned}
$$

となるので

$$f(t) = \frac{1}{\pi} \int_0^\infty \int_{-\infty}^\infty f(\tau) \cos(t-\tau)\omega \, d\tau \, d\omega$$

が得られます. さらに, オイラーの公式を適用すると, 次のようになります.

$$f(t) = \frac{1}{2\pi} \int_0^\infty \int_{-\infty}^\infty f(\tau)\{e^{i\omega(t-\tau)} + e^{-i\omega(t-\tau)}\} \, d\tau \, d\omega$$

$$= \frac{1}{2\pi} \left(\int_0^\infty \int_{-\infty}^\infty f(\tau)e^{i\omega(t-\tau)} \, d\tau \, d\omega + \int_0^\infty \int_{-\infty}^\infty f(\tau)e^{-i\omega(t-\tau)} \, d\tau \, d\omega \right)$$

ここで, $\omega = -\nu$ とおくと, $d\omega = -d\nu$ となるので上式は

$$f(t) = \frac{1}{2\pi} \left(\int_0^\infty \int_{-\infty}^\infty f(\tau)e^{i\omega(t-\tau)} \, d\tau \, d\omega - \int_0^{-\infty} \int_{-\infty}^\infty f(\tau)e^{i\nu(t-\tau)} \, d\tau \, d\nu \right)$$

$$= \frac{1}{2\pi} \int_{-\infty}^\infty \int_{-\infty}^\infty f(\tau)e^{i\omega(t-\tau)} \, d\tau \, d\omega$$

$$= \frac{1}{2\pi} \int_{-\infty}^\infty \int_{-\infty}^\infty f(\tau)e^{-i\omega\tau} \, d\tau \cdot e^{i\omega t} \, d\omega$$

となります. このとき, 係数を $\dfrac{1}{2\pi} = \dfrac{1}{\sqrt{2\pi}} \cdot \dfrac{1}{\sqrt{2\pi}}$ に分割し

$$F(\omega) = \frac{1}{\sqrt{2\pi}} \int_{-\infty}^\infty f(\tau)e^{-i\omega\tau} \, d\tau = \frac{1}{\sqrt{2\pi}} \int_{-\infty}^\infty f(t)e^{-i\omega t} \, dt \tag{4.36}$$

とおくと

$$f(t) = \frac{1}{\sqrt{2\pi}} \int_{-\infty}^\infty F(\omega)e^{i\omega t} \, d\omega \tag{4.37}$$

と表すことができます.

式 (4.36) の $F(\omega)$ を $f(t)$ に対する**フーリエ変換**といいます. また, その逆の積分操作式を**フーリエ逆変換**といいます[*2].

[*2] フーリエ変換, フーリエ逆変換には異なる定義があり, それぞれ次のように定義されている場合もあります.

$$\begin{cases} F(\omega) = \displaystyle\int_{-\infty}^\infty f(t)e^{-i\omega t} \, dt \\ f(t) = \dfrac{1}{2\pi} \displaystyle\int_{-\infty}^\infty F(\omega)e^{i\omega t} \, d\omega \end{cases}$$

同一の定義のもとで解析を進めるのであれば問題はありませんが, 係数や符号が異なるので確認が必要です.

　以下では，原関数を時間変数 t の関数 $f(t)$ として，そのフーリエ変換 $F(\omega)$ を周波数 ω を変数とする像関数として進めていきます．また，時間領域における関数は小文字で表し，フーリエ変換は大文字で表すことにします．

> フーリエ変換では，時間領域と周波数領域の間に，相対の関係があるんだね．

　ここでフーリエ変換の像関数が存在する条件をまとめておきましょう．これはフーリエ級数展開と同様に

- $f(t)$ はすべての有限区間で区間的に連続であること
- $f(t)$ は t 軸上で絶対積分可能であること

です．ただし，フーリエ級数展開では周期区間で積分可能が条件でしたが，フーリエ変換では周期区間を無限大にしているため，絶対積分可能，すなわち

$$\int_{-\infty}^{\infty} |f(t)| \, dt < \infty \tag{4.38}$$

が条件となります．

　また，$f(t)$ の不連続点 t_i においては，フーリエ級数展開と同様に中間値 $\frac{1}{2}\{f(t_i - 0) + f(t_i + 0)\}$ に一致することが条件になります．

　ここで，代表的な関数のフーリエ変換についてみていきましょう．

例題 4.13

　次の単一方形波パルスのフーリエ変換を求めなさい．

$$f(t) = \begin{cases} 1 & (|t| < 1) \\ 0 & (|t| > 1) \end{cases}$$

答え

この単一方形波パルスは図 4.8（211 ページ）に示されています．フーリエ変換を適用すると

$$F(\omega)\frac{1}{\sqrt{2\pi}}\int_{-\infty}^{\infty}f(t)e^{-i\omega t}\,dt = \frac{1}{\sqrt{2\pi}}\int_{-1}^{1}e^{-i\omega t}\,dt$$

$$= \frac{1}{\sqrt{2\pi}}\left[\frac{-1}{i\omega}e^{-i\omega t}\right]_{-1}^{1}$$

$$= \frac{i}{\sqrt{2\pi}\cdot\omega}(e^{-i\omega}-e^{i\omega}) = \frac{i}{\sqrt{2\pi}\cdot\omega}(-2i\sin\omega)$$

$$= \sqrt{\frac{2}{\pi}}\cdot\frac{\sin\omega}{\omega}$$

となります．これは例題 4.11（214 ページ）のフーリエ余弦変換 $F_C(\omega)$ と同じ解となります．

例題 4.14

定数 a を実数とするとき，次の関数 $f(t)$ のフーリエ変換を求めなさい．

$$f(t) = e^{-at}u(t) \qquad (a \geq 0)$$

ここで $u(t)$ は，ステップ関数

$$u(t) = \begin{cases} 1 & (t \geq 0) \\ 0 & (t < 0) \end{cases}$$

とします．

答え

フーリエ変換を適用すると

$$F(\omega) = \frac{1}{\sqrt{2\pi}}\int_{-\infty}^{\infty}e^{-at}u(t)e^{-i\omega t}\,dt$$

$$= \frac{1}{\sqrt{2\pi}}\int_{0}^{\infty}e^{-at}e^{-i\omega t}\,dt$$

$$= \frac{1}{\sqrt{2\pi}}\int_{0}^{\infty}e^{-(a+i\omega)t}\,dt$$

$$= \frac{1}{\sqrt{2\pi}} \left[\frac{-1}{a+i\omega} e^{-(a+i\omega)t} \right]_0^\infty = \frac{1}{\sqrt{2\pi}} \frac{1}{a+i\omega}$$

となります．ここで，$a = 0$ のとき，$f(t) = u(t)$ となり，そのフーリエ変換は

$$F(\omega) = \frac{1}{\sqrt{2\pi}} \int_{-\infty}^{\infty} u(t) e^{-i\omega t}\, dt = \frac{1}{\sqrt{2\pi}} \frac{1}{i\omega} \tag{4.39}$$

となります．

4.3.4　フーリエ変換の性質

フーリエ変換の性質についてまとめておきましょう．ここで，フーリエ変換の演算記号を $\mathscr{F}$ を用いて

$$F(\omega) = \mathscr{F}[f(t)] \tag{4.40}$$

と表すことにします．

(1)　線形性

フーリエ変換可能な関数 $f(t)$，$g(t)$ と任意の定数 a，b に対して，関数の線形結合 $af(t) + bg(t)$ のフーリエ変換をみていきます．定義式より

$$
\begin{aligned}
\mathscr{F}[af + bg] &= \frac{1}{\sqrt{2\pi}} \int_{-\infty}^{\infty} af(t)\, e^{-i\omega t}\, dt + \frac{1}{\sqrt{2\pi}} \int_{-\infty}^{\infty} b\, g(t) e^{-i\omega t}\, dt \\
&= a \cdot \frac{1}{\sqrt{2\pi}} \int_{-\infty}^{\infty} f(t)\, e^{-i\omega t}\, dt + b \cdot \frac{1}{\sqrt{2\pi}} \int_{-\infty}^{\infty} g(t)\, e^{-i\omega t}\, dt \\
&= a\mathscr{F}[f] + b\mathscr{F}[g]
\end{aligned}
$$

となります．したがって

$$\mathscr{F}[af + bg] = a\mathscr{F}[f] + b\mathscr{F}[g] \tag{4.41}$$

となり，関数の線形結合のフーリエ変換は，それぞれのフーリエ変換で表されます．

(2) 原関数の移動

$$
\mathscr{F}[f(t-a)] = \frac{1}{\sqrt{2\pi}} \int_{-\infty}^{\infty} f(t-a)\, e^{-i\omega t}\, dt
$$
$$
= \frac{1}{\sqrt{2\pi}} \int_{-\infty}^{\infty} f(\tau) e^{-i\omega(\tau+a)}\, d\tau = e^{-i\omega a} F(\omega)
$$

ここで，$t = \tau + a$ の変数変換を行っています．したがって

$$
\mathscr{F}[f(t-a)] = e^{-i\omega a} F(\omega) \tag{4.42}
$$

となります．

(3) 像関数の移動

$$
\mathscr{F}^{-1}[F(\omega-\alpha)] = \frac{1}{\sqrt{2\pi}} \int_{-\infty}^{\infty} F(\omega-\alpha)\, e^{i\omega t}\, d\omega
$$
$$
= \frac{1}{\sqrt{2\pi}} \int_{-\infty}^{\infty} F(u)\, e^{i(u+\alpha)t}\, du = e^{i\alpha t} f(t)
$$

したがって

$$
\mathscr{F}[e^{i\alpha t} f(t)] = F(\omega-\alpha) \tag{4.43}
$$

となります．$e^{i\alpha t}$ は振動関数であり，原関数の変調操作に対応しています．

(4) 相似性

$$
\mathscr{F}[f(at)] = \frac{1}{\sqrt{2\pi}} \int_{-\infty}^{\infty} f(at) e^{-i\omega t}\, dt
$$

ここで，$a > 0$ について，$at = \tau$ とおくと

$$
\mathscr{F}[f(at)] = \frac{1}{\sqrt{2\pi}} \frac{1}{a} \int_{-\infty}^{\infty} f(\tau)\, e^{-i\omega \frac{\tau}{a}}\, d\tau = \frac{1}{a} F\left(\frac{\omega}{a}\right)
$$

となり，一方，$a < 0$ のときも同様に

$$
\mathscr{F}[f(at)] = \frac{1}{\sqrt{2\pi}} \frac{1}{a} \int_{\infty}^{-\infty} f(\tau)\, e^{-i\omega \frac{\tau}{a}}\, d\tau
$$
$$
= -\frac{1}{\sqrt{2\pi}} \frac{1}{a} \int_{-\infty}^{\infty} f(\tau)\, e^{-i\omega \frac{\tau}{a}}\, d\tau = -\frac{1}{a} F\left(\frac{\omega}{a}\right)
$$

となります．したがって $a \neq 0$ のとき

$$\mathscr{F}[f(at)] = \frac{1}{|a|} F\left(\frac{\omega}{a}\right) \tag{4.44}$$

が成り立ちます．

(5)　導関数のフーリエ変換

フーリエ変換可能な関数 $f(t)$ の導関数 $f'(t)$ のフーリエ変換は，次のように表すことができます．

$$\mathscr{F}[f'(t)] = \frac{1}{\sqrt{2\pi}} \int_{-\infty}^{\infty} f'(t)\, e^{-i\omega t}\, dt$$

$$= [f(t)\, e^{-i\omega t}]_{-\infty}^{\infty} + i\omega \int_{-\infty}^{\infty} f(t)\, e^{-i\omega t}\, dt = i\omega F(\omega) \tag{4.45}$$

ここで $\lim_{t\to\pm\infty} f(t) = 0$ が成り立つとし，部分積分を用いています．

これを繰り返すことにより n 回微分した関数 $f^{(n)}(t)$ のフーリエ変換は

$$\mathscr{F}[f^{(n)}(t)] = (i\omega)^n \int_{-\infty}^{\infty} f(t)\, e^{-i\omega t}\, dt = (i\omega)^n F(\omega) \tag{4.46}$$

となります．

(6)　対称性

フーリエ変換の対称性を考え，逆変換の積分式と，変換の積分式の変数 ω と，変数 t を交換してみましょう．

$$f(t) = \frac{1}{\sqrt{2\pi}} \int_{-\infty}^{\infty} F(\omega)\, e^{i\omega t}\, d\omega \quad \Rightarrow \quad f(\omega) = \frac{1}{\sqrt{2\pi}} \int_{-\infty}^{\infty} F(t)\, e^{i\omega t}\, dt$$

さらに ω を $-\omega$ で置き換えてみると

$$f(-\omega) = \frac{1}{\sqrt{2\pi}} \int_{-\infty}^{\infty} F(t)\, e^{-i\omega t}\, dt = \mathscr{F}[F(t)] \tag{4.47}$$

となります．すなわち，$F(t)$ のフーリエ変換は $f(-\omega)$ で与えられることになります．

(7)　たたみ込み積分

フーリエ変換可能な関数 $f(t)$，$g(t)$ のたたみ込み積分 $f * g$ は

$$h(t) = (f * g)(t) = \int_{-\infty}^{\infty} f(\tau) g(t - \tau) \, d\tau = \int_{-\infty}^{\infty} f(t - \tau) g(\tau) \, d\tau$$

で定義されます. このとき, $f * g$ のフーリエ変換では

$$\mathscr{F}[f * g] = \sqrt{2\pi} \mathscr{F}[f] \mathscr{F}[g] = \sqrt{2\pi} F(\omega) \, G(\omega) \tag{4.48}$$

が成り立ちます. また, この式をフーリエ逆変換すると

$$f * g = \int_{-\infty}^{\infty} F(\omega) \, G(\omega) \, e^{i\omega t} \, d\omega \tag{4.49}$$

となります.

例 4.2

式 (4.48), (4.49) を証明しておきましょう. フーリエ変換の定義より

$$\mathscr{F}[f * g] = \frac{1}{\sqrt{2\pi}} \int_{-\infty}^{\infty} \left[\int_{-\infty}^{\infty} f(\tau) \, g(t - \tau) \, d\tau \right] e^{-i\omega t} \, dt$$

となり, ここで $t = \tau + t'$ とおいて, 積分順序を交換すると

$$\begin{aligned}
\mathscr{F}[f * g] &= \frac{1}{\sqrt{2\pi}} \int_{-\infty}^{\infty} \left[\int_{-\infty}^{\infty} f(\tau) \, g(t - \tau) \, d\tau \right] e^{-i\omega(\tau + t')} \, dt \\
&= \frac{1}{\sqrt{2\pi}} \int_{-\infty}^{\infty} f(\tau) \left[\int_{-\infty}^{\infty} g(t') \, e^{-i\omega(\tau + t')} \, dt' \right] d\tau \\
&= \frac{1}{\sqrt{2\pi}} \int_{-\infty}^{\infty} f(\tau) \, e^{-i\omega\tau} \, d\tau \cdot \int_{-\infty}^{\infty} g(t') e^{-i\omega t'} \, dt' \\
\therefore \ \mathscr{F}[f * g] &= \sqrt{2\pi} \mathscr{F}[f] \cdot \mathscr{F}[g] = \sqrt{2\pi} \, F(\omega) \, G(\omega)
\end{aligned}$$

となり, たたみ込み積分のフーリエ変換が導き出されます. また, この関係を逆変換の形

$$f * g = \mathscr{F}^{-1}[\sqrt{2\pi} \, F(\omega) \, G(\omega)] \tag{4.50}$$

で表すと

$$\begin{aligned}
\int_{-\infty}^{\infty} f(\tau) \, g(t - \tau) \, d\tau &= \frac{1}{\sqrt{2\pi}} \int_{-\infty}^{\infty} \sqrt{2\pi} \, F(\omega) \, G(\omega) \, e^{i\omega t} \, d\omega \\
&= \int_{-\infty}^{\infty} F(\omega) \, G(\omega) \, e^{i\omega t} \, d\omega
\end{aligned}$$

となります. ここで $t = 0$ とおくと

$$\int_{-\infty}^{\infty} f(\tau)\, g(-\tau)\, d\tau = \int_{-\infty}^{\infty} F(\omega)\, G(\omega)\, d\omega$$

が得られます．したがって，式 (4.49) が得られます．

さらに，$f(\tau)$ の複素共役を $f(\tau)^*$ として $g(-\tau) = f(\tau)^*$ とすると

$$
\begin{aligned}
G(\omega) &= \frac{1}{\sqrt{2\pi}} \int_{-\infty}^{\infty} g(t)\, e^{-i\omega t}\, dt = \frac{1}{\sqrt{2\pi}} \int_{-\infty}^{\infty} f(-t)^* e^{-i\omega t}\, dt \\
&= \frac{1}{\sqrt{2\pi}} \left(\int_{-\infty}^{\infty} f(-t)\, e^{i\omega t}\, dt \right)^* = \frac{1}{\sqrt{2\pi}} \left(\int_{-\infty}^{\infty} f(\tau)\, e^{-i\omega \tau}\, d\tau \right)^* \\
&= F(\omega)^*
\end{aligned}
$$

となりますので，上式は次のようになります．

$$\int_{-\infty}^{\infty} f(\tau)\, f(\tau)^*\, d\tau = \int_{-\infty}^{\infty} F(\omega)\, F(\omega)^*\, d\omega \tag{4.51}$$

したがって，絶対値をとると，次の**パーセバルの等式**

$$\int_{-\infty}^{\infty} |f(\tau)|^2\, d\tau = \int_{-\infty}^{\infty} |F(\omega)|^2\, d\omega \tag{4.52}$$

が導かれます．この関係は，時間領域で積分した信号の全エネルギーが，周波数領域で積分した全エネルギーに等しいことを表しています．

図 4.13 に，方形波パルスの時間領域，および周波数領域におけるエネルギースペクトルを示します．パーセバルの等式から，それぞれのエネルギースペクトルの積分が一致することになります．

4.3.5 デルタ関数とフーリエ変換

時刻 $t = a$ において，ある 1 点に理想的に集中した電荷や荷重を表したり，インパルスを表現するために，便宜上使われる理想的な関数として，**デルタ関数** $\delta(t - a)$ があります．

このデルタ関数 $\delta(t)$ は次の性質をもちます．

① $\delta(t - a) = \begin{cases} \infty & (t = a) \\ 0 & (t \neq a) \end{cases}$ \hfill (4.53)

② $\displaystyle\int_{-\infty}^{\infty} \delta(t - a)\, dt = 1$ \hfill (4.54)

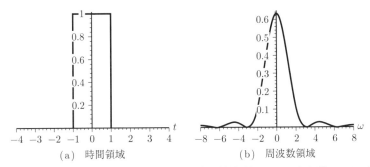

図 4.13　方形波パルスの時間領域 (a)，および周波数領域 (b) のエネルギースペクトル

③　任意の関数 $f(t)$ に対して

$$\int_{-\infty}^{\infty} f(t)\,\delta(t-a)\,dt = f(a) \tag{4.55}$$

デルタ関数は，フーリエ変換と組み合わせて，さまざまな活用がなされます．

例題 4.15

デルタ関数 $\delta(t)$ のフーリエ変換を求めなさい．

答え

$\delta(t)$ にフーリエ変換を適用すると

$$\mathscr{F}[\delta(t)] = \frac{1}{\sqrt{2\pi}} \int_{-\infty}^{\infty} \delta(t)e^{-i\omega t}\,dt = \frac{1}{\sqrt{2\pi}} e^{-i\omega \cdot 0} = \frac{1}{\sqrt{2\pi}} \tag{4.56}$$

となります．

図 4.14(b) にデルタ関数のフーリエ変換の像関数のグラフを示します．なお，デルタ関数は，∞ までの線となりますが，便宜上，図 4.14(a) のように矢印で表します．

(a)　原関数 $\delta(t)$　　　　　　　　　　　　　(b)　像関数 $\mathscr{F}[\delta(t)]$

図 4.14　デルタ関数のフーリエ変換

　図 4.14 に示すように，$\delta(t)$ のフーリエ変換の像関数は定数となっています．このことから，像関数（周波数スペクトル）は全周波数領域（$-\infty \leftrightarrow \infty$）に広がり，その振幅は，$\omega$ によらず一定の値をとることがわかります．

　また，$\mathscr{F}[\delta(t)] = \dfrac{1}{\sqrt{2\pi}}$ のフーリエ逆変換は $\delta(t)$ となるはずです．したがって

$$\delta(t) = \frac{1}{\sqrt{2\pi}} \int_{-\infty}^{\infty} \frac{1}{\sqrt{2\pi}} e^{i\omega t}\, d\omega = \frac{1}{2\pi} \int_{-\infty}^{\infty} e^{i\omega t}\, d\omega \tag{4.57}$$

となります．さらに，$\delta(t-a)$ のフーリエ変換は，$t \to \tau + a$ の変数変換を用いると

$$\begin{aligned}
\mathscr{F}[\delta(t-a)] &= \frac{1}{\sqrt{2\pi}} \int_{-\infty}^{\infty} \delta(t-a)\, e^{-i\omega t}\, dt \\
&= \frac{1}{\sqrt{2\pi}} \int_{-\infty}^{\infty} \delta(\tau)\, e^{-i\omega(\tau+a)}\, d\tau = \frac{1}{\sqrt{2\pi}} e^{-i\omega a}
\end{aligned} \tag{4.58}$$

となります．このフーリエ逆変換は

$$\begin{aligned}
\mathscr{F}^{-1}\left[\frac{1}{\sqrt{2\pi}} e^{-i\omega a} \right] &= \frac{1}{\sqrt{2\pi}} \int_{-\infty}^{\infty} \frac{1}{\sqrt{2\pi}} e^{-i\omega a} e^{i\omega t}\, d\omega \\
&= \frac{1}{2\pi} \int_{-\infty}^{\infty} e^{i\omega(t-a)}\, d\omega = \delta(t-a)
\end{aligned} \tag{4.59}$$

となります．

　さらに，デルタ関数のフーリエ変換について対称性を考えてみましょう．式 (4.57) について $t \Rightarrow -\omega$ の変数変換をすると

$$\delta(-\omega) = \frac{-1}{\sqrt{2\pi}} \int_{\infty}^{-\infty} \frac{1}{\sqrt{2\pi}} e^{-i\omega t}\, dt = \frac{1}{2\pi} \int_{-\infty}^{\infty} e^{-i\omega t}\, dt$$

ここで，デルタ関数は偶関数なので

$$\delta(\omega) = \frac{1}{2\pi} \int_{-\infty}^{\infty} e^{-i\omega t}\, dt$$

となります．さらに，対称性を $\delta(\omega - \omega_0)$ に適用すると

$$\delta(\omega - \omega_0) = \frac{1}{2\pi} \int_{-\infty}^{\infty} e^{-i(\omega - \omega_0)t}\, dt = \frac{1}{2\pi} \int_{-\infty}^{\infty} e^{i\omega_0 t} e^{-i\omega t}\, dt$$

となります．したがって，複素正弦波 $e^{i\omega_0 t}$ のフーリエ変換は，次のように表されます．

$$\mathscr{F}[e^{i\omega_0 t}] = \sqrt{2\pi} \cdot \delta(\omega - \omega_0) \tag{4.60}$$

この関係を利用して，三角関数のフーリエ変換を求めてみましょう．

例題 4.16

$\cos \alpha t$ および $\sin \alpha t$ のフーリエ変換を求めなさい．

答え

$\cos \alpha t$ および $\sin \alpha t$ を指数関数で表すと

$$\cos \alpha t = \frac{e^{i\alpha t} + e^{-i\alpha t}}{2}, \quad \sin \alpha t = \frac{e^{i\alpha t} - e^{-i\alpha t}}{2i}$$

となります．よって，複素正弦波 $e^{i\omega_0 t}$ のフーリエ変換より，$\cos \alpha t$ および $\sin \alpha t$ のフーリエ変換は

$$\frac{1}{\sqrt{2\pi}} \int_{-\infty}^{\infty} \cos \alpha t \cdot e^{-i\omega t}\, dt$$
$$= \frac{1}{\sqrt{2\pi}} \int_{-\infty}^{\infty} \frac{e^{i\alpha t} + e^{-i\alpha t}}{2} e^{-i\omega t}\, dt$$
$$= \frac{\sqrt{2\pi}}{2} [\delta(\omega - \alpha) + \delta(\omega + \alpha)] = \sqrt{\frac{\pi}{2}} [\delta(\omega - \alpha) + \delta(\omega + \alpha)]$$

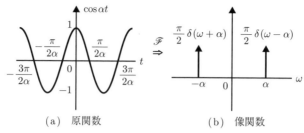

(a) 原関数　　　　　　　　　(b) 像関数

図 4.15　$\cos \alpha t$ のフーリエ変換

$$\frac{1}{\sqrt{2\pi}} \int_{-\infty}^{\infty} \sin \alpha t \cdot e^{-i\omega t} \, dt$$

$$= \frac{1}{\sqrt{2\pi}} \int_{-\infty}^{\infty} \frac{e^{i\alpha t} - e^{-i\alpha t}}{2i} e^{-i\omega t} \, dt$$

$$= \frac{\sqrt{2\pi}}{2i} [\delta(\omega - \alpha) - \delta(\omega + \alpha)] = -i\sqrt{\frac{\pi}{2}} [\delta(\omega - \alpha) - \delta(\omega + \alpha)]$$

したがって

$$\begin{cases} \mathscr{F}[\cos \alpha t] = \sqrt{\dfrac{\pi}{2}} (\delta(\omega - \alpha) + \delta(\omega + \alpha)) \\[2mm] \mathscr{F}[\sin \alpha t] = -i\sqrt{\dfrac{\pi}{2}} (\delta(\omega - \alpha) - \delta(\omega + \alpha)) \end{cases} \tag{4.61}$$

が導かれます.

　図 4.15 に $\cos \alpha t$ のフーリエ変換の様子を図示します. 単一周波数 α のため, 周波数領域では $\pm\alpha$ において, $\sqrt{\dfrac{\pi}{2}}\delta(\omega - \alpha)$ および $\sqrt{\dfrac{\pi}{2}}\delta(\omega + \alpha)$ のデルタ関数となっています.

例題 4.17

周期 T をもつ関数 $f(t)$ のフーリエ変換を求めなさい.

答え

$\omega_0 = \dfrac{2\pi}{T}$ として $f(t)$ を複素フーリエ級数展開すると

$$\begin{cases} f(t) = \displaystyle\sum_{n=-\infty}^{\infty} c_n e^{in\omega_0 t} \\ c_n = \dfrac{1}{T} \displaystyle\int_{-\frac{T}{2}}^{\frac{T}{2}} f(t) e^{-in\omega_0 t}\, dt \end{cases}$$

$(n = 0,\ \pm 1,\ \pm 2,\ \cdots)$

と表されます. 項別積分を用いて $f(t)$ をフーリエ変換すると

$$F(\omega) = \frac{1}{\sqrt{2\pi}} \int_{-\infty}^{\infty} \left(\sum_{n=-\infty}^{\infty} c_n e^{in\omega_0 t} \right) e^{-i\omega t}\, dt$$

$$= \sum_{n=-\infty}^{\infty} c_n \frac{1}{\sqrt{2\pi}} \int_{-\infty}^{\infty} e^{in\omega_0 t} e^{-i\omega t}\, dt = \sum_{n=-\infty}^{\infty} c_n \mathscr{F}[e^{in\omega_0 t}]$$

したがって, 式 (4.60) から任意の周期関数 $f(t)$ のフーリエ変換は

$$F(\omega) = \sum_{n=-\infty}^{\infty} c_n \cdot \sqrt{2\pi}\, \delta(\omega - n\omega_0) = \sqrt{2\pi} \sum_{n=-\infty}^{\infty} c_n \cdot \delta(\omega - n\omega_0)$$

$$(4.62)$$

となります.

$f(t)$ の繰り返し単位となる関数 $f_0(t)$ を次のように定義します.

$$f_0(t) = \begin{cases} f(t) & (|t| < \dfrac{T}{2}) \\ 0 & (|t| > \dfrac{T}{2}) \end{cases}$$

このとき, フーリエ係数 c_n は, $f_0(t)$ のフーリエ変換を $F_0(\omega)$ とすると

$$c_n = \frac{1}{T} \int_{-\frac{T}{2}}^{\frac{T}{2}} f(t)\, e^{-in\omega_0 t}\, dt$$

$$= \frac{1}{T} \int_{-\infty}^{\infty} f_0(t)\, e^{-in\omega_0 t}\, dt = \frac{\sqrt{2\pi}}{T} F_0(n\omega_0)$$

したがって

$$F(\omega) = \sqrt{2\pi} \sum_{n=-\infty}^{\infty} c_n \cdot \delta(\omega - n\omega_0)$$

$$= \frac{2\pi}{T} \sum_{n=-\infty}^{\infty} F_0(n\omega_0) \cdot \delta(\omega - n\omega_0)$$

$$= \omega_0 \sum_{n=-\infty}^{\infty} F_0(\omega) \cdot \delta(\omega - n\omega_0)$$

となります.

4.4　線形システムのフーリエ解析

フーリエ解析は，力学系や電気回路などの線形システムの信号解析にも用いられます．ここでは，線形システムを表す常微分方程式のフーリエ解析による解法を示し，さらに線形システムの交流応答への適用についてみていきましょう.

4.4.1　常微分方程式のフーリエ変換による解法

フーリエ変換を用いた非同次常微分方程式の解法は，①常微分方程式（時間領域）のフーリエ変換，②代数方程式（周波数領域）の代数処理，③フーリエ逆変換の手順で行います.

以下の非同次 2 階常微分方程式についてみていきましょう.

$$f''(t) + af'(t) + bf(t) = g(t) \tag{4.63}$$

ここで，応答 $f(t)$，および入力信号 $g(t)$ のフーリエ変換を，$F(\omega)$ および $G(\omega)$ として，両辺をフーリエ変換すると

$$-\omega^2 F(\omega) + ia\omega F(\omega) + b F(\omega) = (-\omega^2 + ia\omega + b) F(\omega) = G(\omega)$$

このとき

$$H(\omega) = \frac{1}{-\omega^2 + ia\omega + b}$$

とすると，代数方程式は

$$F(\omega) = H(\omega)\, G(\omega)$$

となります．$H(\omega)$ は線形システムの**伝達関数**と呼ばれます．この ω の代数方程式から，非同次 2 階常微分方程式（式 (4.63)）の特殊解 $f(t)$ は以下のように求めることができます．

$F(\omega)$ のフーリエ逆変換による解法を使うと，式 (4.63) の解が以下のように求まります．

$$f(t) = \frac{1}{\sqrt{2\pi}} \int_{-\infty}^{\infty} F(\omega)\, e^{i\omega t}\, d\omega = \frac{1}{\sqrt{2\pi}} \int_{-\infty}^{\infty} H(\omega)\, G(\omega)\, e^{i\omega t}\, d\omega$$

また，たたみ込み積分による解法を使うと，式 (4.63) の解は以下のように求まります．

$$f(t) = \frac{1}{\sqrt{2\pi}} h(t) * g(t)$$

ここで，$h(t)$ は $H(\omega)$ のフーリエ逆変換を表します．

例 4.3

非同次 2 階常微分方程式（式 (4.63)）について，入力信号 $g(t)$ が周期関数の場合をみていきましょう．

$$g(t) = A \cdot e^{i\omega_0 t}$$

としたとき

$$\begin{aligned} G(\omega) &= \frac{1}{\sqrt{2\pi}} \int_{-\infty}^{\infty} g(t)\, e^{-i\omega t}\, dt \\ &= \frac{A}{\sqrt{2\pi}} \int_{-\infty}^{\infty} e^{-i(\omega-\omega_0)t}\, dt = A\sqrt{2\pi}\, \delta(\omega - \omega_0) \end{aligned}$$

したがって，$f(t)$ は

$$\begin{aligned} f(t) &= \frac{1}{\sqrt{2\pi}} \int_{-\infty}^{\infty} H(\omega)\, G(\omega)\, e^{i\omega t}\, d\omega \\ &= A \int_{-\infty}^{\infty} H(\omega)\, e^{i\omega t}\, \delta(\omega - \omega_0)\, d\omega = A \cdot H(\omega_0) e^{i\omega_0 t} \end{aligned} \tag{4.64}$$

となり，伝達関数 $H(\omega)$ がそのまま応答 $f(t)$ に反映されます．さらに，$H(\omega)$ は，次のように表すことができます．

$$H(\omega) = \frac{1}{-\omega^2 + ia\omega + b}$$
$$= \frac{1}{(b - \omega^2) + ia\omega}$$
$$= \frac{(b - \omega^2) - ia\omega}{(b - \omega^2)^2 + a^2\omega^2}$$
$$= \frac{1}{\sqrt{(b - \omega^2)^2 + a^2\omega^2}} \cdot \frac{(b - \omega^2) - ia\omega}{\sqrt{(b - \omega^2)^2 + a^2\omega^2}} = |H(\omega)| e^{i\theta}$$

ここで

$$\begin{cases} |H(\omega)| = \dfrac{1}{\sqrt{(b - \omega^2)^2 + a^2\omega^2}} \\ \theta(\omega) = -\tan^{-1}\dfrac{a\omega}{b - \omega^2} \end{cases}$$

したがって，応答 $f(t)$ は

$$f(t) = AH(\omega_0)\,e^{i\omega_0 t} = A|H(\omega_0)|\,e^{i(\omega_0 t + \theta(\omega_0))}$$

となります．したがって，応答 $f(t)$ の定常解は入力 $g(t) = A \cdot e^{i\omega_0 t}$ がもとになる強制振動となり，伝達関数 $H(\omega)$ は振幅 $|H(\omega_0)|$ および位相 $\theta(\omega_0)$ に反映されることになります．

　以下の例題をもとに，解法の手順をみていきましょう．

例題 4.18

　次の常微分方程式をフーリエ変換を用いて解きなさい．

$$f''(t) + 2f'(t) + 2f(t) = \delta(t)$$

答え

　$f(t)$ のフーリエ変換を $F(\omega)$ として，微分方程式の両辺をフーリエ変換すると

$$-\omega^2 F(\omega) + i\omega 2F(\omega) + 2F(\omega) = \frac{1}{\sqrt{2\pi}}$$

ここで

$$H(\omega) = \frac{1}{-\omega^2 + 2i\omega + 2}$$

とすると

$$F(\omega) = \frac{1}{\sqrt{2\pi}} H(\omega)$$

となります. したがって, 応答関数 $f(t)$ は

$$f(t) = \mathscr{F}^{-1}[F(\omega)] = \frac{1}{\sqrt{2\pi}} \mathscr{F}^{-1}[H(\omega)]$$

から求めることができます. この $H(\omega)$ について, 2 次方程式の解の公式を
用いて代数処理を行うと

$$\begin{aligned}
H(\omega) &= \frac{1}{(i\omega + 1 - i)(i\omega + 1 + i)} = \frac{1}{[1 + i(\omega - 1)][1 + i(\omega + 1)]} \\
&= \frac{i}{2}\left[\frac{1}{1 + i(\omega + 1)} - \frac{1}{1 + i(\omega - 1)}\right]
\end{aligned}$$

となります. したがって, $H(\omega)$ について, 像関数の移動を用いてフーリエ
逆変換を行うと

$$\begin{aligned}
f(t) &= \frac{1}{\sqrt{2\pi}}\mathscr{F}^{-1}[H(\omega)] \\
&= \frac{i}{2}\left[e^{-it}\mathscr{F}^{-1}\left[\frac{1}{\sqrt{2\pi}}\frac{1}{1 + i\omega}\right] - e^{it}\mathscr{F}^{-1}\left[\frac{1}{\sqrt{2\pi}}\frac{1}{1 + i\omega}\right]\right] \\
&= \frac{e^{it} - e^{-it}}{2i}\mathscr{F}^{-1}\left[\frac{1}{\sqrt{2\pi}}\frac{1}{1 + i\omega}\right] \\
&= \sin t \cdot e^{-t}u(t)
\end{aligned}$$

となります.

$\delta(t)$ は $t = 0$ でのインパルス入力だから, インパルス応答は
$t > 0$ で現れることになるから, ステップ関数 $u(t)$ が含まれる
ね.
ということは, 伝達関数 $H(\omega)$ のフーリエ逆変換 $\mathscr{F}^{-1}[H(\omega)] = h(t)$ は, 線形システムのインパルス応答に対応しているね.

例題 4.19

次の常微分方程式をフーリエ変換を用いて解きなさい.

$$f''(t) + 2f'(t) + 2f(t) = u(t)$$

答え

$f(t)$ のフーリエ変換を $F(\omega)$ として,微分方程式の両辺をフーリエ変換すると

$$-\omega^2 F(\omega) + i\omega 2 F(\omega) + 2F(\omega) = (-\omega^2 + 2i\omega + 2)\mathscr{F}(\omega) = \mathscr{F}[u(t)]$$

ここで

$$H(\omega) = \frac{1}{-\omega^2 + 2i\omega + 2}$$

とすると,$H(\omega)$ のフーリエ逆変換 $h(t)$ は,例題 4.18 より

$$h(t) = \mathscr{F}^{-1}[H(\omega)] = \sqrt{2\pi} \sin t \cdot e^{-t} u(t)$$

したがって,$f(t)$ はたたみ込み積分により

$$
\begin{aligned}
f(t) &= \frac{1}{\sqrt{2\pi}} h(t) * g(t) \\
&= \frac{1}{\sqrt{2\pi}} \int_{-\infty}^{\infty} h(\tau) g(t-\tau) \, d\tau \\
&= \frac{1}{\sqrt{2\pi}} \int_{-\infty}^{\infty} \sqrt{2\pi} \sin \tau \cdot e^{-\tau} u(\tau) \cdot u(t-\tau) \, d\tau \\
&= \int_0^t \sin \tau \cdot e^{-\tau} \, d\tau \\
&= \left[-\frac{1}{2} e^{-\tau} (\sin \tau + \cos \tau) \right]_0^t = \frac{1}{2} \{ 1 - e^{-t}(\sin t + \cos t) \} \cdot u(t)
\end{aligned}
$$

例題 4.20

次の常微分方程式をフーリエ変換を用いて解きなさい.

$$f''(t) + 2f'(t) + 2f(t) = e^{i\omega_0 t}$$

答え

$f(t)$ のフーリエ変換を $F(\omega)$ として,微分方程式の両辺をフーリエ変換すると

$$-\omega^2 F(\omega) + i\omega 2 F(\omega) + 2F(\omega) = \sqrt{2\pi}\,\delta(\omega - \omega_0)$$

次に,伝達関数 $H(\omega)$ を

$$H(\omega) = \frac{1}{-\omega^2 + 2i\omega + 2}$$

として,$F(\omega)$ についてまとめると

$$F(\omega) = \sqrt{2\pi}\,H(\omega)\,\delta(\omega - \omega_0)$$

となります.最後に,$F(\omega)$ について,フーリエ逆変換を行うと

$$\begin{aligned}
f(t) &= \frac{1}{\sqrt{2\pi}} \int_{-\infty}^{\infty} F(\omega) e^{i\omega t}\, d\omega \\
&\times \frac{1}{\sqrt{2\pi}} \int_{-\infty}^{\infty} \sqrt{2\pi} H(\omega) \delta(\omega - \omega_0)\, e^{i\omega t}\, d\omega \\
&= H(\omega)\, e^{i\omega t}\big|_{\omega = \omega_0} \\
&= \frac{e^{i\omega_0 t}}{2 - \omega_0{}^2 + 2i\omega_0} \\
&= \frac{(2 - \omega_0{}^2) - 2i\omega_0}{(2 - \omega_0{}^2)^2 + 4\omega_0{}^2} e^{i\omega_0 t} = \frac{1}{\sqrt{(2 - \omega_0{}^2)^2 + 4\omega_0{}^2}}\, e^{i(\omega_0 t + \theta)}
\end{aligned}$$

ここで

$$\theta = -\tan^{-1} \frac{2\omega_0}{2 - \omega_0{}^2}$$

と置いています.

4.4.2　線形システムにおける交流応答のフーリエ解析

線形システムの交流応答について詳しくみていきましょう．次の非同次 2 階常微分方程式

$$f'' + 4f' + 5f = 3\cos t$$

をフーリエ級数で解いてみましょう．

例 4.4　**フーリエ級数の適用**

右辺の入力信号は，周期 2π の交流になっています．この入力信号に対する応答 $f(t)$ は，定常解として，フーリエ級数展開で次のように表すことができます．

$$f(t) = \frac{a_0}{2} + \sum_{n=1}^{N}(a_n \cos nt + b_n \sin nt)$$

この $f(t)$ を微分方程式に代入すると

$$
\begin{aligned}
f'' &+ 4f' + 5f \\
&= -\sum_{n=1}^{\infty} n^2(a_n \cos nt + b_n \sin nt) + 4\sum_{n=1}^{\infty} n(-a_n \sin nt + b_n \cos nt) \\
&\quad + \frac{5a_0}{2} + 5\sum_{n=1}^{\infty}(a_n \cos nt + b_n \sin nt) \\
&= \frac{5a_0}{2} + \sum_{n=1}^{\infty}[(-n^2 a_n + 4nb_n + 5a_n)\cos nt \\
&\quad + (-n^2 b_n - 4na_n + 5b_n)\sin nt] = 3\cos t
\end{aligned}
$$

となります．この関係を満たすためには，係数比較より次の条件を満たさなければなりません．

$$n = 0 : a_0 = 0$$

$$n = 1 : (-a_1 + 4b_1 + 5a_1)\cos t + (-b_1 - 4a_1 + 5b_1)\sin t = 3\cos t$$

したがって

$$
\begin{cases}
4a_1 + 4b_1 = 3 \\
-4a_1 + 4b_1 = 0
\end{cases}
$$

$$\therefore \ a_1 = b_1 = \frac{3}{8}$$

$$n \geq 2: (-n^2 a_n + 4n b_n + 5a_n) \cos nt + (-n^2 b_n - 4n a_n + 5b_n) \sin nt = 0$$

したがって

$$\begin{cases} (5 - n^2)a_n + 4n b_n = 0 \\ -4n a_n + (5 - n^2)b_n = 0 \end{cases}$$

$$\therefore \ a_n = b_n = 0$$

以上をまとめると

$$f(t) = \frac{a_0}{2} + \sum_{n=1}^{N}(a_n \cos nt + b_n \sin nt) = \frac{3}{8}(\cos t + \sin t)$$

となり，定常解を求めることができます．

例 4.5　フーリエ変換の適用

続いて，この微分方程式をフーリエ変換してみましょう．

$$\mathscr{F}[f''] + 4\mathscr{F}[f'] + 5\mathscr{F}[f] = \mathscr{F}[3 \cos t]$$

$$-\omega^2 F(\omega) + 4i\omega F(\omega) + 5F(\omega) = 3\sqrt{\frac{\pi}{2}}\left(\delta(\omega - 1) + \delta(\omega + 1)\right)$$

となります．このとき，伝達関数 $H(\omega)$ は

$$\begin{aligned} H(\omega) &= \frac{1}{-\omega^2 + 4i\omega + 5} \\ &= \frac{(5 - \omega^2) - 4i\omega}{(5 - \omega^2)^2 + 16\omega^2} \\ &= \frac{e^{i\theta}}{\sqrt{(5 - \omega^2)^2 + 16\omega^2}} = |H(\omega)|e^{i\theta(\omega)} \end{aligned}$$

ここで

$$\theta(\omega) = -\tan^{-1}\frac{4\omega}{5 - \omega^2}$$

となります．$|H(-\omega)| = |H(\omega)|$, $\theta(-\omega) = -\theta(\omega)$ に留意して $f(t)$ を求めると

$$f(t) = \mathscr{F}^{-1}[F(\omega)]$$
$$= \frac{1}{\sqrt{2\pi}} \int_{-\infty}^{\infty} F(\omega) e^{i\omega t}\, d\omega$$
$$= \frac{1}{\sqrt{2\pi}} \int_{-\infty}^{\infty} 3\sqrt{\frac{\pi}{2}} |H(\omega)|[\delta(\omega - 1) + \delta(\omega + 1)] e^{i\omega t} e^{i\theta(\omega)}$$
$$= \frac{3}{2}(|H(\omega)| e^{i(\omega t + \theta(\omega))}|_{\omega=1} + |H(\omega)| e^{i(\omega t + \theta(\omega))}|_{\omega=-1})$$
$$= \frac{3}{2}|H(1)|(e^{i(t+\theta(1))} + e^{-i(t+\theta(1))}) = \frac{3\sqrt{2}}{8} \cos(t + \theta(1))$$

ここで

$$\theta(1) = -\tan^{-1} 1 = -\frac{\pi}{4}$$

です．したがって

$$f(t) = \frac{3\sqrt{2}}{8} \cos\left(t - \frac{\pi}{4}\right)$$

が求まります．最後に，加法定理を適用すると

$$f(t) = \frac{3\sqrt{2}}{8} \cos\left(t - \frac{\pi}{4}\right)$$
$$= \frac{3\sqrt{2}}{8}\left(\cos t \cdot \cos \frac{\pi}{4} + \sin t \cdot \sin \frac{\pi}{4}\right) = \frac{3}{8}(\cos t + \sin t)$$

となり，フーリエ級数による解法と同じ定常解を求めることができます．

例 4.6　ラプラス変換の適用

　次に，この微分方程式をラプラス変換で解いてみましょう．このとき，初期条件 $f(0) = 0$, $f'(0) = 0$ とし，$t > 0$ とする初期値問題とします．

　$f(t)$ のラプラス変換を $F(s)$ とすると

$$\mathscr{L}[f''] + 4\mathscr{L}[f'] + 5\mathscr{L}[f] = \mathscr{L}[3 \cos t]$$
$$s^2 F(s) + 4s F(s) + 5 F(s) = \frac{3s}{s^2 + 1}$$
$$(s^2 + 4s + 5) F(s) = \frac{3s}{s^2 + 1}$$
$$\therefore \ F(s) = \frac{1}{s^2 + 4s + 5} \frac{3s}{s^2 + 1}$$

となります. $F(s)$ について，ヘビサイド展開すると

$$F(s) = \frac{-3}{8} \frac{s+5}{s^2+4s+5} + \frac{3}{8} \frac{s+1}{s^2+1}$$
$$= \frac{-3}{8} \frac{(s+2)+3}{(s+2)^2+1} + \frac{3}{8} \frac{s+1}{s^2+1}$$

となります. したがって $F(s)$ をラプラス逆変換すると

$$f(t) = \mathscr{L}^{-1}[F(s)]$$
$$= -\frac{3}{8} \mathscr{L}^{-1}\left[\frac{(s+2)+3}{(s+2)^2+1}\right] + \frac{3}{8} \mathscr{L}^{-1}\left[\frac{s+1}{s^2+1}\right]$$
$$= -\frac{3}{8} e^{-2t} \mathscr{L}^{-1}\left[\frac{s+3}{s^2+1}\right] + \frac{3}{8}(\cos t + \sin t)$$
$$= -\frac{3}{8} e^{-2t}(\cos t + 3\sin t) + \frac{3}{8}(\cos t + \sin t)$$

となり，非同次方程式の一般解における初期値問題の解が得られます. 定常状態（$t \to \infty$）では，解の第1項（過渡項）がゼロに収束するので，フーリエ解析で得られた定常解になることがわかります.

ラプラス変換の場合，積分範囲は $t: 0 \to \infty$ のため，$t = 0$ における初期値とそれに依存する過渡応答が含まれます. これに対し，フーリエ変換では，$t: -\infty \to \infty$ の全時間領域を対象にしているため，最終的に定常解のみが現れることになります.

> フーリエ変換とラプラス変換の本質的な違いは，その積分範囲にあるんだね.

4.4.3 ローレンツ型振動子モデルの運動方程式

誘電関数は，光の電場による振動子の強制振動に関する運動方程式のフーリエ解析から導出します. **ローレンツ型振動子モデル**は，正電荷をもつ原子核と負電荷をもつ電子がばねで束縛されている古典的なモデルで，電磁波による振動電場に対して質量の大きい原子核は動かず，電子だけがその速度に比例する摩擦力を受けながら振動する調和振動子として扱います.

　いま原子に束縛された電子（点電荷 q, 質量 m）が固有振動数 ω_0 で単振動をしていると仮定します．この電子が電磁波による振動電場 $E = E_0 \exp(-i\omega t)$ のもとにおかれるとき，その運動方程式は

$$m\frac{d^2x}{dt^2} = -m\omega_0{}^2 x - m\Gamma\frac{dx}{dt} + qE_0 \exp(-i\omega t) \tag{4.65}$$

と書くことができます．ここで，$x(t)$ は電子の平衡位置からの変位であり，Γ は摩擦による振動減衰の速度定数です．右辺第 1 項の $m\omega_0{}^2$ はばね定数，第 2 項は速度に比例する摩擦力であり，第 3 項が電荷に作用するクーロン力 qE です．この運動方程式は次の 2 階線形非同次常微分方程式

$$\frac{d^2x}{dt^2} + \Gamma\frac{dx}{dt} + \omega_0{}^2 x = \frac{qE_0}{m} \exp(-i\omega t) \tag{4.66}$$

となります．交流応答の解は，前述のフーリエ解析（4.4.1 項，230 ページ）より強制振動となることが示されています．このとき，変位 $x(t)$ は角振動数 ω で振動すると考えられるので

$$x(t) = x_0(\omega) \exp(-i\omega t)$$

で表すことができます．これを運動方程式に代入すると

$$(-\omega^2 - i\omega\Gamma + \omega_0{}^2)x_0(\omega) = \frac{qE_0}{m}$$

　したがって，変位 $x_0(\omega)$ は

$$x_0(\omega) = \frac{qE_0}{m}\frac{1}{\omega_0{}^2 - \omega^2 - i\omega\Gamma} \tag{4.67}$$

となります．ここで $(\omega_0{}^2 - \omega^2 - i\omega\Gamma)^{-1}$ は線形システムの伝達関数に対応します．

　単位体積あたりの電子の数を N とすると分極 P は

$$P = qNx(t) \tag{4.68}$$

で表されます．誘電体の場合，物質の誘電率 ε は次式で定義されます．

$$\boldsymbol{D} = \varepsilon\boldsymbol{E} = \varepsilon_0\boldsymbol{E} + \boldsymbol{P}$$

ここで ε_0 は真空中の誘電率，$\boldsymbol{D}$ は電束密度のベクトルを表しています．振動

電界および分極は x 方向のみの 1 次元なので

$$
\begin{aligned}
\varepsilon E &= \varepsilon_0 E + P \\
&= \varepsilon_0 E_0 \exp(-i\omega t) + qNx(t) \\
&= \varepsilon_0 E_0 \exp(-i\omega t) + qNx_0(\omega) \exp(-i\omega t) \\
&= \varepsilon_0 E_0 \exp(-i\omega t) + qN \frac{qE_0}{m} \frac{1}{{\omega_0}^2 - \omega^2 - i\omega\Gamma} \exp(-i\omega t)
\end{aligned}
$$

したがって，誘電関数 $\varepsilon(\omega)$ は

$$
\varepsilon(\omega) = \varepsilon_0 + \frac{q^2 N}{m} \frac{1}{{\omega_0}^2 - \omega^2 - i\omega\Gamma} = \varepsilon_0 + \frac{\varepsilon_0 {\omega_{\mathrm{p}}}^2}{{\omega_0}^2 - \omega^2 - i\omega\Gamma} \tag{4.69}
$$

となります．ここで ω_{p} はプラズマ振動数として次式で表されます．

$$
\omega_{\mathrm{p}} = \sqrt{\frac{q^2 N}{m\varepsilon_0}}
$$

誘電関数は複素関数となり，$\varepsilon(\omega) = \varepsilon_1 + i\varepsilon_2$ で表されますので

$$
\begin{aligned}
\frac{\varepsilon(\omega)}{\varepsilon_0} &= 1 + \frac{{\omega_{\mathrm{p}}}^2}{{\omega_0}^2 - \omega^2 - i\omega\Gamma} \\
&= 1 + \frac{{\omega_{\mathrm{p}}}^2({\omega_0}^2 - \omega^2) + i\Gamma {\omega_{\mathrm{p}}}^2 \omega}{({\omega_0}^2 - \omega^2)^2 + \omega^2 \Gamma^2} \\
&= 1 + \underbrace{\frac{{\omega_{\mathrm{p}}}^2({\omega_{\mathrm{p}}}^2 - \omega^2)}{({\omega_0}^2 - \omega^2)^2 + \omega^2 \Gamma^2}}_{\frac{\varepsilon_1}{\varepsilon_0}} + \underbrace{\frac{i\Gamma {\omega_{\mathrm{p}}}^2 \omega}{({\omega_0}^2 - \omega^2)^2 + \omega^2 \Gamma^2}}_{i\frac{\varepsilon_2}{\varepsilon_0}}
\end{aligned}
$$

となります．誘電関数の実部 $\dfrac{\varepsilon_1}{\varepsilon_0}$ および虚部 $\dfrac{\varepsilon_2}{\varepsilon_0}$ の振動数依存性を図 4.16 に示します．

誘電関数の虚部 $\dfrac{\varepsilon_2}{\varepsilon_0}$ の形状は，共鳴角周波数 ω_0 でピーク最大値をとるローレンツ分布となっています．このピークは電磁波の吸収による減衰を表しています．また，実部 $\dfrac{\varepsilon_1}{\varepsilon_0}$ は屈折率分散に対応し，共鳴角周波数 ω_0 近傍で異常分散を示し

$$
\varepsilon(0) = \varepsilon_0 + \varepsilon_0 \frac{{\omega_{\mathrm{p}}}^2}{{\omega_0}^2}, \qquad \varepsilon(\infty) = \varepsilon_0
$$

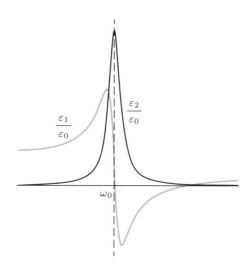

図 4.16 ローレンツ型振動子モデルで計算した誘電率の振動数依存性

に収束しています.

4.4.4 フーリエ変換を使った *RLC* 回路の交流応答解析

RLC 回路は 2 階線形常微分方程式で表されます. **RLC 直列回路方程式**は

$$L\frac{di(t)}{dt} + Ri(t) + \frac{1}{C} \int i(t)\, dt = e(t) \tag{4.70}$$

となるので, これを t で微分すると

$$L\frac{d^2 i(t)}{dt^2} + R\frac{di(t)}{dt} + \frac{1}{C} i(t) = \frac{de(t)}{dt} \tag{4.71}$$

の 2 階線形非同次常微分方程式が得られます. ここで, 交流信号 $e(t)$ を周期 T の任意の周期関数として, 複素フーリエ級数展開すると

$$e(t) = \sum_{n=-\infty}^{\infty} E_n\, e^{in\omega_0 t} \tag{4.72}$$

と表すことができます. $\omega_0 = \dfrac{2\pi}{T}$ としています.

入力 $e(t)$ に対する定常的な電流応答 $i(t)$ を調べてみましょう. 式 (4.71) を

フーリエ変換すると

$$-\omega^2 L I(\omega) + i\omega R I(\omega) + \frac{1}{C} I(\omega) = \mathscr{F}^{-1}\left[\sum_{n=-\infty}^{\infty} (in\omega_0 E_n e^{in\omega_0 t})\right]$$

$$\left(-\omega^2 L + i\omega R + \frac{1}{C}\right) I(\omega) = \frac{1}{\sqrt{2\pi}} \int_{-\infty}^{\infty} \sum_{n=-\infty}^{\infty} in\omega_0 (E_n e^{in\omega_0 t}) e^{-i\omega t}\, dt$$

$$\left(R + i\left(\omega L - \frac{1}{\omega C}\right)\right) I(\omega) = \frac{1}{\sqrt{2\pi}} \sum_{n=-\infty}^{\infty} \frac{n\omega_0}{\omega} E_n \int_{-\infty}^{\infty} e^{-i(\omega - n\omega_0)t}\, dt$$

ここで，複素アドミッタンス $Y(\omega)$ を

$$Y(\omega) = \frac{1}{R + i\left(\omega L - \dfrac{1}{\omega C}\right)}$$

として，式 (4.59) を適用すると

$$\frac{I(\omega)}{Y(\omega)} = \frac{1}{\sqrt{2\pi}} \sum_{n=-\infty}^{\infty} \frac{n\omega_0}{\omega} E_n \int_{-\infty}^{\infty} e^{-i(\omega - n\omega_0)t}\, dt$$

$$= \frac{1}{\sqrt{2\pi}} \sum_{n=-\infty}^{\infty} \frac{n\omega_0}{\omega} E_n 2\pi\delta(\omega - n\omega_0)$$

$$\therefore\ I(\omega) = \sqrt{2\pi} \sum_{n=-\infty}^{\infty} Y(\omega)\, E_n\, \delta(\omega - n\omega_0)$$

が得られます．複素アドミッタンス $Y(\omega)$ は，回路の伝達関数に対応し，電流応答のフーリエ変換 $I(\omega)$ は，伝達関数と入力信号のフーリエ変換の積で表されます．この関係は RLC 回路の線形性を示しています．

　また，電流応答の周波数スペクトル $I(\omega)$ は，間隔 ω_0 で並ぶデルタ関数列となり，とびとびの値をとります．これは交流信号 $e(t)$ の複素フーリエ級数展開の周波数に対応します．

　電流応答 $i(t)$ を $I(\omega)$ のフーリエ逆変換で求めてみましょう．

$$i(t) = \mathscr{F}^{-1}[I(\omega)] = \sqrt{2\pi} \sum_{n=-\infty}^{\infty} E_n \mathscr{F}^{-1}[Y(\omega)\, \delta(\omega - n\omega_0)]$$

$$= \sqrt{2\pi} \sum_{n=-\infty}^{\infty} E_n \frac{1}{\sqrt{2\pi}} \int_{-\infty}^{\infty} Y(\omega)\, \delta(\omega - n\omega_0)\, e^{i\omega t}\, d\omega$$

$$= \sum_{n=-\infty}^{\infty} Y(n\omega_0)\, E_n\, e^{in\omega_0 t}$$

ここで，積分にはデルタ関数の性質，式 (4.55) を用いています．電流応答 $i(t)$ もまた入力 $e(t)$ 同様，複素フーリエ級数で表されることになります．入力 $e(t)$ は，実関数で与えられているので $E_{-n} = E_n{}^*$ となることから

$$
\begin{aligned}
i(t) &= \sum_{n=-\infty}^{\infty} Y(n\omega_0)\, E_n\, e^{in\omega_0 t} \\
&= Y(0)\, E_0 + \sum_{n=1}^{\infty} Y(n\omega_0)\, E_n\, e^{in\omega_0 t} + \sum_{n=1}^{\infty} Y(-n\omega_0)\, E_{-n}\, e^{-im\omega_0 t} \\
&= Y(0)\, E_0 + \sum_{n=1}^{\infty} Y(n\omega_0)\, E_n\, e^{in\omega_0 t} + \sum_{n=1}^{\infty} Y(n\omega_0)^*\, E_n{}^*\, e^{-in\omega_0 t} \\
&= Y(0) E_0 + 2 \sum_{n=1}^{\infty} \mathrm{Re}[Y(n\omega_0)\, E_n\, e^{in\omega_0 t}]
\end{aligned}
$$

したがって，電流応答の定常解 $i(t)$ は

$$\therefore\ i(t) = E_0 Y(0) + 2 \sum_{n=1}^{\infty} |Y(n\omega_0)||E_n|\, \cos(n\omega_0 t + \theta_n + \phi_n) \tag{4.73}$$

ここで，θ_n は E_n の偏角

$$
\begin{cases}
|Y(n\omega_0)| = \left(R^2 + \left(n\omega_0 L - \dfrac{1}{n\omega_0 C} \right)^2 \right)^{-\frac{1}{2}} \\[4mm]
\phi_n = -\tan^{-1} \dfrac{n\omega_0 L - \dfrac{1}{n\omega_0 C}}{R}
\end{cases}
\tag{4.74}
$$

としています．

回路を流れる電流の一般解は，上で求めた交流応答（定常解）と過渡解の重ね合わせで求めることができるけど，フーリエ変換による解析では定常入力 $e(t)$ に対する応答を任意時間範囲で調べているので，過渡解は現れないよ．

例題 4.21

RL 直列回路に周期 2π, 高さ 2 の電圧パルス列を入力したときの, 電流応答波形の定常解を求めなさい.

答え

この RL 直列回路の常微分方程式は

$$L\frac{di(t)}{dt} + Ri(t) = e(t)$$

と表されます. ここで, 入力信号 $e(t)$ を周期 2π, 高さ 2 のパルス列として, 複素フーリエ級数展開します. $e(t)$ は例題 4.9 (210 ページ)から次のように表すことができます.

$$e(t) = \sum_{n=-\infty}^{\infty} E_n e^{i \cdot nt} = 1 + \frac{i}{\pi} \sum_{\substack{n=-\infty \\ (n \neq 0)}}^{\infty} \frac{(-1)^n - 1}{n} e^{i \cdot nt}$$

ここで E_n は複素フーリエ係数です. 次に, 上記の微分方程式をフーリエ変換すると

$$[i\omega L + R]I(\omega) = \mathscr{F}[e(t)]$$
$$= \sum_{n=-\infty}^{\infty} E_n \mathscr{F}[e^{i \cdot nt}]$$
$$= \frac{1}{\sqrt{2\pi}} \sum_{n=-\infty}^{\infty} E_n \int_{-\infty}^{\infty} e^{-i(\omega-n)t} \, dt$$
$$= \sqrt{2\pi} \sum_{n=-\infty}^{\infty} E_n \cdot \delta(\omega - n)$$

ここで, 複素アドミッタンス $Y(\omega)$ を

$$Y(\omega) = \frac{1}{i\omega L + R}$$

とすると, 応答電流のフーリエ変換は次のようになります.

$$I(\omega) = Y(\omega)\mathscr{F}[e(t)] = \sqrt{2\pi} \sum_{n=-\infty}^{\infty} E_n \cdot Y(\omega)\, \delta(\omega - n)$$

　以上より，応答電流 $i(t)$ は，$I(\omega)$ をフーリエ逆変換することにより，以下のように求めることができます．

$$i(t) = \sqrt{2\pi} \sum_{n=-\infty}^{\infty} E_n \cdot \mathscr{F}^{-1}[Y(\omega)\delta(\omega - n)]$$

$$= \sqrt{2\pi} \sum_{n=-\infty}^{\infty} E_n \cdot \frac{1}{\sqrt{2\pi}} Y(n) \, e^{i \cdot nt} = \sum_{n=-\infty}^{\infty} Y(n) \, E_n \, e^{i \cdot nt}$$

　ここで入力 $e(t)$ は実関数で与えられていますので，$E_{-n} = E_n{}^*$ となることから

$$i(t) = \sum_{n=-\infty}^{\infty} Y(n) \, E_n \, e^{i \cdot nt} = Y(0) \, E_0 + 2 \sum_{n=1}^{\infty} \mathrm{Re}[Y(n) \, E_n e^{i \cdot nt}]$$

となります．また $n = 0$ のとき

$$Y(0) \cdot E_0 = \frac{1}{inL + R} \cdot 1 = \frac{1}{R}$$

$n \neq 0$ のとき

$$\mathrm{Re}[Y(n)E_n e^{i \cdot nt}]$$
$$= \frac{(-1)^n - 1}{\pi n}\left[\frac{nL}{R^2 + (nL)^2} \cos nt - \frac{R}{R^2 + (nL)^2} \sin nt \right]$$

になるので，応答電流 $i(t)$ は

$$i(t) = \frac{1}{R} + 2 \sum_{n=1}^{\infty} \Bigg\{ \frac{(-1)^n - 1}{\pi n}\bigg[\frac{nL}{R^2 + (nL)^2} \cos nt$$
$$- \frac{R}{R^2 + (nL)^2} \sin nt \bigg] \Bigg\}$$

となります．

　図 4.17 には，RL 直列回路のパルス列信号に対する電流応答を示します．ここでは $R = 1$ で一定とし，$L = 0, 0.1, 0.4, 1$ と変化させています．L の増加にともないパルス応答が鈍くなっていく様子が示されています．

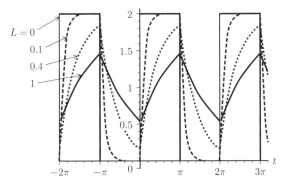

図 4.17 *RL* 直列回路のパルス列信号に対する電流応答

章　末　問　題

4.1 (1) 任意の位相 ϕ_n をもつ三角級数

$$A_1 \sin(x + \phi_1) + A_2 \sin(2x + \phi_2) + A_3 \sin(3x + \phi_3) \cdots$$

$$= \sum_{n=1}^{\infty} A_n \sin(nx + \phi_n)$$

が，フーリエ級数となることを示しなさい．

(2) 区間 $[-\pi, \pi]$ 上において，三角関数系

$$\cos x, \sin x, \cos 2x, \sin 2x, \cos 3x, \sin 3x, \cdots,$$

$$\cos nx, \sin nx, \cdots$$

が直交することを示しなさい．

4.2 次の指定された範囲で表される周期関数 $f(x)$ を，フーリエ級数展開しなさい．

(1) $f(x) = \begin{cases} x & (-\pi < x < \pi) \\ 0 & (x = \pi) \end{cases}$

(2) $f(x) = \begin{cases} 0 & (-1 < x < 0) \\ 1 & (x = 0, 1) \\ 2 & (0 < x < 1) \end{cases}$

(3) $f(x) = \begin{cases} 0 & (-\pi < x < 0) \\ x^2 & (0 \leq x < \pi) \\ \dfrac{\pi^2}{2} & (x = \pi) \end{cases}$

(4)　$f(x) = |\sin \pi x| \qquad (-1 < x \leq 1)$

4.3　(1)　次の関数 $f(t)$ を図示し，フーリエ積分表示を求めなさい.

$$f(t) = \begin{cases} a - |t| & (|t| < a) \\ 0 & (|t| > a) \end{cases} \qquad (a > 0)$$

(2)　次の関数 $f(t)$ を図示し，フーリエ積分表示を求めなさい.

$$f(t) = \begin{cases} \sin t & (|t| < \pi) \\ 0 & (|t| > \pi) \end{cases}$$

(3)　次の関数 $f(t)$ のフーリエ変換を求めなさい.

(a)　$f(t) = \begin{cases} 1 & (0 < t < 1) \\ 0 & (t < 0, \ t > 1) \end{cases}$

(b)　$f(x) = \begin{cases} 1 & (2 < x < 3) \\ 0 & (x < 2, \ x > 3) \end{cases}$

(4)　次の関数 $f(t)$ のフーリエ変換を求めなさい.

$$f(t) = \begin{cases} te^{-t} & (t > 0) \\ 0 & (t < 0) \end{cases}$$

4.4　$f(t)$ のフーリエ変換を $F(\omega)$ とするとき，次のフーリエ変換を求めなさい.

(1)　$f(3t)$　　　　　　　　　　　(2)　$f\left(-\dfrac{t}{2}\right)$

(3)　$f(t - 1)$　　　　　　　　　(4)　$f(t)e^{i\omega_0 t}$

4.5　$f(t)$ のフーリエ変換を $F(\omega)$ とするとき，次のフーリエ逆変換を求めなさい.

(1)　$F(2\omega)$　　　　　　(2)　$F(\omega) \cos 2\omega$　　　　(3)　$F(\omega - 1)$

(4)　$\dfrac{1}{2}[F(\omega - \omega_0) + F(\omega + \omega_0)]$

4.6　次の微分方程式をフーリエ変換を用いて解きなさい.

(1)　$f''(t) + 3f'(t) + 2f(t) = \delta(t)$

(2)　$f''(t) + 3f'(t) + 2f(t) = u(t)$

(3)　$f''(t) + 4f'(t) + 3f(t) = \cos \omega_0 t$

4.7　次の微分方程式で表される LC 共振回路の応答電流 $i(t)$ を求めなさい（ヒント：$u'(t) = \delta(t)$）.

$$L\frac{di(t)}{dt} + \frac{1}{C}\int i(t)\,dt = u(t)$$

4.8　次の微分方程式で表される RLC 回路の応答電流 $i(t)$ を求めなさい.

$$L\frac{di(t)}{dt} + Ri(t) + \frac{1}{C}\int i(t)\,dt = \sin\omega_0 t$$

MEMO

第 5 章

偏微分方程式

理工学の各分野では，2 階線形同次偏微分方程式の境界値問題がしばしば登場します．本章では，変数分離により求められた常微分方程式の一般解に含まれる任意定数を，初期条件や境界条件のもとでフーリエ級数展開やフーリエ積分の形で導き出し，境界値問題の解を求める方法について説明します．

フーリエ（Fourier, J.B.J., 1768〜1830）は，熱の伝わり方を数学的に表す方法として，三角関数の無限級数，すなわちフーリエ級数を用いる方法を考案しました．熱分布を求める偏微分方程式のフーリエ級数による解法は，フーリエ自身が考案しています．この解法は「複雑な関数も，複数の正弦波の重ね合わせでできており，構成する各正弦波について方程式を解き，それを重ね合わせれば解が得られるはずである」という考え方にもとづいています．

フーリエ級数の考え方を用いた偏微分方程式の解法は，物理現象を直観的に理解し，応用を考えるうえでとても重要です．

5.1　偏微分方程式

z が 2 変数 x, y の関数 $z = f(x, y)$ のとき，z_x を x の偏導関数とし，z_y を y の偏導関数とします．同様に z_{xx}, z_{xy}, z_{yy}，さらに z_{xxx} なども定義することにします．このような定義のもとで，次の関数

$$F(x, y, z, z_x, z_y, \cdots) = 0 \tag{5.1}$$

を**偏微分方程式**といいます．このとき，変数 x を x_1, x_2, $x_3 \cdots$ とする実 n 次元空間において，2 階偏微分演算子 Δ を次のように定義します．

$$\Delta = \sum_{k=1}^{n} \frac{\partial^2}{\partial x_k{}^2} \tag{5.2}$$

この演算子は**ラプラシアン**，あるいは**ラプラスの演算子**と呼ばれています．

2 階線形偏微分方程式は物理学でも重要な方程式としてしばしば現れます．代表的な 2 階線形偏微分方程式として

$$\begin{cases} \dfrac{\partial^2 u}{\partial t^2} = c^2 \Delta u & \text{（波動方程式）} & (5.3) \\[2mm] \dfrac{\partial u}{\partial t} = c^2 \Delta u & \text{（拡散方程式）} & (5.4) \\[2mm] \Delta u = 0 & \text{（ラプラス方程式）} & (5.5) \end{cases}$$

の 3 つがあります．例えば，拡散方程式は，熱伝導や半導体中のキャリアの移動などさまざまな場面で登場します．

本章では 2 変数の偏微分方程式として，1 次元波動方程式と，1 次元熱伝導方程式，および 2 次元のラプラス方程式の解法について解説します．

なお，物理現象の偏微分方程式による記述においては，時間変数 t，空間変数 x, y（1 次元のときは x）とします．したがって，本章で扱う偏微分方程式は

$$\begin{cases} \dfrac{\partial^2 u}{\partial t^2} = c^2 \dfrac{\partial^2 u}{\partial x^2} & \text{（1 次元波動方程式）} & (5.6) \\[2mm] \dfrac{\partial u}{\partial t} = c^2 \dfrac{\partial^2 u}{\partial x^2} & \text{（1 次元熱伝導方程式）} & (5.7) \\[2mm] \dfrac{\partial^2 u}{\partial x^2} + \dfrac{\partial^2 u}{\partial y^2} = 0 & \text{（2 次元ラプラス方程式）} & (5.8) \end{cases}$$

と表されます．

以下，偏微分方程式の境界値問題に変数分離を適用し，得られた一般解の未定係数を，境界値および初期値をもとに，フーリエ解析で求める解法を説明します．

5.2 波動方程式

x 軸上の 2 点 $x = 0$, $x = l$ で弦が固定されている場合を考えていきましょ

う．このとき，弦の振動を調べると弦の位置 $u(x, t)$ は

$$\frac{\partial^2 u}{\partial t^2} = c^2 \frac{\partial^2 u}{\partial x^2}$$

で与えられます．これが **1 次元波動方程式**です．

例 5.1

式 (5.6) で表される波動方程式について，変数分離を適用して解いていきましょう．

弦の両端が固定されているので境界条件は

$$\begin{cases} u(0, t) = 0 \\ u(l, t) = 0 \end{cases}$$

また，初期条件として

$$\begin{cases} u(x, 0) = f(x) \\ \dfrac{\partial}{\partial t} u(x, 0) = g(x) \end{cases}$$

が与えられている境界値問題を考えます．

解が変数分離で表される，すなわち，x のみの関数 $X(x)$ と，t のみの関数 $T(t)$ の積で表されるとして

$$u(x, t) = X(x) T(t)$$

とおきます．このとき，2 階偏微分方程式は

$$\begin{cases} \dfrac{\partial^2 u}{\partial t^2} = X(x) T''(t) \\ \dfrac{\partial^2 u}{\partial x^2} = X''(x) T(t) \end{cases}$$

となります．ここで $T'' = \dfrac{\partial^2 T}{\partial t^2}$, $X'' = \dfrac{\partial^2 X}{\partial x^2}$ とします．したがって，与えられた微分方程式は

$$X(x) T''(t) = c^2 X''(x) T(t)$$
$$\therefore \ \frac{X''}{X} = \frac{T''}{c^2 T}$$

となります．この式の左辺は x のみの関数，右辺は t のみの関数となります．

> x と t，それぞれ別に動くものが $=$ になるということは，定数じゃないとありえないわけだね．

したがって，両辺が等しくなるためには定数でなければなりません．この定数を $-k^2$ とおくと

$$\frac{X''}{X} = \frac{T''}{c^2 T} = -k^2$$

となります．このとき，$X(x)$，$T(t)$ について，別々の常微分方程式を導くことができます．すなわち

$$\begin{cases} X'' + k^2 X = 0 \\ T'' + c^2 k^2 T = 0 \end{cases}$$

となるので，このときの 2 つの常微分方程式の一般解は

$$\begin{cases} X = A \cos kx + B \sin kx \\ T = C \cos ckt + D \sin ckt \end{cases}$$

となります．

さらに，境界条件より $X(0) = X(l) = 0$ となるので，これを適用すると

$$\begin{cases} X(0) = A = 0 \\ X(l) = B \sin kl = 0 \\ \therefore \ kl = n\pi \quad (n = 1, 2, 3, \cdots) \end{cases}$$

となります．したがって

$$\begin{cases} X = B \sin \dfrac{n\pi}{l} x \\ T = C \cos \dfrac{nc\pi}{l} t + D \sin \dfrac{nc\pi}{l} t \end{cases}$$

となります．ここで，$u(x, t) = X(x)\,T(t)$ から三角級数展開すると

$$u(x, t) = \sum_{n=1}^{\infty} \left(a_n \cos \frac{nc\pi}{l} t + b_n \sin \frac{nc\pi}{l} t \right) \sin \frac{n\pi}{l} x \tag{5.9}$$

とおくことができます．ここで，初期条件を適用すると

$$u(x,\,0) = \sum_{n=1}^{\infty} a_n \, \sin \, \frac{n\pi}{l} x = f(x)$$

となります．上式 a_n はフーリエ係数として求めることができます．正弦関数であることを考慮すると

$$a_n = \frac{2}{l} \int_0^l f(x) \, \sin \, \frac{n\pi x}{l} \, dx$$

が得られます．また，$u(x,\,t)$ を t で偏微分すると

$$\frac{\partial}{\partial t} u(x,\,t)$$
$$= \sum_{n=1}^{\infty} \left(-a_n \frac{nc\pi}{l} \, \sin \, \frac{nc\pi}{l} t + b_n \frac{nc\pi}{l} \, \cos \, \frac{nc\pi}{l} t \right) \cdot \sin \, \frac{n\pi}{l} x$$

となります．初期条件より

$$\frac{\partial}{\partial t} u(x,\,0) = \sum_{n=1}^{\infty} b_n \frac{nc\pi}{l} \, \sin \, \frac{n\pi}{l} x = g(x)$$

となりますので，同様に b_n を含むフーリエ級数として扱うことができます．したがって

$$b_n \frac{nc\pi}{l} = \frac{2}{l} \int_0^l g(x) \, \sin \, \frac{n\pi x}{l} \, dx$$

となります．よって

$$b_n = \frac{2}{nc\pi} \int_0^l g(x) \, \sin \, \frac{n\pi}{l} x \, dx$$

が導かれます．

例題 5.1

$$\frac{\partial^2 u}{\partial t^2} = 9\frac{\partial^2 u}{\partial x^2} \text{ を}$$

$$\begin{cases} u(0,\, t) = 0 \\ u(1,\, t) = 0 \end{cases} \quad \text{(境界条件)}$$

$$\begin{cases} u(x,\, 0) = \sin \pi x + 3 \sin 2\pi x \\ \dfrac{\partial}{\partial t}u(x,\, 0) = 0 \end{cases} \quad \text{(初期条件)}$$

のもとで解きなさい. ただし, $0 \leq x \leq 1,\ t \geq 0$ とします.

答え

以下のように変数分離を適用します.

$$u(x,\, t) = X(x)\,T(t)$$

このとき, 与えられた微分方程式は

$$X(x)T''(t) = 9X''(x)\,T(t)$$

$$\therefore\ \frac{X''}{X} = \frac{T''}{9T} = -k^2$$

境界条件より $X(0) = X(1) = 0$ となるので

$$\begin{cases} X'' + k^2 X = 0 \\ T'' + 9k^2 T = 0 \end{cases} \quad (k > 0)$$

$$\therefore\ \begin{cases} X = A \cos kx + B \sin kx \\ T = C \cos 3kt + D \sin 3kt \end{cases}$$

よって, 境界条件を代入すると

$$\begin{cases} A = 0 \\ k = n\pi \quad (n = 1,\, 2,\, 3,\, \cdots) \end{cases}$$

$$\therefore\ \begin{cases} X = B \sin n\pi x \\ T = C \cos 3n\pi t + D \sin 3n\pi t \end{cases}$$

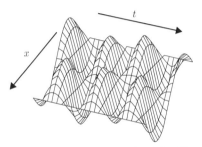

図 5.1 例題 5.1 の波動の時間変化の様子

ここで，T を三角級数展開すると，$u(x, t)$ は

$$u(x, t) = \sum_{n=1}^{\infty} (a_n \cos 3n\pi t + b_n \sin 3n\pi t) \cdot \sin n\pi x$$

初期条件 $u(x, 0) = \sin \pi x + 3 \sin 2\pi x$ から

$$\sum_{n=1}^{\infty} a_n \sin n\pi x = \sin \pi x + 3 \sin 2\pi x$$

したがって，$a_1 = 1,\ a_2 = 3,\ a_n = 0\ (n \geq 3)$ が得られます．また

$$\frac{\partial u(x, t)}{\partial t} = \sum_{n=1}^{\infty} 3n\pi(-a_n \sin 3n\pi t + b_n \cos 3n\pi t) \sin n\pi x$$

より，初期条件 $\dfrac{\partial u(x, 0)}{\partial t} = 0$ から

$$\sum_{n=1}^{\infty} 3n\pi b_n \sin n\pi x = 0 \qquad \therefore\ b_n = 0$$

となります．以上をまとめると

$$\therefore\ u(x, t) = \cos 3\pi t \cdot \sin \pi x + 3 \cos 6\pi t \cdot \sin 2\pi x$$

が得られます．

図 5.1 に波動の時間変化の様子を示します．

例題 5.2

波動方程式 $\dfrac{\partial^2 u}{\partial t^2} = 4 \dfrac{\partial^2 u}{\partial x^2}$ を

$$\begin{cases} u(0,\,t) = 0 \\ u(1,\,t) = 0 \end{cases} \quad \text{(境界条件)}$$

$$\begin{cases} u(x,\,0) = 0 \\ \dfrac{\partial}{\partial t} u(x,\,0) = x \end{cases} \quad \text{(初期条件)}$$

のもとで解きなさい．ただし，$0 \le x \le 1,\ t \ge 0$ とします．

答え

変数分離を適用し

$$u(x,\,t) = X(x)\,T(t)$$

とおきます．このとき，与えられた微分方程式は

$$X(x)\,T''(t) = 4X''(x)\,T(t)$$
$$\therefore\ \frac{X''}{X} = \frac{T''}{4T}$$

この等式は独立変数なので定数となります．この定数を $-k^2$ とおくと，$X(x)$，$T(t)$ について別々の常微分方程式を導くことができます．

$$\begin{cases} X'' + k^2 X = 0 \\ T'' + 4k^2 T = 0 \end{cases}$$

したがって，2 つの常微分方程式の一般解は

$$\begin{cases} X = A \cos kx + B \sin kx \\ T = C \cos 2kt + D \sin 2kt \end{cases}$$

となります．境界条件から $X(0) = X(1) = 0$ となるので

$$\begin{cases} A = 0 \\ k = n\pi \end{cases} \quad (n = 1,\,2,\,3,\,\cdots)$$

また，初期条件 $u(x, 0) = 0$ より

$C = 0$

したがって，

$$\begin{cases} X = B \sin n\pi x \\ T = D \sin 2n\pi t \end{cases}$$

となります．$u(x, t) = X(x)\,T(t)$ から三角級数展開すると

$$u(x, t) = \sum_{n=1}^{\infty} c_n \sin n\pi x \cdot \sin 2n\pi t$$

となります．この級数を項別微分可能であるとして

$$\frac{\partial}{\partial t} u(x, t) = \sum_{n=1}^{\infty} 2n\pi c_n \sin n\pi x \cdot \cos 2n\pi t$$

初期条件 $\dfrac{\partial}{\partial t} u(x, 0) = x$ より

$$\frac{\partial}{\partial t} u(x, 0) = \sum_{n=1}^{\infty} 2n\pi c_n \sin n\pi x = \sum_{n=1}^{\infty} d_n \sin n\pi x = x$$

となります．ここで，$2n\pi c_n = d_n$ としています．

この式は x の正弦波展開なのでその係数 d_n は

$$\begin{aligned} d_n &= \frac{2}{1} \int_0^1 x \sin n\pi x \, dx \\ &= 2\left\{ \left[x\left(-\frac{1}{n\pi}\right) \cos n\pi x \right]_0^1 + \frac{1}{n\pi} \int_0^1 \cos n\pi x \, dx \right\} \\ &= -\frac{2}{n\pi} \cos n\pi = \frac{2}{n\pi}(-1)^{n-1} \end{aligned}$$

したがって

$$c_n = \frac{d_n}{2n\pi} = \frac{1}{2n\pi} \frac{2}{n\pi}(-1)^{n-1} = \frac{1}{n^2\pi^2}(-1)^{n-1}$$

よって

$$u(x, t) = \sum_{n=1}^{\infty} \frac{(-1)^{n-1}}{n^2\pi^2} \sin n\pi x \cdot \sin 2n\pi t$$

が得られます．

5.3　拡散方程式

細長い棒が均質な物質からできているとします．いま，この棒の温度分布の時間変化を考えていきましょう．このとき細長い棒を 1 次元で表されるとし，時刻 t における棒に沿った位置 x の温度を

$$u = u(x, t)$$

とおくことにします．このとき，熱流は次の偏微分方程式により与えられます．

$$\frac{\partial u}{\partial t} = c^2 \frac{\partial^2 u}{\partial x^2}$$

この式は，**1 次元熱伝導方程式**と呼ばれています．

例 5.2

式 (5.7) で表される 1 次元熱伝導方程式について，長さ l の棒の両端温度が 0 であるとすると，境界条件は

$$u(0, t) = u(l, t) = 0$$

となります．また，$t = 0$ における温度分布を $\phi(x)$ とすると

$$u(x, 0) = \phi(x)$$

のように初期条件が与えられます．この境界値問題を解いていきましょう．

波動方程式の場合と同じく，$u = u(x, t)$ が変数分離で表される，すなわち x のみの関数 $X(x)$ と，t のみの関数 $T(t)$ の積

$$u(x, t) = X(x) T(t)$$

と表されるとします．このとき $u = u(x, t)$ に対する偏微分は

$$\begin{cases} \dfrac{\partial u}{\partial t} = X(x) T'(t) \\ \dfrac{\partial^2 u}{\partial x^2} = X''(x) T(t) \end{cases}$$

となります．これらを 1 次元熱伝導方程式に適用すると

$$X(x) T'(t) = c^2 X''(x) T(t)$$

となります。式変形を行うと

$$\frac{T'(t)}{c^2 T(t)} = \frac{X''(x)}{X(x)}$$

のように，それぞれの独立変数で整理することができます．ここで等式が成り立つことから上式は定数となります．この定数を $-k^2$ とおくと，2 つの常微分方程式

$$\begin{cases} X''(x) + k^2 X(x) = 0 \\ T'(t) + c^2 k^2 T(t) = 0 \end{cases}$$

が得られます．このときの 2 つの常微分方程式の一般解は

$$\begin{cases} X = A \cos kx + B \sin kx \\ T = C \exp(c^2 k^2 t) + D \exp(-c^2 k^2 t) \end{cases}$$

となります．ここで，A，B，C および D は定数です．

　温度分布を考えると，$t \to \infty$ に対しては，温度 $u(x, t) \to 0$ でなければなりません．

いずれは棒のどこでも温度 u はゼロになるというわけだね．

$$\lim_{t \to \infty} u(x, t) = X(x) T(\infty) = 0 \tag{5.10}$$

となるので，$C = 0$ となります．よって，$u(x, t)$ の一般解

$$u(x, t) = (A \cos kx + B \sin kx) \cdot D \exp(-c^2 k^2 t) \tag{5.11}$$

が得られます．さらに，境界条件 $u(0, t) = u(l, t) = 0$ を考慮すると，$X(0) = X(l) = 0$ となるので

$$\begin{cases} X(0) = A = 0 \\ X(l) = B \sin kl = 0 \end{cases}$$
$$\therefore \ kl = n\pi \quad (n = 1, 2, 3, \cdots)$$

となり

$$u(x,\, t) = B \sin \frac{n\pi}{l} x \cdot D \exp\left[-\left(\frac{n\pi c}{l}\right)^2 t\right] \qquad (n = 1,\, 2,\, 3,\, \cdots)$$

が得られます．したがって，これらの線形結合

$$u(x,\, t) = \sum_{n=1}^{\infty} a_n \sin \frac{n\pi}{l} x \cdot \exp\left[-\left(\frac{n\pi c}{l}\right)^2 t\right] \tag{5.12}$$

も $u(x,\, t)$ の解となります．ここで，B および D の積をまとめ，n に対する係数を a_n としています．

　次に，初期条件 $u(x,\, 0) = \phi(x)$ を適用すると

$$u(x,\, 0) = \sum_{n=1}^{\infty} a_n \sin \frac{n\pi}{l} x = \phi(x)$$

のように正弦波級数となり，a_n はフーリエ係数として求めることができます．さらに，正弦関数であることを考慮すると

$$a_n = \frac{2}{l} \int_0^l \phi(x) \sin \frac{n\pi x}{l}\, dx$$

が導かれます．最終的に

$$u(x,\, t) = \sum_{n=1}^{\infty} a_n \sin \frac{n\pi}{l} x \cdot \exp\left[-\left(\frac{n\pi c}{l}\right)^2 t\right]$$

の形で，1 次元熱伝導方程式の級数解が得られます．

例題 5.3

$\dfrac{\partial u}{\partial t} = 4 \dfrac{\partial^2 u}{\partial x^2}$ を

$$\begin{cases} u(0,\, t) = 0 \\ u(4,\, t) = 0 \end{cases} \quad \text{（境界条件）}$$

$$u(x,\, 0) = \phi(x) = \begin{cases} 1 & (0 \le x \le 2) \\ 0 & (2 < x \le 4) \end{cases} \quad \text{（初期条件）}$$

のもとで解きなさい．ただし，$0 \le x \le 4$，$0 \le t$ とします．

答え

変数分離を適用し，$u(x, t) = X(x) T(t)$ とおくと

$$\frac{T'(t)}{4T(t)} = \frac{X''(x)}{X(x)} = -k^2$$

となり，次の 2 つの常微分方程式が導かれます．

$$\therefore \begin{cases} X'' + k^2 X = 0 \\ T' + 4k^2 T = 0 \end{cases}$$

ここで，k は定数です．このとき 2 つの常微分方程式の一般解は

$$\begin{cases} X = A \cos kx + B \sin kx \\ T = C \exp(4k^2 t) + D \exp(-4k^2 t) \end{cases}$$

となります．境界条件 $u(0, t) = u(4, t) = 0$ を考慮すると，$X(0) = 0$，$X(4) = 0$ となるので

$$\begin{cases} X(0) = A = 0 \\ X(4) = B \sin 4k = 0 \end{cases}$$

$$\therefore \ 4k = n\pi \quad (n = 1, 2, 3, \cdots)$$

また，$t \to \infty$ に対しては，$u(x, t) \to 0$ となることから $C = 0$ となります．したがって，2 つの常微分方程式の解は

$$\begin{cases} X(x) = B \sin \dfrac{n\pi}{4} x \\ T(t) = D \exp\left(-\dfrac{n^2 \pi^2}{4} t\right) \end{cases}$$
$$(n = 1, 2, 3, \cdots)$$

となり

$$u(x, t) = B \sin \frac{n\pi}{4} x \cdot D \exp\left[-\frac{n^2 \pi^2}{4} t\right] \qquad (n = 1, 2, 3, \cdots)$$

が得られます．したがって，$u(x, t)$ の解は，これらの線形結合

$$u(x, t) = \sum_{n=1}^{\infty} a_n \sin \frac{n\pi}{4} x \cdot \exp\left[-\frac{n^2 \pi^2}{4} t\right]$$

で与えられます．ここで，B および D の積をまとめ，n に対する係数 a_n としています．初期条件 $u(x, 0) = f(x)$ より

$$u(x, 0) = \sum_{n=1}^{\infty} a_n \sin \frac{n\pi}{4} x = f(x)$$

のように正弦級数となり，a_n はフーリエ係数として求めることができます．さらに，正弦関数であることを考慮すると

$$a_n = \frac{2}{4} \int_0^4 f(x) \sin \frac{n\pi x}{4} \, dx$$
$$= \frac{1}{2} \int_0^2 \sin \frac{n\pi}{4} x \, dx$$
$$= \frac{1}{2} \left[-\frac{4}{n\pi} \cos \frac{n\pi}{4} x \right]_0^2 = \frac{2}{n\pi} \left(1 - \cos \frac{n\pi}{2} \right)$$

が導かれます．以上をまとめると

$$u(x, t) = \sum_{n=1}^{\infty} a_n \sin \frac{n\pi}{4} x \cdot \exp\left\{ -\frac{n^2\pi^2}{4} t \right\}$$
$$a_n = \frac{2}{n\pi} \left(1 - \cos \frac{n\pi}{2} \right)$$

が $u(x, t)$ の解となります．

例題 5.4

$\dfrac{\partial u}{\partial t} = 2 \dfrac{\partial^2 u}{\partial x^2}$ を境界条件 $u(0, t) = 0$，初期条件 $u(x, 0) = \phi(x) = e^{-x}$ のもとで解きなさい．ただし，$0 \leq x$，$0 \leq t$ とする．

答え

変数分離を適用し $u(x, t) = X(x) T(t)$ とおくと

$$\frac{T'(t)}{2T(t)} = \frac{X''(x)}{X(x)} = -k^2$$

となり，次の 2 つの常微分方程式が導かれます．

$$\therefore \quad \begin{cases} X'' + k^2 X = 0 \\ T' + 2k^2 T = 0 \end{cases}$$

ここで，k は定数です．このときの 2 つの常微分方程式の一般解は

$$\begin{cases} X = A \cos kx + B \sin kx \\ T = C \exp(2k^2 x) + D \exp(-2k^2 t) \end{cases}$$

となります．境界条件 $u(0, t) = 0$ を考慮すると，$X(0) = 0$ となるので

$$X(0) = A = 0$$

また，$t \to \infty$ に対しては $u(x, t) \to 0$ となることから，$C = 0$ となります．したがって，2 つの常微分方程式の解は

$$\begin{cases} X = B \sin kx \\ T = D \exp(-2k^2 t) \end{cases}$$

となり

$$u(x, t) = B \sin kx \cdot D \exp(-2k^2 t)$$

を得ます．k は連続変数となるので，これに対して変化する $u(x, t)$ の線形結合もまた解となります．この場合，線形結合は積分表示を用いて

$$u(x, t) = \int_0^\infty B(k) \sin kx \cdot \exp(-2k^2 t)\, dk$$

と表すことができます．ここで，B および D の積をまとめ，k に対する係数 $B(k)$ としています．初期条件から

$$u(x, 0) = \int_0^\infty B(k) \sin kx \cdot \exp(-2k^2 t)\, dk$$
$$= \int_0^\infty B(k) \sin kx\, dk = \phi(x)$$

となり，フーリエ積分で表すことができます．したがって

$$B(k) = \frac{2}{\pi} \int_0^\infty \phi(x) \sin kx\, dk$$

$$= \frac{2}{\pi} \int_0^\infty e^{-x} \sin kx \, dk = \frac{2}{\pi} \cdot \frac{k}{1 + k^2}$$

となります．よって

$$u(x, t) = \frac{2}{\pi} \int_0^\infty \frac{k}{1 + k^2} \sin kx \cdot \exp(-2k^2 t) \, dk$$

を得ることができます（図 5.2）．

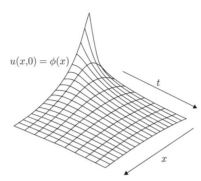

$u(x,0) = \phi(x)$

図 5.2　例題 5.4 の熱伝導の様子

5.4　2次元ラプラス方程式

x–y 平面における電荷分布のない一様媒質中の静電ポテンシャルの分布や，熱伝導の定常状態（温度分布）は 2 次元ラプラス方程式から導くことができます．

すなわち，x–y 平面上の点 (x, y) における静電ポテンシャルや温度を $u(x, y)$ とすると 2 次元ラプラス方程式は

$$\frac{\partial^2 u}{\partial x^2} + \frac{\partial^2 u}{\partial y^2} = 0$$

で与えられます．ここで，熱伝導の定常状態，すなわち，右辺が 0 になる理由を説明しておきましょう．

2 次元の熱伝導方程式は，温度分布を $u(t, x, y)$ とすると，次のように与え

られます.

$$\frac{\partial u}{\partial t} = c^2 \Delta u = c^2 \left(\frac{\partial^2 u}{\partial x^2} + \frac{\partial^2 u}{\partial y^2} \right) \tag{5.13}$$

ここで,**定常状態**とは時間変化に対する温度変化がない安定した状態なので

$$\frac{\partial u}{\partial t} = 0 \tag{5.14}$$

となります.したがって,定常状態では,2次元のラプラス方程式が導き出されます.

例 5.3

図 5.3 に示すような,幅 w で $y = \infty$ となる半無限の板の一片（$y = 0$）に熱源を置き,十分時間が経った定常状態のときの温度分布を求めてみましょう.

板の両端の温度が 0 であるとして境界条件を次のように仮定します.

$$u(0,\, y) = u(w,\, y) = 0$$

さらに,熱源の温度分布を $\phi(x)$ とすると

$$u(x,\, 0) = \phi(x)$$

となり,この熱伝導も無限遠では温度 0 に収束すると考えられるので

$$\lim_{y \to \infty} u(x,\, y) = 0$$

図 5.3 半無限の板における熱の分布（$y = 0$ に熱源を置いている）

となり，これですべての境界条件が与えられます．

　この境界条件のもと，2 次元ラプラス方程式を解いていきましょう．この場合も変数分離が適用できるとして

$$u(x, y) = X(x) Y(y)$$

とします．このとき，$u = u(x, y)$ に対する偏微分は

$$\begin{cases} \dfrac{\partial^2 u}{\partial x^2} = X''(x) Y(y) \\ \dfrac{\partial^2 u}{\partial y^2} = X(x) Y''(y) \end{cases}$$

となります．これらを 2 次元ラプラス方程式に適用すると

$$X''(x) Y(y) + X(x) Y''(y) = 0$$

となります．したがって

$$\frac{X''(x)}{X(x)} = -\frac{Y''(y)}{Y(y)}$$

となります．ここで，上式はそれぞれ独立変数となっているので定数です．この定数を $-k^2$ とおくと，2 つの常微分方程式

$$\begin{cases} X''(x) + k^2 X(x) = 0 \\ Y''(y) - k^2 Y(y) = 0 \end{cases}$$

が得られます．このとき，2 つの常微分方程式の一般解は

$$\begin{cases} X = A \cos kx + B \sin kx \\ Y = C \exp[ky] + D \exp[-kx] \end{cases}$$

となります．境界条件 $u(x, \infty) = 0$ より，$y \to \infty$ で，温度 $u(x, y) \to 0$ となるので，$C = 0$ となります．よって，$u(x, t)$ の一般解

$$u(x, y) = (A \cos kx + B \sin kx) \cdot D \exp[-ky]$$

が得られます．さらに，境界条件 $u(0, y) = u(w, y) = 0$ より

$$\begin{cases} A = 0 \\ kw = n\pi \qquad (n = 1, 2, 3, \cdots) \end{cases}$$

となり

$$u(x,\,y) = B\,\sin\,\frac{n\pi}{w}x \cdot D\,\exp\Big[-\frac{n\pi}{w}y\Big] \qquad (n = 1,\,2,\,3,\,\cdots)$$

が得られます. したがって, これらの線形結合

$$u(x,\,y) = \sum_{n=1}^{\infty} a_n\,\sin\,\frac{n\pi}{w}x \cdot \exp\Big[-\frac{n\pi}{w}y\Big]$$

も $u(x,\,y)$ の解となります. ここで, n に対する係数を a_n としています. 次に, 境界条件 $u(x,\,0) = \phi(x)$ を適用すると

$$u(x,\,0) = \sum_{n=1}^{\infty} a_n\,\sin\,\frac{n\pi}{w}x = \phi(x)$$

となり, a_n はフーリエ級数の係数として求めることができます. さらに, 正弦関数であることを考慮すると

$$a_n = \frac{2}{w}\int_0^w \phi(x) \cdot \sin\,\frac{n\pi}{w}x\,dx \tag{5.15}$$

が導かれます.

例題 5.5

上の例で, 半無限の板の熱源が一様に 1 となる場合, すなわち

$$u(x,\,0) = \phi(x) = 1$$

について, 温度分布を求めなさい.

答え

半無限の板の熱源が一様に 0 ではなく, 1 になるとき, フーリエ係数 a_n は式 (5.15) に $\phi(x)$ を代入すると

$$a_n = \frac{2}{w}\int_0^w \phi(x)\,\sin\,\frac{n\pi}{w}x\,dx$$
$$= \frac{2}{w}\int_0^w \sin\,\frac{n\pi}{w}x\,dx$$

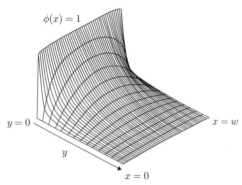

$\phi(x) = 1$

$y = 0$

y

$x = 0$

$x = w$

図 5.4　例題 5.5 における定常状態の温度分布の様子

$$
\begin{aligned}
&= \frac{2}{w}\left[-\frac{w}{n\pi}\cos\frac{n\pi}{w}x\right]_0^2 \\
&= -\frac{2}{n\pi}(\cos n\pi - 1) = -\frac{2}{n\pi}\{(-1)^n - 1\}
\end{aligned}
$$

となります．ここで，$\cos n\pi = (-1)^n$ を用いています．ただし，n が偶数のとき a_n が 0 になるので，奇数のときのみ考えればよいことになります．

n が奇数のとき，すなわち，$n = 2m - 1$ のとき a_n は

$$
a_n = \frac{4}{(2m-1)\pi} \qquad (m = 1, 2, 3, \cdots)
$$

となります．したがって

$$
\begin{aligned}
u(x, y) &= \sum_{n=1}^{\infty} a_n \sin\frac{n\pi}{w}x \cdot \exp\left[-\frac{n\pi}{w}y\right] \\
&= \sum_{n=1}^{\infty} \frac{2}{n\pi}\{(-1)^n - 1\} \cdot \sin\frac{n\pi}{w}x \cdot \exp\left[-\frac{n\pi}{w}y\right] \\
&= \sum_{m=1}^{\infty} \frac{4}{(2m-1)\pi} \cdot \sin\frac{(2m-1)\pi}{w}x \cdot \exp\left[-\frac{(2m-1)\pi}{w}y\right]
\end{aligned}
$$

となります．

図 5.4 に定常状態の温度分布の様子を示します．

> **例題 5.6**
>
> 　完全導体でできた方形溝中の電位ポテンシャル分布を考えます．このとき，電位ポテンシャル $u(x, y)$ は 2 次元ラプラス方程式
>
> $$\frac{\partial^2 u}{\partial x^2} + \frac{\partial^2 u}{\partial y^2} = 0$$
>
> で与えられます．いま方形溝の壁はすべて完全導体なので，その境界条件は
>
> $$\begin{cases} u(x, 0) = 0 & (0 \le x \le a) \\ u(0, y) = u(a, y) = 0 & (0 \le y \le b) \end{cases}$$
>
> とします．このとき，方形溝の開口部 $y = b$ のポテンシャル分布を
>
> $$u(x, b) = \phi(x) = 1 \qquad (0 \le x \le a)$$
>
> としたときの方形溝内のポテンシャル分布を求めなさい．

答え

　変数分離を適用し

$$u(x, y) = X(x) Y(y)$$

とすると，2 次元ラプラス方程式は

$$X''(x) Y(y) + X(x) Y''(y) = 0$$

となります．x, y は独立変数なので，次の関係が導かれます．

$$\frac{X''(x)}{X(x)} = -\frac{Y''(y)}{Y(y)} = -k^2$$

　ここで，k^2 は定数です．したがって，次の 2 つの微分方程式が導かれます．

$$\begin{cases} X''(x) + k^2 X(x) = 0 \\ Y''(y) - k^2 Y(y) = 0 \end{cases}$$

　2 つの微分方程式から $X(x)$ および $Y(y)$ の一般解は

$$\begin{cases} X(x) = A \cos kx + B \sin kx \\ Y(y) = C \cosh(ky) + D \sinh(ky) \end{cases}$$

と表すことができます．ここで，$Y(y)$ については，exp の関数和を，cosh および sinh の関数和で表しています．

　$X(x)$ についての境界条件を代入すると

$$\begin{cases} X(0) = A = 0 \\ X(a) = B \sin ka = 0 \end{cases}$$

$$\therefore \quad k = \frac{n\pi}{a}$$

となります．次に，$Y(y)$ についての境界条件を代入すると

$$Y(0) = C = 0$$

となります．以上をまとめると

$$u(x,\, y) = B \sin \frac{n\pi}{a}x \cdot D \sinh \frac{n\pi}{a}y$$

が得られます．したがって，これらの線形結合

$$u(x,\, y) = \sum_{n=1}^{\infty} A_n \sin \frac{n\pi}{a}x \cdot \sinh \frac{n\pi}{a}y$$

も $u(x,\, y)$ の解となります．ここで，未知係数 B，D の積を A_n としています．ポテンシャル分布の条件を考慮すると

$$u(x,\, b) = \sum_{n=1}^{\infty} A_n \sin \frac{n\pi}{a}x \cdot \sinh \frac{n\pi b}{a} = \phi(x)$$

となります．さらに

$$D_n = A_n \sinh \frac{n\pi b}{a}$$

とおくことができるので

$$u(x,\, b) = \sum_{n=1}^{\infty} D_n \sin \frac{n\pi}{a}x = \phi(x) = 1$$

のフーリエ級数展開になります．したがって，フーリエ係数 D_n は

$$
\begin{aligned}
D_n &= \frac{2}{a} \int_0^a \phi(x) \sin \frac{n\pi}{a} x \, dx \\
&= \frac{2}{a} \int_0^a \sin \frac{n\pi}{a} x \, dx \\
&= \frac{2}{a} \left[-\frac{a}{n\pi} \cos \frac{n\pi}{a} x \right]_0^a \\
&= \frac{2}{n\pi} (1 - \cos n\pi) = \frac{2}{n\pi} (1 - (-1)^n)
\end{aligned}
$$

よって，級数解

$$
u(x,\, y) = \sum_{n=1}^{\infty} A_n \sin \frac{n\pi}{a} x \cdot \sinh \frac{n\pi}{a} y
$$

のフーリエ係数 A_n は

$$
A_n = \frac{D_n}{\sinh \dfrac{n\pi b}{a}} = \frac{2}{n\pi} \cdot \frac{1 - (-1)^n}{\sinh \dfrac{n\pi b}{a}}
$$

と求めることができます．

章 末 問 題

5.1 $\dfrac{\partial^2 u}{\partial t^2} = 9 \dfrac{\partial^2 u}{\partial x^2}$ を

$$
\begin{cases}
u(0,\, t) = 0 \\
u(3,\, t) = 0
\end{cases}
\quad (\text{境界条件})
$$

$$
u(x,\, 0) = \begin{cases} x & (0 \le x < 1) \\ 2 - x & (1 \le x \le 2) \end{cases}, \quad \frac{\partial}{\partial t} u(x,\, 0) = 0 \quad (\text{初期条件})
$$

のもとで解きなさい．ただし，$0 \le x \le 2$，$t \ge 0$ とします．

5.2 $\dfrac{\partial^2 u}{\partial t^2} = 4 \dfrac{\partial^2 u}{\partial x^2}$ を

$$
\begin{cases}
u(0,\, t) = 0 \\
u(1,\, t) = 0
\end{cases}
\quad (\text{境界条件})
$$

$$u(x,\, 0) = \begin{cases} 0 & (x < 0.4,\ 0.6 < x) \\ 1 & (0.4 \leq x \leq 0.6) \end{cases}, \quad \frac{\partial}{\partial t} u(x,\, 0) = 0 \qquad \text{(初期条件)}$$

のもとで解きなさい. ただし, $0 \leq x \leq 1$, $t \geq 0$ とします.

5.3 $\dfrac{\partial u}{\partial t} = 5 \dfrac{\partial^2 u}{\partial x^2}$ を

$$\begin{cases} u(0,\, t) = 0 \\ u(2,\, t) = 0 \end{cases} \text{(境界条件)}$$

$$u(x,\, 0) = f(x) = x \qquad \text{(初期条件)}$$

のもとで解きなさい. ただし, $0 \leq x \leq 2$, $t \geq 0$ とします.

5.4 無限の長い棒 $(-\infty < x < \infty)$ の温度分布の初期値が

$$u(x,\, 0) = \begin{cases} 1 & (|x| < 1) \\ 0 & (|x| > 1) \end{cases}$$

のとき, 熱伝導方程式 $\dfrac{\partial u}{\partial t} = \dfrac{\partial^2 u}{\partial x^2}$ を解きなさい.

5.5 例題 5.6 において, 方形溝の開口部 $y = b$ のポテンシャル分布を

$$u(x,\, b) = \phi(x) = \begin{cases} x & \left(0 \leq x < \dfrac{a}{2}\right) \\ a - x & \left(\dfrac{a}{2} \leq x \leq a\right) \end{cases}$$

としたときの方形溝内のポテンシャル分布を求めなさい.

章末問題の解答例

第 1 章

1.1　　(略)

1.2　(1) $\dfrac{\pi}{12}$　　　　　　　(2) $\dfrac{25}{36}\pi$　　　　　　(3) $\dfrac{7}{12}\pi$

　　　(4) $\dfrac{3}{4}\pi$　　　　　　　(5) $22.5°$　　　　　　(6) $36°$

　　　(7) $105°$　　　　　　(8) $240°$

1.3　$\sin\theta$ と $\sin\left(\theta+\dfrac{\pi}{6}\right)$ のグラフ.

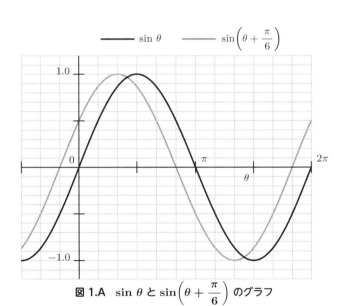

図 1.A　$\sin\theta$ と $\sin\left(\theta+\dfrac{\pi}{6}\right)$ のグラフ

1.4 $\cos\theta = \dfrac{\sqrt{2}}{2}, \quad \sin\theta = \pm\sqrt{1-(\cos\theta)^2} = \pm\sqrt{1-\left(\dfrac{\sqrt{2}}{2}\right)^2} = \pm\dfrac{\sqrt{2}}{2}$

$\tan\theta = \pm\sqrt{\dfrac{1-(\cos\theta)^2}{(\cos\theta)^2}} = \pm\sqrt{\dfrac{1-\left(\dfrac{\sqrt{2}}{2}\right)^2}{\left(\dfrac{\sqrt{2}}{2}\right)^2}} = \pm 1$

1.5 $\sin\dfrac{\pi}{12} = \sin\left(\dfrac{\pi}{3}-\dfrac{\pi}{4}\right) = \sin\dfrac{\pi}{3}\cos\dfrac{\pi}{4} - \cos\dfrac{\pi}{3}\sin\dfrac{\pi}{4}$

$\quad = \dfrac{\sqrt{3}}{2}\dfrac{\sqrt{2}}{2} - \dfrac{1}{2}\dfrac{\sqrt{2}}{2} = \dfrac{\sqrt{6}-\sqrt{2}}{4}$

$\tan\dfrac{\pi}{12} = \tan\left(\dfrac{\pi}{3}-\dfrac{\pi}{4}\right) = \dfrac{\tan\dfrac{\pi}{3}-\tan\dfrac{\pi}{4}}{1+\tan\dfrac{\pi}{3}\tan\dfrac{\pi}{4}} = \dfrac{\sqrt{3}-1}{1+\sqrt{3}\cdot 1}$

$\quad = 2-\sqrt{3}$

1.6 $\sin 2\alpha \cos\alpha = \dfrac{1}{2}\{\sin(2\alpha+\alpha)+\sin(2\alpha-\alpha)\}$

$\quad = \dfrac{1}{2}(\sin 3\alpha + \sin\alpha)$

$\cos 3\alpha \sin 2\alpha = \dfrac{1}{2}\{\sin(3\alpha+2\alpha)-\sin(3\alpha-2\alpha)\}$

$\quad = \dfrac{1}{2}(\sin 5\alpha - \sin\alpha)$

1.7 $\sin 3\alpha + \sin\alpha = 2\sin\left(\dfrac{3\alpha+\alpha}{2}\right)\cos\left(\dfrac{3\alpha-\alpha}{2}\right)$

$\quad = 2\sin 2\alpha \cos\alpha$

$\cos 3\alpha - \cos 2\alpha = -2\sin\left(\dfrac{3\alpha+2\alpha}{2}\right)\sin\left(\dfrac{3\alpha-2\alpha}{2}\right)$

$\quad = -2\sin\dfrac{5}{2}\alpha \sin\dfrac{\alpha}{2}$

1.8 $\dfrac{5}{6}\pi = \dfrac{3}{6}\pi + \dfrac{2}{6}\pi = \dfrac{\pi}{2} + \dfrac{\pi}{3}$

と分解できるから，加法定理の和と積の関係より

$$\sin\left(\frac{\pi}{2} + \frac{\pi}{3}\right) = \sin\frac{\pi}{2}\,\cos\frac{\pi}{3} + \sin\frac{\pi}{3}\,\cos\frac{\pi}{2}$$
$$= 1\cdot\frac{\sqrt{3}}{2} + \frac{\sqrt{3}}{2}\cdot 0 = \frac{\sqrt{3}}{2}$$

1.9 (1) $\sqrt[3]{64^2} = 64^{\frac{2}{3}} = (4^3)^{\frac{2}{3}} = 16$

(2) $\sqrt[3]{10^a}\sqrt{10^b} = 10^{\frac{a}{3}}10^{\frac{b}{2}} = 10^{\frac{a}{3}+\frac{b}{2}} = 10^{\frac{2a+3b}{6}}$

(3) $\sqrt[3]{ab^2}\sqrt[4]{a^3b^4} = a^{\frac{1}{3}}b^{\frac{2}{3}}a^{\frac{3}{4}}b = a^{\frac{13}{12}}b^{\frac{5}{3}}$

(4) $\dfrac{1}{2}\log_2 100 - \log_2 10 = \log_2\dfrac{100^{\frac{1}{2}}}{10} = 1$

(5) $\log_{10} 2000 - \log_{10} 100 = \log_{10}\dfrac{2000}{100} = \log_{10} 20 = \log_{10} 2 + 1$

(6) $\log_e\dfrac{b}{a} - \log_{10}(ab)\log_e 10$

$= \log_e\dfrac{b}{a} - \dfrac{\log_e ab}{\log_e 10}\log_e 10$

$= \log_e\dfrac{\dfrac{b}{a}}{ab} = -2\log_e a$

1.10 (1) $\sin^{-1}-\dfrac{\sqrt{2}}{2}$, $y = \sin^{-1}-\dfrac{\sqrt{2}}{2}$ とおくと, $-\dfrac{\sqrt{2}}{2} = \sin y$ だから,
図 1.14 (29 ページ)の値域より
$$y = -\frac{\pi}{4}\quad \sin^{-1}\left(-\frac{\sqrt{2}}{2}\right) = -\frac{\pi}{4}$$

(2) $\cos^{-1}\dfrac{1}{2}$ と同様に
$$\cos^{-1}\frac{1}{2} = \frac{\pi}{3}$$

(3) $\tan^{-1}\sqrt{3} = \dfrac{\pi}{3}$

(4) $\sin\left(\cos^{-1}\dfrac{1}{2}\right) = \sin\dfrac{\pi}{3} = \dfrac{\sqrt{3}}{2}$

(5) $\cos\left(\sin^{-1}\dfrac{\sqrt{3}}{2}\right) = \cos\dfrac{\pi}{3} = \dfrac{1}{2}$

(6) $\sin^{-1}\dfrac{1}{2} + \cos^{-1}\dfrac{\sqrt{3}}{2} + \tan^{-1}\sqrt{3} = \dfrac{\pi}{6} + \dfrac{\pi}{6} + \dfrac{\pi}{3} = \dfrac{2}{3}\pi$

1.11 式 (1.83), 式 (1.85), 式 (1.86) (31~32 ページ) より
$$\tanh(\alpha+\beta) = \frac{\sinh(\alpha+\beta)}{\cosh(\alpha+\beta)} = \frac{\sinh\alpha\,\cosh\beta + \sinh\beta\,\cosh\alpha}{\cosh\alpha\,\cosh\beta + \sinh\alpha\,\sinh\beta}$$

$$= \frac{\dfrac{\sinh \alpha \cosh \beta + \sinh \beta \cosh \alpha}{\cosh \alpha \cosh \beta}}{\dfrac{\cosh \alpha \cosh \beta + \sinh \alpha \sinh \beta}{\cosh \alpha \cosh \beta}}$$

$$= \frac{\tanh \alpha + \tanh \beta}{1 + \tanh \alpha \tanh \beta}$$

1.12 $y = \cosh^{-1} x$ から

$$\begin{cases} \cosh y = x \\ \sinh y = \sqrt{\cosh^2 y - 1} = \sqrt{x^2 - 1} \\ e^y = \sinh y + \cosh y = x + \sqrt{x^2 - 1} = x + \sqrt{x+1}\sqrt{x-1} \end{cases}$$

となります．両辺の対数をとれば

$$\log e^y = \log(x + \sqrt{x+1}\sqrt{x-1})$$
$$y = \log(x + \sqrt{x+1}\sqrt{x-1})$$

となります．

1.13 式 (1.51)（19 ページ）より

$$y' = f'(x) = \lim_{\Delta x \to 0} \frac{f(x + \Delta x) - f(x)}{\Delta x}$$

(1) $f(x) = x^2$ だから

$$\begin{aligned} y' = f'(x) &= \lim_{\Delta x \to 0} \frac{(x + \Delta x)^2 - x^2}{\Delta x} \\ &= \lim_{\Delta x \to 0} \frac{x^2 + 2x\Delta x + (\Delta x)^2 - x^2}{\Delta x} \\ &= \lim_{\Delta x \to 0} \frac{2x\Delta x + (\Delta x)^2}{\Delta x} \\ &= \lim_{\Delta x \to 0} (2x + \Delta x) = 2x \end{aligned}$$

(2) $f(x) = (x + 1)^2$ だから

$$\begin{aligned} y' = f'(x) &= \lim_{\Delta x \to 0} \frac{(x+1+\Delta x)^2 - (x+1)^2}{\Delta x} \\ &= \lim_{\Delta x \to 0} \frac{x^2 + 2x + 1 + 2\Delta x(x+1) + \Delta x^2 - (x^2 + 2x + 1)}{\Delta x} \\ &= \lim_{\Delta x \to 0} \frac{2\Delta x(x+1) + (\Delta x)^2}{\Delta x} \\ &= \lim_{\Delta x \to 0} 2\{(x+1) + \Delta x\} = 2(x+1) \end{aligned}$$

(3) $\sin 3x$ だから

$$
\begin{aligned}
y' = f'(x) &= \lim_{\Delta x \to 0} \frac{\sin\{3(x + \Delta x)\} - \sin 3x}{\Delta x} \\
&= \lim_{\Delta x \to 0} \frac{\sin 3x \cos 3\Delta x + \sin 3\Delta x \cos 3x - \sin 3x}{\Delta x} \\
&= \lim_{\Delta x \to 0} \frac{2 \cos\left(\dfrac{3x + 3\Delta x + 3x}{2}\right) \sin \dfrac{3\Delta x}{2}}{\Delta x} \\
&= \lim_{\Delta x \to 0} \frac{2 \cos\left(3x + \dfrac{3}{2}\Delta x\right) \sin \dfrac{3\Delta x}{2}}{\dfrac{3}{2}\Delta x} \cdot \frac{3}{2} \\
&= \lim_{\Delta x \to 0} \frac{3 \cos\left(3x + \dfrac{3}{2}\Delta x\right) \sin \dfrac{3\Delta x}{2}}{\dfrac{3}{2}\Delta x} \\
&= 3 \cos 3x
\end{aligned}
$$

1.14

$$
\begin{aligned}
\left\{\frac{f(x)}{g(x)}\right\}' &= \lim_{\Delta x \to 0} \frac{\dfrac{f(x+\Delta x)}{g(x+\Delta x)} - \dfrac{f(x)}{g(x)}}{\Delta x} \\
&= \lim_{\Delta x \to 0} \frac{\dfrac{f(x+\Delta x)\, g(x) - f(x)\, g(x+\Delta x) - f(x)\, g(x) + f(x)\, g(x)}{g(x+\Delta x)\, g(x)}}{\Delta x} \\
&= \lim_{\Delta x \to 0} \frac{\dfrac{f(x+\Delta x)g(x) - f(x)g(x)}{\Delta x} - \dfrac{f(x)\, g(x+\Delta x) - f(x)\, g(x)}{\Delta x}}{g(x+\Delta x)\, g(x)} \\
&= \frac{f(x)'g(x) - f(x)g(x)'}{\{g(x)\}^2}
\end{aligned}
$$

1.15 (1) $y = x^2 - 1$ とおくと，$y' = 2x$.

(2) $y = x^3 + 3x^2 + 4$ とおくと，$y' = 3x^2 + 6x = 3x(x + 2)$.

(3) $y = (x + 2)(x - 3)$，$y' = (x - 3) + (x + 2) = 2x - 1$.

(4) $y = 3x^{-3}$，$y' = -9x^{-4}$.

(5) $y = \sqrt{x} = x^{\frac{1}{2}}$，$y' = \dfrac{1}{2}x^{-\frac{1}{2}}$.

(6) $y = \sqrt[3]{x^2} = x^{\frac{2}{3}}$，$y' = \dfrac{2}{3}x^{-\frac{1}{3}}$.

(7) $y = x^x$ とおき，両辺の対数をとると $\log y = \log(x^x) = x \log x$. これ

を微分する.

$$(\log y)' = (x \log x)'$$

$$y' \frac{1}{y} = \log x + x \frac{1}{x}$$

$$y' = y(\log x + 1) = x^x(\log x + 1)$$

(8) $y = e^{3x}, \ y' = 3e^{3x}$.

(9) $y = \log 3x$ とする, さらに $z = 3x$ とおいて合成関数の微分を使う.

$$\frac{dy}{dx} = \frac{dy}{dz}\frac{dz}{dx} = \frac{1}{3x} \cdot 3 = \frac{1}{x}$$

(10) $y = e^x \log_e x$ とおくと, 積の微分より

$$y' = e^x \log_e x + e^x \frac{1}{x}$$

(11) $y = \dfrac{x-2}{x+1}$ とおくと商の微分より

$$y' = \frac{(x+1)-(x-2)}{(x+1)^2} = \frac{3}{(x+1)^2}$$

(12) $y = \dfrac{1}{\cos x}$ とおくと

$$y' = -\frac{-\sin x}{\cos^2 x} = \frac{\tan x}{\cos x}$$

(13) $y = \dfrac{\sin x}{\cos x}$ とおくと

$$y' = \left(\frac{\sin x}{\cos x}\right)'$$

$$= \frac{\cos x \cos x - \sin x(-\sin x)}{\cos^2 x}$$

$$= \frac{\cos^2 x + \sin^2 x}{\cos^2 x} = \frac{1}{\cos^2 x}$$

(14) $y = \cot x = \dfrac{\cos x}{\sin x}$ とおくと

$$y' = \left(\frac{\cos x}{\sin x}\right)'$$

$$= \frac{(-\sin x)\sin x - \cos x \cos x}{\sin^2 x} = -\frac{1}{\sin^2 x}$$

(15) $y = \sqrt{x^3-1}$ とおくと, $y = (x^3-1)^{\frac{1}{2}}$ とおけるから

$$y' = \frac{1}{2}(x^3-1)^{-\frac{1}{2}} \cdot 3x^2 = \frac{3}{2}\frac{x^2}{\sqrt{x^3-1}}$$

(16) $y = \sqrt{4x^2-2x+1}$ とおくと, $y = (4x^2-2x+1)^{\frac{1}{2}}$.

$$y' = \frac{1}{2}(4x^2 - 2x + 1)^{-\frac{1}{2}} \cdot (8x - 2) = \frac{4x - 1}{\sqrt{4x^2 - 2x + 1}}$$

(17)　$y = \cosh ax = \dfrac{e^{ax} + e^{-ax}}{2}$ とおくと

$$y' = \left(\frac{e^{ax} + e^{-ax}}{2} \right)'$$

$$= \frac{ae^{ax} - ae^{-ax}}{2}$$

$$= a\frac{e^{ax} - e^{-ax}}{2} = a \cosh ax$$

1.16 (1)　$2x = \sin y$ とし，微分して整理すると，$\dfrac{dx}{dy} = \dfrac{\cos y}{2}$ となる．したがって

$$\frac{dy}{dx} = \frac{1}{\dfrac{dx}{dy}} = \frac{2}{\cos y} = \frac{2}{\sqrt{1 - \sin^2 y}} = \frac{2}{\sqrt{1 - 4x^2}}$$

(2)　$\dfrac{x}{2} = \cos y$ とし，微分して整理すると，$\dfrac{dx}{dy} = -2\sin y$ となる．したがって

$$\frac{dy}{dx} = \frac{1}{\dfrac{dx}{dy}} = \frac{1}{-2\sin y} = \frac{-1}{2\sqrt{1 - \cos^2 y}} = \frac{-1}{2\sqrt{1 - \dfrac{x^2}{4}}}$$

$$= \frac{-1}{\sqrt{4 - x^2}}$$

(3)　$x = t^3,\ y = \sqrt{t^3}$ より

$$\frac{dy}{dx} = \frac{\dfrac{dy}{dt}}{\dfrac{dx}{dt}} = \frac{g'(t)}{f'(t)}$$

ここで，$x = t^3 = g(t),\ y = \sqrt{t^3}$ とすると

$$\frac{dy}{dt} = \frac{dt^{\frac{3}{2}}}{dt} = \frac{3}{2}t^{\frac{1}{2}}, \qquad \frac{dx}{dt} = \frac{dt^3}{dt} = 3t^2,$$

$$\frac{dy}{dx} = \frac{\dfrac{3}{2}t^{\frac{1}{2}}}{3t^2} = \frac{1}{2}t^{-\frac{3}{2}}$$

(4) $\dfrac{x}{a} = \cosh y, \quad \dfrac{1}{a}\,dx = \sinh y\,dy,$

$$\dfrac{dy}{dx} = \dfrac{1}{\dfrac{dx}{dy}}$$

$$= \dfrac{1}{a \sinh y}$$

$$= \dfrac{1}{a\sqrt{\cosh^2 y - 1}} = \dfrac{1}{a\sqrt{\left(\dfrac{x}{a}\right)^2 - 1}} = \dfrac{1}{\sqrt{x^2 - a^2}}$$

1.17 (1) $f_x = 6x^2 + 2xy, \quad f_{xx} = 12x + 2y, \quad f_y = x^2 + 2y,$

$f_{yy} = 2, \quad f_{xy} = 2x, \quad f_{yx} = 2x$

(2) $\begin{cases} f_x = 4x(x^2 + y^2), \\[2mm] f_{xx} = 4(x^2 + y^2) + 4x \cdot 2x = 4(3x^2 + y^2) \\[2mm] f_y = 4y(x^2 + y^2) \\[2mm] f_{yy} = 4(x^2 + y^2) + 4y \cdot 2y = 4(x^2 + 3y^2) \\[2mm] f_{xy} = 4x(2y) = 8xy, \quad f_{yx} = 4y(2x) = 8xy \end{cases}$

(3) $\begin{cases} f_x = \dfrac{1}{2}(x^2 + 3xy + y^2)^{-\frac{1}{2}}(2x + 3y), \\[3mm] f_{xx} = -\dfrac{5y^2}{4(x^2 + 3xy + y^2)^{\frac{3}{2}}} \\[3mm] f_y = \dfrac{1}{2}(x^2 + 3xy + y^2)^{-\frac{1}{2}}(3x + 2y) \\[3mm] f_{yy} = -\dfrac{5x^2}{4(x^2 + 3xy + y^2)^{\frac{3}{2}}} \\[3mm] f_{xy} = \dfrac{3xy}{2(x^2 + 3xy + y^2)^{\frac{3}{2}}} \\[3mm] f_{yx} = \dfrac{3xy}{2(x^2 + 3xy + y^2)^{\frac{3}{2}}} \end{cases}$

(4) $f_x = -y \sin xy, \quad f_{xx} = -y^2 \cos xy,$

$f_y = -x \sin xy, \quad f_{yy} = -x^2 \cos xy,$

$f_{xy} = -\sin xy - xy \cos xy, \quad f_{yx} = -\sin xy - xy \cos xy$

(5) $\quad f_x = \dfrac{1}{x}, \quad f_{xx} = -\dfrac{1}{x^2}, \quad f_y = \dfrac{1}{y}, \quad f_{yy} = -\dfrac{1}{y^2},$

$\quad f_{xy} = 0, \quad f_{yx} = 0$

(6) $\quad \begin{cases} f_x &= 6xye^{3x^2y-y^3} \\ f_{xx} &= 6ye^{3x^2y-y^3} + 36x^2y^2e^{3x^2y-y^3} \\ &= 6y(1 + 6x^2y^2)e^{3x^2y-y^3} \\ f_y &= 3(x^2 - y^2)e^{3x^2y-y^3} \\ f_{yy} &= -6ye^{3x^2y-y^3} + 9(x^2 - y^2)^2e^{3x^2y-y^3} \end{cases}$

1.18 (1) $\quad \displaystyle\int \sqrt{x}\,dx = \dfrac{2}{3}x^{\frac{3}{2}} + C$

(2) $\quad \displaystyle\int \sqrt[3]{x}\,dx = \int x^{\frac{1}{3}}\,dx = \dfrac{3}{4}x^{\frac{4}{3}} + C$

(3) $\quad \displaystyle\int x^{-4}\,dx = -\dfrac{1}{3}x^{-3} + C$

(4) $\quad \displaystyle\int \sqrt[3]{x^4}\,dx = \int x^{\frac{4}{3}}\,dx = \dfrac{3}{7}x^{\frac{7}{3}} + C$

(5) $\quad \displaystyle\int (x^2 + 5x + 4)\,dx = \dfrac{1}{3}x^3 + \dfrac{5}{2}x^2 + 4x + C$

(6) $\quad \displaystyle\int (x^4 + x^2 + 6)\,dx = \dfrac{1}{5}x^5 + \dfrac{1}{3}x^3 + 6x + C$

(7) $\quad \displaystyle\int (x - 1)(x + 2)\,dx = \int (x^2 + x - 2)\,dx$

$$= \dfrac{1}{3}x^3 + \dfrac{1}{2}x^2 - 2x + C$$

(8) $\quad \displaystyle\int e^x \sin x\,dx = e^x \sin x - \int e^x \cos x\,dx$

$$= e^x \sin x - \left[e^x \cos x + \int e^x \sin x\,dx \right]$$

$$= \dfrac{1}{2}(\sin x - \cos x)e^x + C$$

(9) $\quad \displaystyle\int x \log x\,dx = \dfrac{x^2}{2} \log x - \dfrac{1}{2} \int x^2 \cdot \dfrac{1}{x}\,dx$

$$= \dfrac{x^2}{2} \log x - \dfrac{1}{2} \int x\,dx$$

$$= \frac{x^2}{2} \log x - \frac{x^2}{4} + C$$

$$= \frac{x^2}{4} (2 \log x - 1) + C$$

(10) $\displaystyle \int \left(x + \frac{2}{x} \right)^2 dx = \int (x^2 + 4 + 4x^{-2}) \, dx$

$$= \frac{1}{3} x^3 + 4x - \frac{4}{x} + C$$

(11) $\displaystyle \int \cos(4x - 1) \, dx = I$ とする.

$4x - 1 = t$ とおくと, $dx = \dfrac{dt}{4}$. したがって

$$I = \int \cos t \frac{dt}{4}$$

$$= \frac{1}{4} \int \cos t \, dt$$

$$= \frac{1}{4} [\sin t] + C = \frac{1}{4} \{\sin(4x - 1)\} + C$$

(12) $\displaystyle \int \cos 3x \cos 2x \, dx = \frac{1}{2} \int (\cos 5x - \cos x) \, dx$

$$= \frac{1}{2} \left(\frac{1}{5} \sin 5x + \sin x \right) + C$$

(13) $\displaystyle \int \cos^3 x \, dx = \int \cos x (1 - \sin^2 x) \, dx$

$$= \int (\cos x - \cos x \sin^2 x) \, dx$$

$$= \sin x - \left[-\sin x \sin^2 x + 2 \int \cos x \sin x \cos x \, dx \right]$$

$$= \sin x - \sin^3 x + 2 \sin x - 2 \int \cos^3 x \, dx$$

$$= \frac{3 \sin x - \sin^3 x}{3} + C$$

1.19 (1) $\displaystyle \int_0^2 x^3 \, dx = \left[\frac{x^4}{4} \right]_0^2 = 4$

(2) $\displaystyle \int_0^2 (x^2 - 1) \, dx = \left[\frac{x^3}{3} - x \right]_0^2 = \frac{8}{3} - 2 = \frac{2}{3}$

(3) $\displaystyle\int_0^3 e^{2x}\,dx = \left[\dfrac{e^{2x}}{2}\right]_0^3 = \dfrac{1}{2}(e^6 - e^0) = \dfrac{1}{2}(e^6 - 1)$

(4) $\displaystyle\int_0^\pi \sin x\,dx = [-\cos x]_0^\pi = \{-(-1) + 1\} = 2$

(5) $\displaystyle\int_0^\pi \cos x\,dx = [\sin x]_0^\pi = 2(0 - 0) = 0$

(6) $\displaystyle\int_0^\pi \sin^2 x\,dx = 2\int_0^{\frac{\pi}{2}} \sin^2 x\,dx$

$$= 2 \cdot \dfrac{1}{2}\int_0^{\frac{\pi}{2}} (1 - \cos 2x)\,dx$$

$$= \left[x - \dfrac{1}{2}\sin 2x\right]_0^{\frac{\pi}{2}} = \dfrac{\pi}{2}$$

(7) $\displaystyle\int_0^{\frac{\pi}{2}} x\cos x\,dx = \int_0^{\frac{\pi}{2}} \cos x \cdot x\,dx$

$$= [\sin x \cdot x]_0^{\frac{\pi}{2}} - \int_0^{\frac{\pi}{2}} \sin x\,dx$$

$$= \dfrac{\pi}{2} - [\cos x]_0^{\frac{\pi}{2}} = \dfrac{\pi}{2} - 1$$

(8) $\displaystyle\int_0^2 xe^{2x}\,dx = \int_0^2 e^{2x}x\,dx = \left[\dfrac{1}{2}e^{2x}x\right]_0^2 - \dfrac{1}{2}\int_0^2 e^{2x}\,dx$

$$= \left[\dfrac{1}{2}e^{2x}x\right]_0^2 - \dfrac{1}{4}[e^{2x}]_0^2$$

$$= \dfrac{1}{2}\cdot 2e^4 - \dfrac{1}{4}e^4 + \dfrac{1}{4} = \dfrac{3e^4 + 1}{4}$$

(9) $\displaystyle\int_0^1 \sqrt{1-x}\,dx = I$ とする．ここで，$1 - x = t$ とおくと，$-dx = dt$ より，$dx = -dt$．それぞれの積分範囲は x は $[0,\,1]$，t は $[1,\,0]$ となるので，

$$I = -\int_1^0 \sqrt{1-x}\,dx$$

$$= \int_0^1 \sqrt{t}\,dt$$

$$= \left[\dfrac{2}{3}t^{\frac{3}{2}}\right]_0^1 = \dfrac{2}{3}(1 - 0) = \dfrac{2}{3}$$

(10) $\displaystyle\int_0^{\frac{\pi}{2}} \sin^3 x \cos x \, dx = I$ とする．このとき，$\sin x = t$ とおくと，$\cos x \, dx = dt$．それぞれの積分範囲は x は $\left[0, \dfrac{\pi}{2}\right]$，$t$ は $[0, 1]$ となるので

$$I = \int_0^{\frac{\pi}{2}} \sin^3 x \cos x \, dx = \int_0^1 t^3 \, dt = \frac{1}{4}[t^4]_0^1 = \frac{1}{4}$$

(11) $\displaystyle\int_{-\infty}^{\infty} \frac{x}{1+x^2} \, dx = I$ とおく．これは定積分で，$\infty - \infty$ となってしまうので，以下のようにして回避する．

$$\begin{aligned}
I &= \lim_{b\to\infty} \frac{1}{2} \int_{-b}^{b} \frac{2x}{1+x^2} \, dx \\
&= \lim_{b\to\infty} \left[\log(1+x^2)^{\frac{1}{2}}\right]_{-b}^{b} \\
&= \lim_{b\to\infty} \left(\log(1+b^2)^{\frac{1}{2}} - \log(1+(-b)^2)^{\frac{1}{2}}\right) = 0
\end{aligned}$$

(12) $\displaystyle\int_{-4}^{4} \frac{1}{\sqrt{16-x^2}} \, dx = I$ とおく．これは $x = \pm 4$ で，この被積分関数は値をもたない．そこで，式 (1.141) より

$$\begin{aligned}
I &= \int_{-4}^{4} \frac{1}{\sqrt{16-x^2}} \, dx \\
&= \lim_{\varepsilon\to 0} \int_{-4+\varepsilon}^{4-\varepsilon} \frac{1}{4\sqrt{1-\left(\dfrac{x}{4}\right)^2}} \, dx
\end{aligned}$$

ここで，$\dfrac{x}{4} = \sin\theta$ とおくと，$\dfrac{1}{4} dx = \cos\theta \, d\theta$ だから

$$\begin{aligned}
I &= \lim_{\varepsilon\to 0} \int_{-4+\varepsilon}^{4-\varepsilon} \frac{\cos\theta}{\sqrt{1-\sin^2\theta}} \, d\theta \\
&= \lim_{\varepsilon\to 0} \int_{-4+\varepsilon}^{4-\varepsilon} d\theta \\
&= \lim_{\varepsilon\to 0} \left[\sin^{-1}\left(\frac{x}{4}\right)\right]_{-4+\varepsilon}^{4-\varepsilon} \\
&= \lim_{\varepsilon\to 0} \left[\sin^{-1}\left(\frac{4-\varepsilon}{4}\right) - \sin^{-1}\left(\frac{-4+\varepsilon}{4}\right)\right] = \pi
\end{aligned}$$

1.20 (1) この数列は，第 1 項 $a_1 = -11$，公差 $d = 3$ の等差数列．したがって，第 10 項までの和は

$$S_{10} = a_1 + (n-1)d = -11 + (10-1) \cdot 3 = 16$$

(2) この数列は，第 1 項 $a_1 = 12$，公差 $d = 6$ の等差数列．したがって，第 10 項までの和は

$$S_{10} = a_1 + (n-1)d = 12 + (10-1) \cdot 6 = 66$$

(3) この数列は，第 1 項 $a_1 = -3$，公比 $r = -2$ の等比数列．したがって，第 10 項までの和は

$$S_{10} = a_1 \frac{(1-r^n)}{1-r} = -3 \cdot \frac{1-(-2)^{10-1}}{1-(-2)} = 1023$$

(4) この数列は，第 1 項 $a_1 = -3$，公比 $r = -4$ の等比数列．したがって，第 10 項までの和は

$$S_{10} = a_1 \frac{(1-r^n)}{1-r} = -3 \cdot \frac{1-(-4)^{10-1}}{1-(-4)} = 629145$$

1.21 各項の比を求めると，$r = 2$ と一定になるから等比数列．さらに，第 1 項 $a_1 = 3$，公比 $r = 2$ とわかる．したがって，一般項は $a_{n+1} = ra_n$，$a_n = a_1 r^{n-1} = 3 \cdot 2^{n-1}$．$n \to \infty$ では，$\lim_{n \to \infty} 3 \cdot 2^{n-1} = \infty$

すなわち，正の無限大に発散する．

1.22 (1) $\lim_{n \to \infty} 3^n = \infty$

すなわち，正の無限大に発散する．

(2) $n = 2m$（偶数）のとき，$\lim_{n \to \infty} (-2)^{2m} = \infty$.

$n = 2m+1$（奇数）のとき，$\lim_{n \to \infty} (-2)^{2m+1} = -\infty$.

すなわち，$\pm\infty$ で振動する．

(3) $\lim_{n \to \infty} \left(3 + \frac{2}{n}\right) = 3$. すなわち，3 に収束する．

1.23 $f(x) = f(0) + \frac{f'(0)}{1!}x + \frac{f''(0)}{2!}x^2 + \frac{f'''(0)}{3!}x^3 + \frac{f^{(4)}(0)}{4!}x^4$

$\qquad + \frac{f^{(5)}(0)}{5!}x^5 + \frac{f^{(6)}(0)}{6!}x^6 + \cdots$

$$\begin{cases} f(x) = (1-x)^{\frac{1}{3}} \\ \quad \implies \quad C_0 = f(0) = 1 \\ f'(x) = \left(\dfrac{1}{3}\right)(-1)(1-x)^{-\frac{2}{3}} \\ \quad \implies \quad C_1 = \dfrac{f'(0)}{1!} = -\dfrac{1}{3} \\ f''(x) = \left(-\dfrac{1}{3}\right)\left(-\dfrac{2}{3}\right)(-1)(1-x)^{-\frac{5}{3}} \\ \quad \implies \quad C_2 = \dfrac{f''(0)}{2!} = \dfrac{1}{2}\left(-\dfrac{2}{9}\right) = -\dfrac{1}{9} \\ f'''(x) = \left(-\dfrac{2}{9}\right)\left(-\dfrac{5}{3}\right)(-1)(1-x)^{-\frac{8}{3}} \\ \quad \implies \quad C_3 = \dfrac{f'''(0)}{3!} = \dfrac{1}{6}\left(-\dfrac{10}{27}\right) = -\dfrac{10}{162} \end{cases}$$

したがって，$f(x) = 1 + \left(-\dfrac{1}{3}\right)x + \left(-\dfrac{1}{9}\right)x^2 + \left(-\dfrac{10}{162}\right)x^3 + \cdots$

1.24
$$f(x) = f(0) + \frac{f'(0)}{1!}x + \frac{f''(0)}{2!}x^2 + \frac{f'''(0)}{3!}x^3$$
$$+ \frac{f^{(4)}(0)}{4!}x^4 + \frac{f^{(5)}(0)}{5!}x^5 + \frac{f^{(6)}(0)}{6!}x^6 + \cdots$$

上式の第 3 項と第 6 項まで求める．

$$f(x) = \cos x \qquad \implies \quad C_0 = f(0) = 1$$
$$f'(x) = -\sin x \qquad \implies \quad C_1 = \frac{f'(0)}{1!} = 0$$
$$f''(x) = -\cos x \qquad \implies \quad C_2 = \frac{f''(0)}{2!} = \frac{1}{2}\cdot(-1) = -\frac{1}{2}$$
$$f'''(x) = \sin x \qquad \implies \quad C_3 = \frac{f'''(0)}{3!} = \frac{1}{3!}\cdot 0 = 0$$
$$f^{(4)}(x) = \cos x \qquad \implies \quad C_4 = \frac{f^{(4)}(0)}{4!} = \frac{1}{24}\cdot 1 = \frac{1}{24}$$
$$f^{(5)}(x) = -\sin x \qquad \implies \quad C_5 = \frac{f^{(4)}(0)}{5!} = \frac{1}{5!}\cdot 0 = 0$$
$$f^{(6)}(x) = -\cos x \qquad \implies \quad C_6 = \frac{f^{(4)}(0)}{6!} = \frac{1}{6!}\cdot(-1) = -\frac{1}{720}$$

以上から，第 3 項までは，$f(x) = \cos x = 1 - \dfrac{1}{2}x^2$．第 6 項までは，
$f(x) = \cos x = 1 - \dfrac{1}{2}x^2 + \dfrac{1}{24}x^4 - \dfrac{1}{720}x^6$．

1.25 (1)

$$f(x) = \sin ax \qquad \Longrightarrow \quad C_0 = f(0) = 0$$

$$f'(x) = a \cos ax \qquad \Longrightarrow \quad C_1 = \frac{f'(0)}{1!} = a$$

$$f''(x) = -a^2 \sin ax \qquad \Longrightarrow \quad C_2 = \frac{f''(0)}{2!} = 0$$

$$f'''(x) = -a^3 \cos ax \qquad \Longrightarrow \quad C_3 = \frac{f'''(0)}{3!} = -\frac{a^3}{3!}$$

$$f^{(4)}(x) = a^4 \sin ax \qquad \Longrightarrow \quad C_4 = \frac{f^{(4)}(0)}{4!} = 0$$

$$f^{(5)}(x) = a^5 \cos ax \qquad \Longrightarrow \quad C_5 = \frac{f^{(5)}(0)}{5!} = \frac{a^5}{5!}$$

$$f^{(6)}(x) = -a^6 \sin ax \qquad \Longrightarrow \quad C_6 = \frac{f^{(6)}(0)}{6!} = 0$$

$$f^{(7)}(x) = -a^7 \cos ax \qquad \Longrightarrow \quad C_7 = \frac{f^{(7)}(0)}{7!} = -\frac{a^7}{7!}$$

$$f(x) = ax - \frac{a^3}{3!}x^3 + \frac{a^5}{5!}x^5 - \frac{a^7}{7!}x^7 + \cdots$$

$$+ (-1)^n \frac{1}{(2n+1)!} x^{2n+1} + \cdots$$

$$f'(x) = a - \frac{3a^3}{3!}x^2 + \frac{5a^5}{5!}x^4 - \frac{7a^7}{7!}x^6 + \cdots$$

$$+ (-1)^n \frac{2n+1}{(2n+1)!} x^{2n} + \cdots$$

$$= a - \frac{a^3}{2!}x^2 + \frac{a^5}{4!}x^4 - \frac{a^7}{6!}x^6 + \cdots$$

$$+ (-1)^n \frac{1}{(2n)!} x^{2n} + \cdots$$

$$= a\left(1 - \frac{a^2}{2!}x^2 + \frac{a^4}{4!}x^4 - \frac{a^6}{6!}x^6 + \cdots\right.$$

$$\left. + (-1)^n \frac{1}{(2n)!} x^{2n} + \cdots\right)$$

$$= a \cos ax$$

(2)

$$f(x) = e^{ax} \qquad \Longrightarrow \quad C_0 = f(0) = 1$$

$$f'(x) = ae^{ax} \qquad \Longrightarrow \quad C_1 = \frac{f'(0)}{1!} = a$$

$$f''(x) = a^2 e^{ax} \qquad \Longrightarrow \quad C_2 = \frac{f''(0)}{2!} = \frac{a^2}{2!}$$

$$f'''(x) = a^3 e^{ax} \implies C_3 = \frac{f'''(0)}{3!} = \frac{a^3}{3!}$$

$$f^{(4)}(x) = a^4 e^{ax} \implies C_4 = \frac{f^{(4)}(0)}{4!} = \frac{a^3}{4!}$$

$$f^{(5)}(x) = a^5 e^{ax} \implies C_5 = \frac{f^{(5)}(0)}{5!} = \frac{a^5}{5!}$$

$$\vdots \qquad\qquad \vdots$$

$$f^{(n)}(x) = a^n e^{ax} \implies C_n = \frac{f^{(n)}(0)}{n!} = \frac{a^n}{n!}$$

$$\vdots \qquad\qquad \vdots$$

したがって,

$$f(x) = 1 + ax + \frac{a^2}{2!}x^2 + \frac{a^3}{3!}x^3 + \frac{a^4}{4!}x^4 + \frac{a^5}{5!}x^5$$
$$+ \cdots + \frac{a^n}{n!}x^{(n)} + \cdots$$

$$f'(x) = a + \frac{2a^2}{2!}x + \frac{3a^3}{3!}x^2 + \frac{4a^4}{4!}x^3 + \frac{5a^5}{5!}x^4$$
$$+ \cdots + \frac{na^n}{n!}x^{(n-1)} + \cdots$$

$$= a\left(1 + ax + \frac{a^2}{2!}x^2 + \frac{a^3}{3!}x^3 + \frac{a^4}{4!}x^4 + \cdots \right.$$
$$\left. + \frac{a^{n-1}}{(n-1)!}x^{(n-1)} + \cdots \right)$$

$$= ae^a x$$

(3) $\quad (\cos^{-1} x)' = \left(\dfrac{\pi}{2} - \sin^{-1} x \right)'$

$$= \left(\frac{\pi}{2} - x - \frac{1}{6}x^3 - \frac{3}{40}x^5 - \cdots \right.$$
$$\left. - \frac{(2n)!}{4^n (n!)^2 (2n+1)} x^{2n+1} - \cdots \right)'$$

$$= -1 - \frac{1}{2}x^3 - \frac{3}{8}x^5 - \cdots - \frac{(2n)!}{4^n (n!)^2}x^{2n} - \cdots$$

1.26 (1) $\displaystyle\int \cos ax \, dx$

$$\cos ax = 1 - \frac{a^2}{2!}x^2 + \frac{a^4}{4!}x^4 - \frac{a^6}{6!}x^6 + \cdots$$
$$+ (-1)^n \frac{a^{2n}}{(2n)!}x^{2n} + \cdots$$

$$\int \cos ax\, dx = \int \left\{ 1 - \frac{a^2}{2!}x^2 + \frac{a^4}{4!}x^4 - \frac{a^6}{6!}x^6 \right.$$
$$\left. + \cdots + (-1)^n \frac{a^{2n}}{(2n)!}x^{2n} + \cdots \right\} dx$$

$$= x - \frac{a^2}{3!}x^3 + \frac{a^4}{5!}x^5 - \frac{a^6}{7!}x^7 + \cdots$$
$$+ (-1)^n \frac{a^{2n}}{(2n)!(2n+1)}x^{2n+1} + \cdots + C$$

$$= \frac{1}{a} \left\{ ax - \frac{a^3}{3!}x^3 + \frac{a^5}{5!}x^5 - \frac{a^7}{7!}x^7 + \cdots \right.$$
$$\left. + (-1)^n \frac{a^{2n+1}}{(2n+1)!}x^{2n+1} + \cdots \right\} + C$$

$$= \frac{1}{a} \sin ax + C$$

(2) $f(x) = (x+1)^{-1}$ $\implies$ $C_0 = f(0) = 1$

$f'(x) = -(x+1)^{-2}$ $\implies$ $C_1 = \dfrac{f'(0)}{1!} = -1$

$f''(x) = 2(x+1)^{-3}$ $\implies$ $C_2 = \dfrac{f''(0)}{2!} = 1$

$f'''(x) = -6(x+1)^{-4}$ $\implies$ $C_3 = \dfrac{f'''(0)}{3!} = -1$

$f^{(4)}(x) = 24(x+1)^{-5}$ $\implies$ $C_4 = \dfrac{f^{(4)}(0)}{4!} = 1$

$f^{(5)}(x) = -120(x+1)^{-6}$ $\implies$ $C_5 = \dfrac{f^{(5)}(0)}{5!} = -1$

$$\vdots \qquad\qquad \vdots$$

$f^{(n)}(x) = (-1)^n n!(x+1)^{-(n+1)}$

$$\implies C_n = \frac{f^{(n)}(0)}{n!} = (-1)^n$$

$$\vdots \qquad\qquad \vdots$$

$$f(x) = \frac{1}{x+1}$$
$$= 1 - x + x^2 - x^3 + x^4 - x^5 + \cdots + (-1)^n x^n + \cdots$$

$(-1 < x < 1)$

$$\int f(x)\,dx = \int \frac{1}{x+1}\,dx$$
$$= \int (1 - x + x^2 - x^3 + x^4 - x^5 + \cdots$$
$$+ (-1)^{n+1} x^n + \cdots)\,dx$$
$$= x - \frac{x^2}{2} + \frac{x^3}{3} - \frac{x^4}{4} + \frac{x^5}{5} - \frac{x^6}{6} + \cdots$$
$$+ (-1)^{n+1} \frac{x^n}{n} + \cdots + C$$
$$= \log_e(x+1) + C$$

(3) $\displaystyle \int \cosh x\,dx$

$$= \int \left(1 + \frac{1}{2}x^2 + \frac{1}{24}x^4 + \cdots + \frac{1}{(2n)!}x^{2n} + \cdots \right) dx$$
$$= x + \frac{1}{6}x^3 + \frac{1}{120}x^5 + \cdots + \frac{1}{(2n+1)!}x^{2n+1} + \cdots + C$$
$$= \sinh x + C$$

第2章

2.1 (1) $\displaystyle \int dy = \int e^x\,dx$

$$y = e^x + C$$

(2) $\displaystyle \frac{dy}{dx} = y(x^2 + 2x)$

$$\int \frac{1}{y}\,dy = \int (x^2 + 2x)\,dx$$
$$\log y = \left(\frac{x^3}{3} + x^2 \right) + C_1$$
$$y = e^{c_1} e^{x\left(\frac{x^2}{3} + x\right)}$$
$$y = C e^{x\left(\frac{x^2}{3} + x\right)} \qquad (C = e^{c_1})$$

(3)　$\displaystyle\int \sin y \, dy = \int \sin x \, dx$

$\qquad -\cos y = -\cos x + C_1$

$\qquad\qquad y = \cos^{-1}(\cos x + C) \qquad (C = -C_1)$

(4)　　　$(x - y)\,dx - (x + y)\,dy = 0$

$\qquad p = (x - y), \quad p_y = \dfrac{\partial p}{\partial y} = -1$

$\qquad q = -(x + y), \quad q_x = \dfrac{\partial q}{\partial x} = -1$

$p_y = q_x$ なので，式は完全微分方程式になる．ここで，求める解を $u(x, y)$ とすると

$$u = \int p \, dx + \int \left\{ q - \frac{\partial}{\partial y} \int p \, dx \right\} dy$$

$$= \int (x - y)\,dx + \int \left\{ -(x + y) - \frac{\partial}{\partial y} \int (x + y)\,dx \right\} dy$$

$$= \frac{x^2}{2} - xy + \int \left\{ -(x + y) - \frac{\partial}{\partial y} \left(\frac{x^2}{2} - xy \right) \right\} dy$$

$$= \frac{x^2}{2} - xy + \int \left\{ -(x + y) + x \right\} dy$$

$$= \frac{x^2}{2} - xy + \frac{y^2}{2} = C$$

したがって

$$\frac{x^2}{2} - xy + \frac{y^2}{2} = C$$

(5)　　　$2xy\,dx + (x^2 - y^2)\,dy = 0$

$\qquad p = 2xy, \quad p_y = \dfrac{\partial p}{\partial y} = 2x$

$\qquad q = x^2 - y^2, \quad q_x = \dfrac{\partial q}{\partial x} = 2x$

$p_y = q_x$ なので，式は完全微分方程式になる．ここで，求める解を $u(x, y)$ とすると

$$u = \int 2xy\,dx + \int \left\{ (x^2 - y^2) - \frac{\partial}{\partial y} \int 2xy\,dx \right\} dy$$

$$= \int 2xy\,dx + \int \left\{ (x^2 - y^2) - \frac{\partial}{\partial y} (x^2 y) \right\} dy$$

$$= \int 2xy\,dx + \int \{(x^2 - y^2) - x^2\}\,dy$$

$$= x^2 y - \frac{1}{3}y^3 = C$$

したがって

$$x^2 y - \frac{1}{3}y^3 = C$$

(6) $p(x) = 1$, $q(x) = x$ の線形微分方程式なので，求める y は

$$y = e^{-\int p(x)\,dx}\left(\int q(x)e^{\int p(x)\,dx}\,dx + C\right)$$

$$= e^{-\int 1\,dx}\left(\int xe^{\int 1\,dx}\,dx + C\right)$$

$$= e^{-x}\left(e^x x - \int e^x\,dx + C\right)$$

$$= e^{-x}(e^x x - e^x + C) = x - 1 + Ce^{-x}$$

(7) $p(x) = \dfrac{1}{x}$, $q(x) = x^2$ の線形微分方程式なので，求める y は

$$y = e^{-\int \frac{1}{x}\,dx}\left(\int x^2 e^{\int \frac{1}{x}\,dx}\,dx + C\right)$$

$$= e^{\log x^{-1}}\left(\int x^2 e^{\log x}\,dx + C\right)$$

$$= \frac{1}{x}\left(\int x^2 x\,dx + C\right)$$

$$= \frac{1}{x}\left(\int x^3\,dx + C\right) = \frac{1}{x}\left(\frac{x^4}{4} + C\right) = \frac{x^3}{4} + \frac{C}{x}$$

(8) $p(x) = -1$, $q(x) = x + 1$ の線形微分方程式なので，求める y は

$$y = e^{-\int -1\,dx}\left\{\int (x+1)e^{\int -1\,dx}\,dx + C\right\}$$

$$= e^x\left\{\int (x+1)e^{-x}\,dx + C\right\}$$

$$= e^x\left\{-e^x(x+1) + \int e^{-x}\,dx + C\right\}$$

$$= e^x\left\{-e^x(x+1) - e^{-x} + C\right\}$$

$$= -(x+1) - 1 + Ce^x = -(x+2) + Ce^x$$

(9) $p(x) = 2$, $q(x) = x^2$ の線形微分方程式なので，求める y は

$$y = e^{-\int 2\,dx} \left(\int x^2 e^{\int 2\,dx}\, dx + C \right)$$

$$= e^{-2x} \left(\int x^2 e^{2x}\, dx + C \right)$$

$$= e^{-2x} \left(\frac{1}{2} e^{2x} x^2 - \frac{1}{2} \int e^{2x} 2x\, dx + C \right)$$

$$= e^{-2x} \left\{ \frac{1}{2} e^{2x} x^2 - \left(\frac{e^{2x}}{2} x - \frac{1}{2} \int e^{2x}\, dx \right) + C \right\}$$

$$= e^{-2x} \left\{ \frac{1}{2} e^{2x} x^2 - \frac{e^{2x}}{2} x + \frac{1}{4} e^{2x} + C \right\}$$

$$= \frac{1}{2} x^2 - \frac{1}{2} x + \frac{1}{4} + C e^{2x}$$

(10) $\dfrac{y}{x} = u$ とおくと, $y = xu$ となり, $\dfrac{dy}{dx} = u + u'x$ となる.

したがって, 与式は

$$u + u'x + xu = -u$$

$$u'x + xu = -2u$$

$$u'x = -u(x+2)$$

ここで, $u' = \dfrac{du}{dx}$ だから

$$\frac{du}{dx} x = -u(x+2)$$

変数分離して両辺を積分すれば

$$\int \frac{1}{u}\, du = - \int \left(\frac{x+2}{x} \right) dx$$

$$\log u = - \int \left(1 + \frac{2}{x} \right) dx = -(x + 2\log x) + C_1$$

$$u = e^{c_1} e^{-(x + 2\log x)} = C x^{-2} e^{-x} \qquad (C = e^{c_1})$$

$u = \dfrac{y}{x}$ なので

$$\frac{y}{x} = C x^{-2} e^{-x}$$

$$y = C x^{-1} e^{-x}$$

(11) $p = y + 3x$, $p_y = \dfrac{\partial p}{\partial y} = 1$. また, $q = x$, $q_x = \dfrac{\partial q}{\partial x} = 1$. $p_y = q_x$
なので, 式は完全微分方程式になる. 求める解を $u(x, y)$ とすると

$$u = \int p\,dx + \int \left(q - \frac{\partial}{\partial y} \int p\,dx \right) dy$$

$$u = \int (y + 3x)\,dx + \int \left\{ x - \frac{\partial}{\partial y} \int (y + 3x)\,dx \right\} dy$$

$$= xy + \frac{3}{2}x^2 + \int \left\{ x - \frac{\partial}{\partial y} \left(xy + \frac{3}{2}x^2 \right) \right\} dy$$

$$= xy + \frac{3}{2}x^2 + \int (x - x)\,dy = xy + \frac{3}{2}x^2 = C$$

したがって

$$xy + \frac{3}{2}x^2 = C$$

(12) $p = y - x,\ p_y = \dfrac{\partial p}{\partial y} = 1.$ また, $q = \left(\dfrac{1}{y^2} + x \right),\ q_x = \dfrac{\partial q}{\partial x} = 1.$

$p_y = q_x$ なので, 式は完全微分方程式になる. 求める解を $u(x,\,y)$ とすると

$$u = \int (y - x)\,dx + \int \left\{ \left(\frac{1}{y^2} + x \right) - \frac{\partial}{\partial y} \int (y - x)\,dx \right\} dy$$

$$= xy - \frac{1}{2}x^2 + \int \left\{ \left(\frac{1}{y^2} + x \right) - \frac{\partial}{\partial y} \left(xy - \frac{1}{2}x^2 \right) \right\} dy$$

$$= xy - \frac{1}{2}x^2 + \int \left(\frac{1}{y^2} + x - x \right) dy$$

$$= xy - \frac{1}{2}x^2 + \int \frac{1}{y^2}\,dy$$

$$= xy - \frac{1}{2}x^2 - \frac{1}{y} = C$$

したがって

$$xy - \frac{1}{2}x^2 - \frac{1}{y} = C$$

(13) $p = 2xy,\ p_y = \dfrac{\partial p}{\partial y} = 2x.$ また, $q = -(y^2 - x^2),\ q_x = \dfrac{\partial q}{\partial x} = 2x.$

$p_y = q_x$ なので, 式は完全微分方程式になる. 求める解を $u(x,\,y)$ とすると

$$u = \int 2xy\,dx + \int \left\{ -(y^2 - x^2) - \frac{\partial}{\partial y} \int 2xy\,dx \right\} dy$$

$$= x^2 y + \int \left\{ -(y^2 - x^2) - \frac{\partial}{\partial y} (x^2 y) \right\} dy$$

$$= x^2 y + \int \{-(y^2 - x^2) - x^2\}\, dy$$

$$= x^2 y - \int y^2\, dy = x^2 y - \frac{1}{3} y^3 = C$$

(14)　$p = (x^2 + y^2),\ p_y = \dfrac{\partial p}{\partial y} = 2x.$ また，$q = 2xy,\ q_x = \dfrac{\partial q}{\partial x} = 2x.$

$p_y = q_x$ なので，式は完全微分方程式になる．求める解を $u(x,\, y)$ とすると

$$u = \int (x^2 + y^2)\, dx + \int \left\{ 2xy - \frac{\partial}{\partial y} \int (x^2 + y^2)\, dx \right\} dy$$

$$= \frac{x^3}{3} + xy^2 + \int \left\{ 2xy - \frac{\partial}{\partial y} \left(\frac{x^3}{3} + xy^2 \right) \right\} dy$$

$$= \frac{x^3}{3} + xy^2 + \int (2xy - 2xy)\, dy$$

$$= \frac{x^3}{3} + xy^2 = \frac{x^3}{3} + xy^2 = C$$

2.2　(1)　方程式 $y'' + ay' + by = 0$ の判別式は

$$a^2 - 4b = 2^2 + 12 > 0$$

したがって，2 つの実根がある．また，この微分方程式の特性方程式は

$$\lambda^2 - 2\lambda - 3 = 0$$

$$(\lambda - 3)(\lambda + 1) = 0$$

$$\lambda = -1,\, 3$$

以上より，求める方程式の解は

$$y = C_1 e^{-x} + C_2 e^{3x}$$

(2)　上と同様に，判別式は

$$a^2 - 4b = (-3)^2 + 12 > 0$$

したがって，2 つの実根がある．また，この微分方程式の特性方程式は

$$\lambda^2 - 3\lambda - 4 = 0$$

$$(\lambda + 1)(\lambda - 4) = 0$$

$$\lambda = -1,\, 4$$

以上より，求める方程式の解は

$$y = C_1 e^{-x} + C_2 e^{4x}$$

(3) 上と同様に，判別式は
$$a^2 - 4b = 4^2 + 16 > 0$$
したがって，2つの実根がある．また，この微分方程式の特性方程式は
$$\lambda^2 + 4\lambda + 4 = 0$$
$$(\lambda + 2)^2 = 0$$
$$\lambda = -2 \quad （重根）$$
以上より，求める方程式の解は
$$y = (C_1 + C_2 x)e^{-2x}.$$

(4) 上と同様に，判別式は
$$a^2 - 4b = 6^2 + 36 > 0$$
したがって，2つの実根がある．また，この微分方程式の特性方程式は
$$\lambda^2 + 6\lambda + 9 = 0$$
$$(\lambda + 3)^2 = 0$$
$$\lambda = -3 \quad （重根）$$
以上より，求める方程式の解は
$$y = (C_1 + C_2 x)e^{-3x}$$

(5) 上と同様に，判別式は
$$a^2 - 4b = (-3)^2 - 36 = -27 < 0$$
したがって，複素共役な根がある．また，この微分方程式の特性方程式は
$$\lambda_{1,2} = \frac{3 \pm \sqrt{9 - 16}}{2} = \frac{3 \pm \sqrt{7}i}{2}$$
ここで，$\alpha = \dfrac{3}{2}$, $\beta = \pm\dfrac{\sqrt{7}}{2}$ として
$$\begin{cases} y_{11} = (\cos \beta x + i \sin \beta x)e^{\alpha x} \\ y_{22} = (\cos \beta x - i \sin \beta x)e^{\alpha x} \end{cases}$$
となる．
$$y_r = \frac{y_{11} + y_{22}}{2} = e^{\alpha x} \cos \beta x,$$
$$y_i = \frac{y_{11} - y_{22}}{2} = e^{\alpha x} \sin \beta x$$

すると

$$y = y_r + y_i = (C_1 \cos \beta x + C_2 \sin \beta x)e^{\alpha x}$$

したがって，解は

$$y = y_r + y_i = \left\{ C_1 \cos\left(\frac{\sqrt{7}}{2}x\right) + C_2 \sin\left(\frac{\sqrt{7}}{2}x\right) \right\} \cdot e^{\frac{3}{2}x}$$

(6) 上と同様に，判別式は

$$a^2 - 4b = (-2)^2 - 16 = -12 < 0$$

したがって，複素共役な根がある．

$$\lambda_{1,2} = 1 \pm \sqrt{(-1)^2 - 4} = 1 \pm \sqrt{3}i$$

ここで，$\alpha = 1$，$\beta = \sqrt{3}$ として，解は

$$y = \{ C_1 \cos(\sqrt{3} \cdot x) + C_2 \sin(\sqrt{3} \cdot x) \} \cdot e^x$$

(7) この定数係数の非同次微分方程式における右辺の $r(x) = 17e^{-3x}$ より，$A = 17$，$\alpha = -3$．一方，対応する同次方程式の特性方程式は

$$\lambda^2 - 5\lambda + 6 = 0$$

$$(\lambda - 2)(\lambda - 3) = 0$$

したがって，$\lambda = 2, 3$ となり，$\alpha = -3$ と異なる．
このために特殊解 $u(x)$ は

$$u(x) = Ke^{-3x}$$

これを問題に代入し，K を求める．

$$\begin{aligned} u'' - 2u' + 4u &= (Ke^{-3x})'' - 5(Ke^{-3x})' + 6Ke^{-3x} \\ &= 9Ke^{-3x} + 15Ke^{-3x} + 6Ke^{-3x} = 30Ke^{-3x} \end{aligned}$$

$r(x) = 17e^{-3x}$ より

$$17e^{-3x} = 30Ke^{-3x}$$

$$K = \frac{17}{30}$$

以上より，求める特殊解は，$u(x) = \dfrac{17}{30}e^{-3x}$ となる．

(8) この定数係数の非同次微分方程式における右辺の $r(x) = 10e^{-3x}$ より，$A = 10$，$\alpha = -3$．一方，対応する同次方程式の特性方程式は

$$\lambda^2 - \lambda - 6 = 0$$

$$(\lambda - 3)(\lambda + 2) = 0$$

したがって，$\lambda = -2, 3$ となり，$\alpha = -3$ と異なる．

このために特殊解 $u(x)$ は

$$u(x) = Ke^{-3x}$$

これを問題に代入し，K を求める．

$$u'' - u' - 3u = (Ke^{-3x})'' - (Ke^{-3x})' - 3Ke^{-3x}$$
$$= 9Ke^{-3x} + 3Ke^{-3x} - 3Ke^{-3x} = 9Ke^{-3x}$$

$r(x) = 10e^{-3x}$ より，

$$10e^{-3x} = 9Ke^{-3x}$$

$$K = \frac{10}{9}$$

以上より，求める特殊解は $u(x) = \dfrac{10}{9}e^{-3x}$ となる．

(9)　この定数係数の非同次微分方程式における右辺の $r(x) = 5e^{3x}$ より，$A = 5$，$\alpha = 3$．一方，対応する同次方程式の特性方程式は

$$\lambda^2 - 4\lambda + 3 = 0$$

$$(\lambda - 1)(\lambda - 3) = 0$$

したがって，$\lambda = 1, 3$ となり，$\alpha = 3$ は同次方程式の 1 つの根と同じ．

このために，特殊解 $u(x)$ は

$$u(x) = Kxe^{3x} \qquad (K = \frac{A}{P'})$$

これを問題に代入し，K を求める．

$$u'' - 4u' + 3u = (Kxe^{3x})'' - 4(Kxe^{3x})' + 3Kxe^{3x}$$
$$= (Ke^{3x} + 3Kxe^{3x})' - 4(Ke^{3x} + 3Kxe^{3x}) + 3Ke^{3x}$$
$$= 3Ke^{3x} + 3Ke^{3x} + 9Ke^{3x} - 4Ke^{3x} - 12Kxe^{3x} + 3Kxe^{3x}$$
$$= (3K + 3K + 9Kx - 4K - 12Kx + 3Kx)e^{3x} = 2Ke^{3x}$$

$r(x) = 5e^{3x}$ より

$$5e^{-3x} = 2Ke^{-3x}$$

$$K = \frac{5}{2}$$

以上より，求める特殊解は $u(x) = \dfrac{5}{2}xe^{3x}$ となる.

(10) この定数係数の非同次微分方程式における右辺の $r(x) = 5e^{2x}$ より，$A = 4$，$\alpha = 2$. 一方，対応する同次方程式の特性方程式は

$$\lambda^2 + 4\lambda - 12 = 0$$

$$(\lambda - 2)(\lambda + 6) = 0$$

したがって，$\lambda = -6, 2$ となり，$\alpha = 2$ は同次方程式の 1 つの根と同じ.

このために，特殊解 $u(x)$ は

$$u(x) = Kxe^{2x} \qquad (K = \frac{A}{P'})$$

これを問題に代入し，K を求める.

$$\begin{aligned}
u'' + 4u' - 12u &= (Kxe^{2x})'' + 4(Kxe^{2x})' - 12Kxe^{2x} \\
&= (Ke^{2x} + 2Kxe^{2x})' + 4(Ke^{2x} + 2Kxe^{2x}) - 12Kxe^{2x} \\
&= 2Ke^{2x} + 2Ke^{2x} + 4Kxe^{2x} + 4Ke^{2x} + 8Kxe^{2x} - 12Kxe^{2x} \\
&= (2K + 2K + 4Kx + 4K + 8Kx - 12Kx)e^{2x} = 8Ke^{2x}
\end{aligned}$$

$r(x) = 4e^{2x}$ より

$$4e^{-3x} = 8Ke^{-2x}$$

$$K = \frac{1}{2}$$

以上より，求める特殊解は $u(x) = \dfrac{1}{2}xe^{2x}$ となる.

(11) 右辺の $r(x) = 10\cos x$ より，$A = 10$，$\beta = 1$.

設問の同次方程式の特性方程式は

$$\lambda^2 + \lambda - 12 = 0$$

$$(\lambda + 4)(\lambda - 3) = 0$$

$$\lambda = -4, 3 \qquad (\text{実根})$$

このとき，特殊解 $u(x)$ を

$$u(x) = K\cos x + L\sin x$$

と仮定して

$$\begin{aligned}
u''&(x) + u'(x) - 12u \\
&= (K\cos x + L\sin x)'' + (K\cos x + L\sin x)' \\
&\quad - 12(K\cos x + L\sin x)
\end{aligned}$$

$$= (-K \sin x + L \cos x)' + (-K \sin x + L \cos x)$$
$$- 12(K \cos x + L \sin x)$$
$$= -K \cos x - L \sin x - K \sin x + L \cos x$$
$$- 12K \cos x - 12L \sin x$$
$$= (-K + L - 12K) \cos x + (-L - K - 12L) \sin x$$

となる．これと設問の $r(x) = 10 \cos x$ より

$$\begin{cases} -K + L - 12K = 10 \\ -L - K - 12L = 0 \end{cases}$$

この 2 つの式から K と L を求めると

$$K = -\frac{13}{17}, \quad L = \frac{1}{17}$$

したがって，特殊解 $u(x)$ は

$$u(x) = -\frac{13}{17} \cos x + \frac{1}{17} \sin x$$

(12) 右辺の $r(x) = 5 \cos x$ より，$A = 5$，$\beta = 1$．
設問の同次方程式の特性方程式は

$$\lambda^2 + \lambda = 0$$
$$\lambda(\lambda + 1) = 0$$
$$\lambda = 0, -1 \qquad (実根)$$

このとき，特殊解 $u(x)$ を

$$u(x) = K \cos x + L \sin x$$

と仮定して

$$u''(x) + u'(x) = (K \cos x + L \sin x)'' + (K \cos x + L \sin x)'$$
$$= (-K \sin x + L \cos x)' + (-K \sin x + L \cos x)$$
$$= -K \cos x - L \sin x - K \sin x + L \cos x$$
$$= (-K + L) \cos x + (-L - K) \sin x$$

となる．これと問題の $r(x) = 5 \cos x$ より

$$\begin{cases} -K + L = 5 \\ -L - K = 0 \end{cases}$$

この 2 つの式から K と L を求めると

$$K = -\frac{5}{2}, \quad L = \frac{5}{2}$$

したがって，特殊解 $u(x)$ は

$$u(x) = -\frac{5}{2} \cos x + \frac{5}{2} \sin x$$

第 3 章

3.1 　（略）

3.2 　(1) 　$\mathscr{L}^{-1}\{Y(s)\} = \mathscr{L}^{-1}\left\{\frac{1}{4}\left(\frac{1}{s} - \frac{1}{s+4}\right)\right\} = \frac{1}{4}(1 - e^{-4t})$

　　　(2) 　$\mathscr{L}^{-1}\{Y(s)\} = \mathscr{L}^{-1}\left\{\frac{2(s+3)+6}{(s+3)^2+1}\right\} = e^{-3t}\mathscr{L}^{-1}\left\{\frac{2s+6}{s^2+1}\right\}$

$$= e^{-3t}(2 \cos t + 6 \sin t)$$

　　　(3) 　$\mathscr{L}^{-1}\{Y(s)\} = \mathscr{L}^{-1}\left\{\frac{1}{s} \cdot \left(\frac{3}{s+1} - \frac{3}{s+3}\right)\right\}$

$$= \int_0^t 3(e^{-\tau} - e^{-3\tau})\,d\tau = 2 - 3e^{-t} + e^{-3t}$$

3.3 　初期条件を入れたラプラス変換より

$$Y(s) = \frac{2s+13}{s^2+5s+6} = \frac{2s+13}{(s+2)(s+3)} = \frac{9}{s+2} - \frac{7}{s+3}$$

したがって

$$y(t) = \mathscr{L}^{-1}\{Y(s)\} = \mathscr{L}^{-1}\left\{\frac{9}{s+2} - \frac{7}{s+3}\right\} = 9e^{-2t} - 7e^{-3t}$$

3.4 　初期条件を入れたラプラス変換より

$$Y(s) = \frac{s+4}{s^2+4s+4} = \frac{(s+2)+2}{(s+2)^2} = \frac{1}{s+2} + \frac{2}{(s+2)^2}$$

したがって

$$y(t) = \mathscr{L}^{-1}\{Y(s)\} = \mathscr{L}^{-1}\left\{\frac{1}{s+2} + \frac{2}{(s+2)^2}\right\} = (1 + 2t)e^{-2t}$$

3.5 　初期条件を入れたラプラス変換より

$$Y(s) = \frac{2s+16}{s^2+6s+13} = \frac{2(s+3)+10}{(s+3)^2+4}$$

したがって，

$$y(t) = \mathscr{L}^{-1}\{Y(s)\}$$

$$= \mathscr{L}^{-1}\left\{ \frac{2(s+3)+10}{(s+3)^2+4} \right\}$$

$$= e^{-3t}\mathscr{L}^{-1}\left\{ \frac{2s+10}{s^2+2^2} \right\} = e^{-3t}(2\cos 2t + 5\sin 2t)$$

3.6 初期条件を入れたラプラス変換より

$$Y(s) = \frac{4}{s(s^2+2s)} = \frac{4}{s^2(s+2)} = \frac{2}{s^2} - \frac{1}{s} + \frac{1}{s+2}$$

したがって

$$y(t) = \mathscr{L}^{-1}\{Y(s)\}$$

$$= \mathscr{L}^{-1}\left\{ \frac{2}{s^2} - \frac{1}{s} + \frac{1}{s+2} \right\} = 2t - 1 + e^{-2t}$$

3.7 初期条件を入れたラプラス変換より

$$Y(s) = \frac{a+bs}{s^2+\omega^2} = \frac{a}{\omega}\cdot\frac{\omega}{s^2+\omega^2} + \frac{bs}{s^2+\omega^2}$$

したがって,

$$y(t) = \mathscr{L}^{-1}\{Y(s)\}$$

$$= \mathscr{L}^{-1}\left\{ \frac{a}{\omega}\cdot\frac{\omega}{s^2+\omega^2} + \frac{bs}{s^2+\omega^2} \right\} = \frac{a}{\omega}\cdot\sin\omega t + b\cos\omega t$$

3.8 初期条件を入れたラプラス変換より

$$Y(s) = \frac{3}{(s+3)(s^2+6s+18)} = \frac{3}{(s+3)[(s+3)^2+9]}$$

したがって,

$$y(t) = \mathscr{L}^{-1}\{Y(s)\}$$

$$= \mathscr{L}^{-1}\left\{ \frac{3}{(s+3)[(s+3)^2+9]} \right\}$$

$$= e^{-3t}\mathscr{L}^{-1}\left\{ \frac{3}{s(s^2+9)} \right\}$$

$$= e^{-3t}\int_0^t \sin 3\tau\, d\tau = \frac{1}{3}(1-\cos 3t)e^{-3t}$$

3.9 (1) $f(t)$ のラプラス変換は

$$\mathscr{L}\{u(t-1) + u(t-2) - 2u(t-3)\}$$

$$= \int_1^\infty e^{-st}\,dt + \int_2^\infty e^{-st}\,dt - 2\int_3^\infty e^{-st}\,dt$$

$$= \frac{e^{-s}}{s} + \frac{e^{-2s}}{s} - \frac{2e^{-3s}}{s} = \frac{e^{-s} + e^{-2s} - 2e^{-3s}}{s}$$

(2)　$F(s) = \mathscr{L}\{t\cos t\} = -\left(\dfrac{s}{s^2+1}\right)' = \dfrac{s^2-1}{(s^2+1)^2}$

また

$$\mathscr{L}\{f''(t)\} = \mathscr{L}\{-2\sin t - t\cos t\}$$

$$= -2\mathscr{L}\{\sin t\} - F(s) = s^2 F(s) - 1$$

より

$$F(s) = \frac{1}{s^2+1} - \frac{2}{(s^2+1)^2} = \frac{s^2-1}{(s^2+1)^2}$$

となり，2 つのラプラス変換が同じであることが示される．

(3)　$\mathscr{L}\{f(t)\} = \mathscr{L}\{t \cdot e^{bt}\sin t\} = \dfrac{2(s-b)}{\{(s-b)^2+1\}^2}$

3.10 (1)　$Y(s)$ は

$$Y(s) = \frac{2s}{(s^2+25)^2} = -\left(\frac{1}{s^2+25}\right)'$$

したがって

$$\mathscr{L}^{-1}\{Y(s)\} = \mathscr{L}^{-1}\left\{-\left(\frac{1}{s^2+25}\right)'\right\} = \frac{1}{5}t \cdot \sin 5t$$

(2)　$Y(s)$ は

$$Y(s) = \frac{2s+6}{(s^2+6s+10)^2} = -\left(\frac{1}{s^2+6s+10}\right)'$$

したがって

$$\mathscr{L}^{-1}\{Y(s)\} = \mathscr{L}^{-1}\left\{-\left(\frac{1}{s^2+6s+10}\right)'\right\}$$

$$= \mathscr{L}^{-1}\{-F'(s)\} = te^{-3t} \cdot \sin t$$

(3)　$Y(s)$ は

$$Y(s) = \frac{e^{-s}+3}{s^2+4s+5} = \frac{e^{-s}+3}{(s+2)^2+1}$$

したがって

$$\mathscr{L}^{-1}\{Y(s)\} = \mathscr{L}^{-1}\left\{\frac{e^{-a}+3}{(s+2)^2+1}\right\}$$
$$= e^{-2(t-1)} \cdot \sin(t-1)\, u(t-1) + 3e^{-2t} \cdot \sin t$$

3.11 初期条件を入れたラプラス変換より

$$Y(s) = \frac{2(s+2)}{(s^2+4s+5)\{(s+2)^2+1\}} = \frac{2(s+2)}{\{(s+2)^2+1\}^2}$$

したがって

$$y(t) = \mathscr{L}^{-1}\{Y(s)\}$$
$$= \mathscr{L}^{-1}\left\{\frac{2(s+2)}{\{(s+2)^2+1\}^2}\right\}$$
$$= e^{-2t}\mathscr{L}^{-1}\left\{\frac{2s}{(s^2+1)^2}\right\}$$
$$= e^{-2t}\mathscr{L}^{-1}\left\{-\left(\frac{1}{s^2+1}\right)'\right\} = t\sin t \cdot e^{-2t}$$

3.12 初期条件を入れたラプラス変換より

$$Y(s) = \frac{s}{(s^2+4)} + \frac{1-e^{-s}}{s(s^2+4)}$$

ここで $F(s) = \dfrac{1}{s(s^2+4)}$ とすると

$$\mathscr{L}^{-1}\{F(s)\} = \frac{1}{2}\mathscr{L}^{-1}\left\{\frac{2}{s(s^2+4)}\right\}$$
$$= \frac{1}{2}\int_0^t \sin 2\tau\, d\tau$$
$$= \frac{1}{2}\left[-\frac{1}{2}\cos 2\tau\right]_0^t = \frac{1}{4}(1-\cos 2t)$$

したがって

$$y(t) = \mathscr{L}^{-1}\{Y(s)\}$$
$$= \mathscr{L}^{-1}\left\{\frac{s}{s^2+4}\right\} + \mathscr{L}^{-1}\{(1-e^{-s})F(s)\}$$
$$= \cos 2t + \frac{1}{4}(1-\cos 2t) - \frac{1}{4}(1-\cos 2(t-1))\,u(t-1)$$
$$= \frac{1}{4}(1+3\cos 2t) - \frac{1}{2}\sin^2(t-1)\,u(t-1)$$

3.13 初期条件を入れたラプラス変換より

$$Y(s) = \frac{3 + e^{-s}}{s^2 + 4s + 5} = \frac{3 + e^{-s}}{(s+2)^2 + 1}$$

ここで $F(s) = \dfrac{1}{(s+2)^2 + 1}$ とすると

$$\mathscr{L}^{-1}\{F(s)\} = e^{-2t}\,\mathscr{L}^{-1}\left\{\frac{1}{s^2 + 1}\right\} = e^{-2t}\,\sin t$$

したがって

$$y(t) = \mathscr{L}^{-1}\{Y(s)\} = \mathscr{L}^{-1}\{3F(s)\} + \mathscr{L}^{-1}\{e^{-s}F(s)\}$$

$$= 3e^{-2t}\,\sin t + e^{-2(t-1)}\,\sin(t-1)\cdot u(t-1)$$

$$\therefore\ y(t) = \begin{cases} 3e^{-2t}\,\sin t & (0 < t \le 1) \\ 3e^{-2t}\,\sin t + e^{-2(t-1)}\,\sin(t-1) & (1 < t) \end{cases}$$

この応答波形 y を図 3.A に示す．図に示すとおり，同次方程式の一般解に対応する $y(t)$ の第 1 項 y_1 に，$t = 1$ におけるインパルスの応答に対応する第 2 項 y_2 が重畳されていることがわかる．

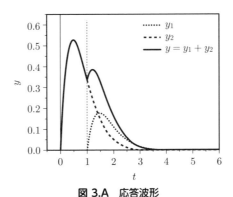

図 3.A　応答波形

3.14 (1)　ヘビサイド展開より

$$\mathscr{L}^{-1}\left\{\frac{2}{s^3(s-1)}\right\} = \mathscr{L}^{-1}\left\{\frac{2}{s-1} - \frac{2}{s} - \frac{2}{s^2} - \frac{2}{s^3}\right\}$$

$$= 2e^t - 2 - 2t - t^2$$

たたみ込み積分を適用すると

$$\mathscr{L}^{-1}\left\{\frac{2}{s^3(s-1)}\right\} = \mathscr{L}^{-1}\left\{\frac{2}{s^3}\cdot\frac{1}{s-1}\right\}$$

$$= t^2 * e^t$$

$$= \int_0^t x^2 e^{t-x}\,dx$$

$$= e^t \int_0^t x^2 e^{-x}\,dx$$

$$= e^t\{-t^2 e^{-t} - 2te^{-t} + 2(1-e^{-t})\}$$

$$= 2e^t - 2 - 2t - t^2$$

(2) ヘビサイド展開より

$$\mathscr{L}^{-1}\left\{\frac{s^2}{(s^2+a^2)^2}\right\} = \mathscr{L}^{-1}\left\{\frac{1}{s^2+a^2} - \frac{a^2}{(s^2+a^2)^2}\right\}$$

$$= \mathscr{L}^{-1}\left\{\frac{1}{a}\cdot\frac{a}{s^2+a^2} - \frac{a}{2}\cdot\frac{1}{s}\cdot\left(\frac{-a}{s^2+a^2}\right)'\right\}$$

$$= \frac{1}{a}\sin at - \frac{a}{2}\int_0^t \tau \sin a\tau\,d\tau = \frac{\sin at + at\cdot\cos at}{2a}$$

たたみ込み積分を適用すると

$$\mathscr{L}^{-1}\left\{\frac{s^2}{(s^2+a^2)^2}\right\} = \mathscr{L}^{-1}\left\{\frac{s}{s^2+a^2}\cdot\frac{s}{s^2+a^2}\right\}$$

$$= \cos at * \cos at$$

$$= \int_0^t \cos ax \cdot \cos a(t-x)\,dx$$

$$= \cos at \int_0^t \cos^2 ax\,dx + \sin at \int_0^t \cos ax \cdot \sin ax\,dx$$

$$= \frac{\sin at + at\cdot\cos at}{2a}$$

(3) ヘビサイド展開より

$$\mathscr{L}^{-1}\left\{\frac{2}{(s-1)(s^2+4)}\right\} = \frac{2}{5}\mathscr{L}^{-1}\left\{\frac{1}{s-1} - \frac{s+1}{s^2+4}\right\}$$

$$= \frac{2}{5}e^t - \frac{1}{5}(\sin 2t + 2\cos 2t)$$

たたみ込み積分を適用すると

$$\mathscr{L}^{-1}\left\{\frac{2}{(s-1)(s^2+4)}\right\} = \mathscr{L}^{-1}\left\{\frac{1}{s-1}\cdot\frac{2}{s^2+4}\right\}$$

$$= e^t * \sin 2t$$

$$= \int_0^t e^{t-x} \sin 2x \, dx$$

$$= e^t \int_0^t e^{-x} \sin 2x \, dx = \frac{2}{5} e^t - \frac{1}{5} (\sin 2t + 2 \cos 2t)$$

3.15 $\mathscr{L}\{r(t)\} = R(s)$ として初期条件を入れたラプラス変換より

$$Y(s) = \frac{R(s)}{s^2 + 9}$$

また $\mathscr{L}^{-1}\left\{ \dfrac{1}{s^2 + 9} \right\} = \dfrac{1}{3} \sin 3t = h(t)$ より，たたみ込み積分を利用する．

(1) $r(t) = e^{-t}$ を適用すると

$$y(t) = \mathscr{L}^{-1}\{H(s) \cdot R(s)\}$$

$$= h(t) * r(t)$$

$$= \int_0^t h(x) \, r(t-x) \, dx$$

$$= \int_0^t \frac{1}{3} \sin 3x \cdot e^{-(t-x)} \, dx$$

$$= \frac{1}{3} e^{-t} \int_0^t \sin 3x \cdot e^x \, dx$$

$$= \frac{1}{3} e^{-t} \left[\frac{3}{10} + \frac{1}{10} e^t \sin 3t - \frac{3}{10} e^t \cos 3t \right]$$

$$= \frac{1}{10} e^{-t} + \frac{1}{10} \left(\frac{1}{3} \sin 3t - \cos 3t \right)$$

(2) $r(t) = \delta(t-1)$ を適用すると

$$y(t) = \mathscr{L}^{-1}\{H(s) \cdot R(s)\}$$

$$= h(t) * r(t)$$

$$= \int_0^t h(t-x) \, r(x) \, dx$$

$$= \int_0^t \frac{1}{3} \cdot \sin 3(t-x) \cdot \delta(x-1) \, dx$$

$(0 < t \le 1$ のとき$)$

$$y(t) = \int_0^t \frac{1}{3} \cdot \sin 3(t-x) \cdot \delta(x-1) \, dx = 0$$

（1 < t のとき）
$$y(t) = \int_0^t \frac{1}{3} \cdot \sin 3(t-x) \cdot \delta(x-1)\, dx = \frac{1}{3} \cdot \sin 3(t-1)$$
$$\therefore \ y(t) = \frac{1}{3} \cdot \sin 3(t-1)\, u(t-1)$$

(3)　$r(t) = u(t-1) - u(t-2)$ を適用すると
$$y(t) = \mathscr{L}^{-1}\{H(s) \cdot R(s)\}$$
$$= h(t) * r(t)$$
$$= \int_0^t h(t-x)\, r(x)\, dx$$
$$= \int_0^t \frac{1}{3} \cdot \sin 3(t-x) \cdot \{u(x-1) - u(x-2)\}\, dx$$

（0 < t ≤ 1 のとき）
$$y(t) = \int_0^t \frac{1}{3} \cdot \sin 3(t-x) \cdot \{u(x-1) - u(x-2)\}\, dx = 0$$

（1 < t ≤ 2 のとき）
$$y(t) = \int_1^t \frac{1}{3} \cdot \sin 3(t-x)\, dx$$
$$= \left[\frac{1}{9} \cdot \cos 3(t-x) \right]_1^t = \frac{1}{9}\{1 - \cos 3(t-1)\}$$

（2 < t のとき）
$$y(t) = \int_1^2 \frac{1}{3} \cdot \sin 3(t-x)\, dx$$
$$= \left[\frac{1}{9} \cdot \cos 3(t-x) \right]_1^2 = \frac{1}{9}\{\cos 3(t-2) - \cos 3(t-1)\}$$

3.16 電流 $i(t)$ のラプラス変換を $I(s)$ とすると
$$RI(s) + \frac{1}{Cs}I(s) = \mathscr{L}\{e(t)\}$$

これを $I(s)$ についてまとめると
$$I(s) = \frac{1}{R} \frac{s}{s + \dfrac{1}{RC}} \mathscr{L}\{e(t)\}$$

(1)　$e(t) = E_0$ のとき，$\mathscr{L}\{e(t)\} = \dfrac{E_0}{s}$ より

$$I(s) = \frac{1}{R} \cdot \frac{s}{s + \dfrac{1}{RC}} \cdot \frac{E_0}{s} = \frac{E_0}{R} \cdot \frac{1}{s + \dfrac{1}{RC}}$$

したがって，回路を流れる電流 $i(t)$ は，これをラプラス逆変換することにより

$$i(t) = \frac{E_0}{R} \cdot \mathscr{L}^{-1}\left\{ \frac{1}{s + \dfrac{1}{RC}} \right\} = \frac{E_0}{R} e^{-\frac{1}{RC} t}$$

と求めることができる．

(2) $e(t) = E_0 \sin \omega t$ のとき

$$\mathscr{L}\{e(t)\} = \frac{E_0 \cdot \omega}{s^2 + \omega^2}$$

より

$$\begin{aligned}
I(s) &= \frac{1}{R} \cdot \frac{s}{s + \dfrac{1}{RC}} \cdot \frac{E_0 \cdot \omega}{s^2 + \omega^2} \\
&= \frac{E_0}{R} \cdot \frac{1}{s + \dfrac{1}{RC}} \cdot \frac{s}{s^2 + \omega^2}
\end{aligned}$$

ここで，

$$\begin{cases}
\mathscr{L}^{-1}\left\{ \dfrac{1}{s + \dfrac{1}{RC}} \right\} = e^{-\frac{1}{RC} t} \\
\mathscr{L}^{-1}\left\{ \dfrac{s}{s^2 + \omega^2} \right\} = \cos \omega t
\end{cases}$$

となることから，たたみ込み積分を適用すると

$$\begin{aligned}
i(t) &= \frac{E_0}{R} \int_0^t e^{-\frac{1}{RC}(t-x)} \cos \omega x \, dx \\
&= \frac{E_0}{R} e^{-\frac{1}{RC} t} \int_0^t e^{\frac{1}{RC} x} \cos \omega x \, dx \\
&= \frac{E_0}{R} \cdot \frac{1}{\omega^2 + \left(\dfrac{1}{RC}\right)^2} \\
&\quad \times \left(\frac{1}{RC} \cos \omega t + \omega \sin \omega t - \frac{1}{RC} e^{-\frac{1}{RC} t} \right) \\
&= \frac{E_0}{R} \cdot \frac{1}{\sqrt{\omega^2 + \left(\dfrac{1}{RC}\right)^2}}
\end{aligned}$$

$$\times \left(\sin(\omega t + \theta) - \frac{1}{\sqrt{1 + \omega^2 R^2 C^2}} e^{-\frac{1}{RC}t} \right)$$

ここで，$\tan \theta = \dfrac{1}{\omega RC}$．

3.17 電流 $i(t)$ のラプラス変換を $I(s)$ とすると

$$L(sI(s) - i(0)) + RI(s) = \mathscr{L}\{e(t)\}$$

ここで，初期条件 $(i(0) = 0)$ を考慮して $I(s)$ についてまとめると

$$I(s) = \frac{1}{Ls + R} \cdot \mathscr{L}\{e(t)\}$$

(1) $e(t) = E_0$ のとき，$\mathscr{L}\{e(t)\} = \dfrac{E_0}{s}$ より

$$I(s) = \frac{E_0}{s(Ls + R)} = \frac{E_0}{L} \cdot \frac{1}{s} \cdot \frac{1}{s + \dfrac{R}{L}}$$

したがって，回路を流れる電流 $i(t)$ は

$$i(t) = \mathscr{L}^{-1}\{I(s)\}$$
$$= \frac{E_0}{L} \int_0^t e^{-\frac{R}{L}\tau} d\tau = \frac{E_0}{R} \left(1 - e^{-\frac{R}{L}t} \right)$$

と求まる．

(2) $e(t) = E_0\{u(t - 1) - u(t - 2)\}$ のとき

$$I(s) = \frac{E_0}{Ls + R} \left(\frac{e^{-s} - e^{-2s}}{s} \right)$$
$$= \frac{E_0}{L} \cdot \frac{1}{s\left(s + \dfrac{R}{L}\right)} (e^{-s} - e^{-2s})$$

したがって，回路を流れる電流 $i(t)$ は

$$i(t) = \mathscr{L}^{-1}\{I(s)\}$$
$$= \frac{E_0}{L} \cdot \mathscr{L}^{-1}\left\{ \frac{1}{s\left(s + \dfrac{R}{L}\right)} (e^{-s} - e^{-2s}) \right\}$$

ここで

$$\mathscr{L}^{-1}\left\{ \frac{1}{s\left(s + \dfrac{R}{L}\right)} \right\} = \int_0^t e^{-\frac{R}{L}\tau} d\tau = \frac{L}{R} \left(1 - e^{-\frac{R}{L}t} \right)$$

となるので

$$i(t) = \mathcal{L}^{-1}\{I(s)\} = \frac{E_0}{R}\left(1 - e^{-\frac{R}{L}(t-1)}\right)u(t-1)$$
$$- \frac{E_0}{R}\left(1 - e^{-\frac{R}{L}(t-2)}\right)u(t-2)$$

$$\therefore\ i(t) = \begin{cases} 0 & (0 < t < 1) \\ \dfrac{E_0}{R}\left(1 - e^{-\frac{R}{L}(t-1)}\right) & (1 \leq t < 2) \\ \dfrac{E_0}{R}\left(-e^{-\frac{R}{L}(t-1)} + e^{-\frac{R}{L}(t-2)}\right) & (2 \leq t) \end{cases}$$

(3) $e(t) = e(t) = \delta(t-1)$ のとき

$$I(s) = \frac{1}{Ls + R} \cdot e^{-s} = \frac{1}{L} \cdot \frac{e^{-s}}{s + \dfrac{R}{L}}$$

したがって回路を流れる電流 $i(t)$ は

$$i(t) = \mathcal{L}^{-1}\{I(s)\}$$
$$= \frac{1}{L} \cdot \mathcal{L}^{-1}\left\{\frac{e^{-s}}{s + \dfrac{R}{L}}\right\} = \frac{1}{L} \cdot e^{-\frac{R}{L}(t-1)}u(t-1)$$

第 4 章

4.1 (1) 与式に加法定理を適用し，$a_n = A_n \cos \phi_n$，$b_n = A_n \sin \phi_n$ とすると

$$\sum_{n=1}^{\infty} A_n \sin(nx + \phi_n) = \sum_{n=1}^{\infty} a_n \sin nx + b_n \cos nx$$

(2) 正の整数 m，n として，$m = 1, 2, 3, \cdots$，$n = 0, 1, 2, \cdots$ の場合

$$\int_{-\pi}^{\pi} \cos nx \cdot \sin mx\, dx$$
$$= \int_{-\pi}^{\pi} \frac{\sin(m+n) \cdot x - \sin(m-n) \cdot x}{2}\, dx = 0$$

ここで，$m \neq n$ のとき

$$\begin{cases} \displaystyle\int_{-\pi}^{\pi} \cos nx \cdot \cos mx\, dx = 0 \\ \displaystyle\int_{-\pi}^{\pi} \sin nx \cdot \sin mx\, dx = 0 \end{cases}$$

となり，直交関係にある．また，$m = n$ のとき

$$\begin{cases} \displaystyle\int_{-\pi}^{\pi} \cos^2 mx\, dx = \pi \\[2mm] \displaystyle\int_{-\pi}^{\pi} \sin^2 mx\, dx = \pi \end{cases}$$

となる．したがって，区間 $[-\pi, \pi]$ 上の三角関数系

$$[\cos x,\ \sin x,\ \cos 2x,\ \sin 2x,\ \cdots,\ \cos nx,\ \sin nx,\ \cdots]$$

が直交関数系となる．

4.2 (1) $f(x)$ は奇関数なので，フーリエ係数 b_n を求めると

$$b_n = \frac{1}{\pi}\int_{-\pi}^{\pi} x\sin nx\, dx = -\frac{2(-1)^{n-1}}{n}$$

よって

$$f(x) \approx -\sum_{n=1}^{\infty}\frac{2(-1)^n}{n}\sin nx$$

(2) $f(x)$ のフーリエ係数 $a_n,\ b_n$ を求めると

$$a_0 = \frac{2}{2}\int_0^1 2\, dx = 2$$

$$a_n = \frac{2}{2}\int_0^1 2\cos\frac{2n\pi}{2}x\, dx = 0$$

$$b_n = \frac{2}{2}\int_0^1 2\sin\frac{2n\pi}{2}x\, dx$$

$$= -\frac{2(\cos n\pi - 1)}{n\pi} = \frac{2\{1-(-1)^n\}}{n\pi}$$

よって

$$f(x) \approx 1 + \sum_{n=1}^{\infty}\frac{2\{1-(-1)^n\}}{n\pi}\sin n\pi x$$

(3) $f(x)$ のフーリエ係数 $a_n,\ b_n$ を求めると

$$a_n = \frac{1}{\pi}\int_0^\pi x^2\cos nx\, dx = \frac{2(-1)^n}{n^2}$$

$$b_n = \frac{1}{\pi}\int_0^\pi x^2\sin nx\, dx = \frac{(2-n^2\pi^2)(-1)^n - 2}{n^3\pi}$$

よって

$$f(x) \approx \frac{\pi^2}{6} + \sum_{n=1}^{\infty} \left\{ \frac{2(-1)^n}{n^2} \cos nx \right.$$
$$\left. + \frac{(2 - n^2\pi^2)(-1)^n - 2}{n^3\pi} \sin nx \right\}$$

(4)　$f(x)$ は偶関数なので，フーリエ係数 a_n を求めると

$$a_0 = \frac{4}{T} \int_0^{\frac{T}{2}} \sin \pi x \, dx$$

$$= 2 \left[-\frac{1}{\pi} \cos \pi x \right]_0^1 = -\frac{2}{\pi} (\cos \pi - 1) = \frac{4}{\pi}$$

$$a_n = \frac{4}{T} \int_0^{\frac{T}{2}} \sin \pi x \cdot \cos \frac{2n\pi}{T} x \, dx$$

$$= 2 \int_0^1 \sin \pi x \cdot \cos n\pi x \, dx$$

$$= \frac{1 - (-1)^{n+1}}{(n+1)\pi} - \frac{1 - (-1)^{n-1}}{(n-1)\pi} = -\frac{2}{\pi} \cdot \frac{1 + (-1)^n}{n^2 - 1}$$

ここで，フーリエ係数 a_n は n が奇数のとき 0 になるので，$n = 2m$ として，フーリエ展開すると

$$f(x) \approx \frac{a_0}{2} + \sum_{n=1}^{\infty} a_n \cos \frac{2n\pi}{T} x$$

$$= \frac{2}{\pi} - \frac{2}{\pi} \sum_{n=1}^{\infty} \left\{ \frac{1 + (-1)^n}{n^2 - 1} \right\} \cos n\pi x$$

$$= \frac{2}{\pi} - \frac{2}{\pi} \sum_{m=1}^{\infty} \left\{ \frac{2}{4m^2 - 1} \right\} \cos 2m\pi x$$

4.3　(1)　$f(t)$ は偶関数なので，フーリエ積分の係数 $A(\omega)$ を求めると

$$A(\omega) = \int_{-a}^{a} (a - |t|) \cos \omega t \, dt$$

$$= \frac{2a}{\omega} \sin \omega a - \frac{2(a\omega \sin a\omega + \cos a\omega - 1)}{\omega^2}$$

よって

$$f(t) \approx \frac{1}{\pi} \int_0^{\infty} \left\{ \frac{2a}{\omega} \sin \omega a \right.$$
$$\left. - \frac{2(a\omega \sin a\omega + \cos a\omega - 1)}{\omega^2} \right\} \cos \omega t \, d\omega$$

(2)　$f(t)$ は奇関数なので，フーリエ積分の係数 $B(\omega)$ を求めると

$$B(\omega) = \int_{-\pi}^{\pi} \sin t \, \sin \omega t \, dt = -\frac{2 \sin \pi\omega}{\omega^2 - 1}$$

よって

$$f(t) \approx \frac{1}{\pi} \int_{0}^{\infty} \frac{2 \sin \pi\omega}{1 - \omega^2} \, \sin \omega t \, d\omega$$

(3) (a) $f(t)$ のフーリエ変換は

$$F(\omega) = \frac{1}{\sqrt{2\pi}} \int_{-\infty}^{\infty} f(t) e^{-i\omega t} \, dt$$

$$= \frac{1}{\sqrt{2\pi}} \int_{0}^{1} e^{-i\omega t} \, dt = \frac{i}{\sqrt{2\pi}} \cdot \frac{e^{-i\omega} - 1}{\omega}$$

(b) $f(t)$ のフーリエ変換は

$$F(\omega) = \frac{1}{\sqrt{2\pi}} \int_{-\infty}^{\infty} f(t) \, e^{-i\omega t} \, dt$$

$$= \frac{1}{\sqrt{2\pi}} \int_{2}^{3} e^{-i\omega t} \, dt = \frac{i}{\sqrt{2\pi}} \cdot \frac{e^{-i2\omega}(e^{-i\omega} - 1)}{\omega}$$

(4) $f(t)$ のフーリエ変換は

$$F(\omega) = \frac{1}{\sqrt{2\pi}} \int_{0}^{\infty} t e^{-t} e^{-i\omega t} \, dt$$

$$= \frac{1}{\sqrt{2\pi}} \int_{0}^{\infty} t e^{-(1+i\omega)t} \, dt = \frac{1}{\sqrt{2\pi}} \frac{1}{(1 + i\omega)^2}$$

4.4 (1) $\dfrac{1}{3} F\left(\dfrac{\omega}{3}\right)$ (2) $2F(-2\omega)$

(3) $F(\omega) e^{-i\omega}$ (4) $F(\omega - \omega_0)$

4.5 (1) $\dfrac{1}{2} f\left(\dfrac{t}{2}\right)$ (2) $\dfrac{1}{2}[f(t+2) + f(t-2)]$

(3) $f(t) e^{it}$ (4) $f(t) \cos \omega_0 t$

4.6 (1) $f''(t) + 3f'(t) + 2f(t) = \delta(t)$ について，フーリエ変換を行うと

$$-\omega^2 F(\omega) + i\omega 3 F(\omega) + 2F(\omega) = \frac{1}{\sqrt{2\pi}}$$

したがって

$$F(\omega) = \frac{1}{\sqrt{2\pi}} \cdot \frac{1}{-\omega^2 + 3i\omega + 2}$$

$$= \frac{1}{\sqrt{2\pi}} \cdot \frac{1}{(2+i\omega)(1+i\omega)} = \frac{1}{\sqrt{2\pi}} \left[\frac{1}{1+i\omega} - \frac{1}{2+i\omega} \right]$$

この $F(\omega)$ について，フーリエ逆変換を行うと

$$f(t) = \mathscr{F}^{-1}\{F(\omega)\} = (e^{-t} - e^{-2t})\,u(t)$$

(2) $f''(t) + 3f'(t) + 2f(t) = u(t)$ について，フーリエ変換を行うと

$$-\omega^2 F(\omega) + i\omega 3 F(\omega) + 2F(\omega) = \mathscr{F}\{u(t)\}$$

このとき，伝達関数 $H(\omega)$ は

$$H(\omega) = \frac{1}{-\omega^2 + 3i\omega + 2} = \left(\frac{1}{1 + i\omega} - \frac{1}{2 + i\omega}\right)$$

$H(\omega)$ について，フーリエ逆変換を行うと

$$h(t) = \mathscr{F}^{-1}\{H(\omega)\} = \sqrt{2\pi}(e^{-t} - e^{-2t})\,u(t)$$

よって，$f(t)$ は

$$\begin{aligned}
f(t) &= \frac{1}{\sqrt{2\pi}}\,h(t) * u(t) \\
&= \frac{1}{\sqrt{2\pi}} \int_{-\infty}^{\infty} h(\tau)\,u(t - \tau)\,d\tau \\
&= \int_{-\infty}^{\infty} (e^{-\tau} - e^{-2\tau})u(\tau)\,u(t - \tau)\,d\tau \\
&= \int_{0}^{t} (e^{-\tau} - e^{-2\tau})\,d\tau = \left(\frac{1}{2} - e^{-t} + \frac{1}{2}e^{-2t}\right) \cdot u(t)
\end{aligned}$$

(3) $f''(t) + 4f'(t) + 3f(t) = \cos t$ について，フーリエ変換を行うと

$$-\omega^2 F(\omega) + i\omega 4 F(\omega) + 3F(\omega) = \sqrt{\frac{\pi}{2}}(\delta(\omega - 1) + \delta(\omega + 1))$$

伝達関数 $H(\omega)$ は

$$H(\omega) = \frac{1}{-\omega^2 + 4i\omega + 3} = \frac{e^{i\theta(\omega)}}{\sqrt{\omega^4 + 10\omega + 9}} = |H(\omega)|e^{i\theta(\omega)}$$

$$\left(\theta(\omega) = -\tan^{-1}\frac{4\omega}{3 - \omega^2}\right)$$

となるので

$$\begin{aligned}
f(t) &= \frac{1}{\sqrt{2\pi}} \int_{-\infty}^{\infty} F(\omega)e^{i\omega t}\,d\omega \\
&= \frac{1}{\sqrt{2\pi}} \int_{-\infty}^{\infty} \sqrt{\frac{\pi}{2}} \cdot H(\omega)\{\delta(\omega - 1) + \delta(\omega + 1)\}e^{i\omega t}\,d\omega \\
&= \frac{1}{2}|H(1)|(e^{i(t+\theta(1))} + e^{-i(t+\theta(1))}) \\
&= \frac{1}{2\sqrt{5}}\cos(t + \theta(1)) = \frac{1}{10}\cos t + \frac{1}{5}\sin t
\end{aligned}$$

ここで

$$\theta(1) = -\tan^{-1} 2$$

4.7 回路方程式の両辺を微分すると

$$L\frac{d^2 i(t)}{dt^2} + \frac{1}{C} i(t) = \delta(t)$$

さらに，$i(t)$ のフーリエ変換を $I(\omega)$ として，上式の微分方程式をフーリエ変換すると

$$-\omega^2 L I(\omega) + \frac{1}{C} I(\omega) = \frac{1}{\sqrt{2\pi}}$$

したがって

$$I(\omega) = \frac{1}{\sqrt{2\pi}} \cdot \frac{1}{-\omega^2 L + \dfrac{1}{C}} = \frac{1}{\sqrt{2\pi} \cdot L} \cdot \frac{1}{-\omega^2 + \dfrac{1}{LC}}$$

ここで，$\omega_0{}^2 = \dfrac{1}{LC}$ とすると

$$
\begin{aligned}
I(\omega) &= \frac{1}{\sqrt{2\pi} \cdot L} \cdot \frac{-1}{(\omega + \omega_0)(\omega - \omega_0)} \\
&= \frac{1}{\sqrt{2\pi}} \cdot \frac{i}{(2\omega_0 L)} \left\{ \frac{1}{i(\omega + \omega_0)} - \frac{1}{i(\omega - \omega_0)} \right\}
\end{aligned}
$$

よって，$i(t)$ は

$$
\begin{aligned}
i(t) &= \mathscr{F}^{-1}\{I(\omega)\} \\
&= \frac{i}{2\omega_0 L} (e^{-i\omega_0 t} - e^{i\omega_0 t}) \cdot u(t) \\
&= \frac{1}{\omega_0 L} \sin \omega_0 t \cdot u(t) = \sqrt{\frac{C}{L}} \sin \omega_0 t \cdot u(t)
\end{aligned}
$$

4.8 回路方程式の両辺を微分すると

$$L\frac{d^2 i(t)}{dt^2} + R\frac{di(t)}{dt} + \frac{1}{C} \cdot i(t) = \omega_0 \cos \omega_0 t$$

さらに，$i(t)$ のフーリエ変換を $I(\omega)$ として，上式の微分方程式をフーリエ変換すると

$$
\begin{aligned}
&-\omega^2 L \cdot I(\omega) + i\omega R \cdot I(\omega) + \frac{1}{C} \cdot I(\omega) \\
&= \omega_0 \sqrt{\frac{\pi}{2}} [\delta(\omega - \omega_0) + \delta(\omega + \omega_0)]
\end{aligned}
$$

ここで，複素アドミッタンス $Y(\omega)$ を

$$Y(\omega) = \cfrac{1}{R + i\left(\omega L - \cfrac{1}{\omega C}\right)}$$

$$= \cfrac{R - i\left(\omega L - \cfrac{1}{\omega C}\right)}{\sqrt{R^2 + \left(\omega L - \cfrac{1}{\omega C}\right)^2}}$$

$$= \cfrac{e^{i\theta(\omega)}}{\sqrt{R^2 + \left(\omega L - \cfrac{1}{\omega C}\right)^2}} = |Y(\omega)|\, e^{i\theta(\omega)}$$

$$\left(\theta(\omega) = -\tan^{-1} \cfrac{\omega L - \cfrac{1}{\omega C}}{R}\right)$$

とすると

$$\cfrac{1}{-\omega^2 L + i\omega R + \cfrac{1}{C}} = \cfrac{1}{i\omega} \cdot \cfrac{1}{R + i\left(\omega L - \cfrac{1}{\omega C}\right)} = \cfrac{1}{i\omega} Y(\omega)$$

したがって

$$I(\omega) = \sqrt{\cfrac{\pi}{2}} \cdot \cfrac{\omega_0}{i\omega} |Y(\omega)| e^{i\theta(\omega)} (\delta(\omega - \omega_0) + \delta(\omega + \omega_0))$$

よって，$i(t)$ は，

$$i(t) = \mathscr{F}^{-1}[I(\omega)] = \cfrac{1}{\sqrt{2\pi}} \int_{-\infty}^{\infty} I(\omega) e^{i\omega t}\, d\omega$$

$$= \cfrac{1}{2i} |Y(\omega_0)| \left(e^{i(\omega_0 t + \theta(\omega_0))} - e^{-i(\omega_0 t + \theta(\omega_0))}\right)$$

$$= |Y(\omega_0)| \sin(\omega_0 t + \theta(\omega_0))$$

第 5 章

5.1 $\quad u(x,\, t) = \displaystyle\sum_{n=1}^{\infty} a_n \cos \cfrac{3n\pi}{2} t \cdot \sin \cfrac{n\pi}{2} \cdot x$

$$= \cfrac{8}{\pi^2} \sum_{n=1}^{\infty} \cfrac{1}{n^2} \cdot \sin \cfrac{n\pi}{2} \cdot \cos \cfrac{3n\pi}{2} \cdot t \cdot \sin \cfrac{n\pi}{2} \cdot x$$

または

$$u(x,\,t) = \frac{8}{\pi^2}\,\sum_{m=1}^{\infty} \frac{(-1)^{m+1}}{(2m-1)^2}$$
$$\cdot \cos\frac{3(2m-1)\pi}{2}t \cdot \sin\frac{(2m-1)\pi}{2}\cdot x$$

5.2 $\displaystyle u(x,\,t) = \sum_{n=1}^{\infty} a_n \cos 2n\pi t \cdot \sin n\pi x$

$$= \frac{4}{\pi}\sum_{n=1}^{\infty} \frac{1}{n}\cdot\sin\frac{n\pi}{2}\cdot\sin\frac{n\pi}{10}\cdot\cos 2n\pi t \cdot \sin n\pi x$$

または

$$u(x,\,t) = \frac{4}{\pi}\sum_{m=1}^{\infty}\frac{(-1)^{m+1}}{2m-1}\cdot\sin\frac{(2m-1)\pi}{10}$$
$$\cdot\cos 2(2m-1)\pi t\cdot\sin(2m-1)\pi x$$

5.3 $\displaystyle u(x,\,t) = \sum_{n=1}^{\infty} b_n\sin\frac{n\pi}{2}x\cdot e^{-\frac{5}{4}n^2\pi^2 t}$

$$= -\frac{4}{\pi}\sum_{n=1}^{\infty}\frac{\cos n\pi}{n}\sin\frac{n\pi}{2}x\cdot e^{-\frac{5}{4}n^2\pi^2 t}$$

$$= \frac{4}{\pi}\sum_{n=1}^{\infty}\frac{(-1)^{n-1}}{n}\sin\frac{n\pi}{2}x\cdot e^{-\frac{5}{4}n^2\pi^2 t}$$

5.4 $\displaystyle u(x,\,t) = \int_{0}^{\infty} A(k)\cos kx\cdot e^{-k^2 t}\,dk$

$$= \frac{2}{\pi}\int_{0}^{\infty}\frac{\sin k}{k}\cos kx\cdot e^{-k^2 t}\,dk$$

5.5 $\displaystyle u(x,\,y) = \sum_{n=1}^{\infty} B_n\sin\frac{n\pi}{a}x\cdot\sinh\frac{n\pi}{a}y$

$$= \frac{4a}{\pi^2}\sum_{n=1}^{\infty}\left(n^2\cdot\sinh\frac{n\pi b}{a}\right)^{-1}\sin\frac{n\pi}{2}\cdot\sin\frac{n\pi}{a}x\cdot\sinh\frac{n\pi}{a}y$$

または

$$u(x,\,y) = \frac{4a}{\pi^2}\sum_{m=1}^{\infty}\left\{(2m-1)^2\cdot\sinh\frac{(2m-1)\pi b}{a}\right\}^{-1}(-1)^{m+1}$$
$$\cdot\sin\frac{(2m-1)\pi}{a}x\cdot\sinh\frac{(2m-1)\pi}{a}\cdot y$$

参考文献

1) 矢野健太郎，石原 繁：解析学概論（新装版），裳華房（2020）
2) 金原 粲 監修，吉田貞史，石谷善博，菊池昭彦，松田七美男，明連広昭，矢口裕之 著：電気数学（専門基礎ライブラリー），実教出版（2008）
3) E. クライツィグ 著，北原和夫，堀 素夫 訳：常微分方程式（第 8 版）（技術者のための高等数学 1），培風館（2010）
4) 和達三樹：物理のための数学（新装版）（物理入門コース），岩波書店（2017）
5) 日本電気協会 編集：新版 わかりやすい電気数学，日本電気協会（1992）
6) 近藤次郎，小林龍一，渡辺 正，高橋磐郎，小柳芳勇：微分方程式・フーリエ解析（改訂版）（工科の数学 3），培風館（1981）
7) E. クライツィグ 著，阿部寛治 訳：フーリエ解析と偏微分方程式（第 8 版）（技術者のための高等数学 3），培風館（2003）
8) 白井 宏：応用解析学入門：複素関数論・フーリエ解析・ラプラス変換，コロナ社（1993）
9) 水本哲弥：電気情報数学（電子情報工学ニューコース 15），培風館（2009）

MEMO

索　引

MEMO

〈著者略歴〉

一 色 秀 夫（いっしき　ひでお）

1992年　電気通信大学大学院電気通信学
　　　　研究科博士後期課程修了
1992年　博士（工学）
1992年　独立行政法人理化学研究所
　　　　フロンティア研究システム研究員
2000年　オランダ FOM 原子分子物理
　　　　研究所　客員研究員
2004年　電気通信大学電気通信学部助教授
現　在　電気通信大学大学院情報理工学
　　　　研究科教授
［担当：第3章，第4章，第5章］

塩 川 高 雄（しおかわ　たかお）

1979年　工学院大学工学部第2部電気
　　　　工学科卒業
1990年　工学博士
2011年　独立行政法人理化学研究所
　　　　定年退職
現　在　東京理科大学 理学部二部
　　　　物理学科 非常勤講師
［担当：第1章，第2章］

●イラスト：アマセケイ

理工系のための数学入門
微分方程式・ラプラス変換・フーリエ解析

2020 年 11 月 10 日　　第 1 版第 1 刷発行
2024 年 3 月 25 日　　第 1 版第 6 刷発行

著　　者　　一 色 秀 夫
　　　　　　塩 川 高 雄
発 行 者　　村 上 和 夫
発 行 所　　株式会社 オーム社
　　　　　　郵便番号　101-8460
　　　　　　東京都千代田区神田錦町 3-1
　　　　　　電話　03(3233)0641（代表）
　　　　　　URL　https://www.ohmsha.co.jp/

組版　Green Cherry　　　印刷　中央印刷　　　製本　協栄製本
ISBN978-4-274-22613-7　Printed in Japan

本書の感想募集　https://www.ohmsha.co.jp/kansou/
本書をお読みになった感想を上記サイトまでお寄せください。
お寄せいただいた方には、抽選でプレゼントを差し上げます。